David Hilbert
Grundlagen der Geometrie

SEVERUS

Hilbert, David: Grundlagen der Geometrie
Hamburg, SEVERUS Verlag 2014

ISBN: 978-3-86347-946-6
Druck: SEVERUS Verlag, Hamburg, 2014

Der SEVERUS Verlag ist ein Imprint der Diplomica
Verlag GmbH.

Bibliografische Information der Deutschen
Nationalbibliothek:
Die Deutsche Nationalbibliothek verzeichnet diese
Publikation in der Deutschen Nationalbibliografie;
detaillierte bibliografische Daten sind im Internet über
http://dnb.d-nb.de abrufbar.

DAVID HILBERT

GRUNDLAGEN DER GEOMETRIE

Mit 129 Abbildungen

Inhalt.

Seite

Einleitung 1

Erstes Kapitel. Die fünf Axiomgruppen 2

§ 1. Die Elemente der Geometrie und die fünf Axiomgruppen . 2
§ 2. Die Axiomgruppe I: Axiome der Verknüpfung 3
§ 3. Die Axiomgruppe II: Axiome der Anordnung 4
§ 4. Folgerungen aus den Axiomen der Verknüpfung und der Anordnung 5
§ 5. Die Axiomgruppe III: Axiome der Kongruenz 11
§ 6. Folgerungen aus den Axiomen der Kongruenz 15
§ 7. Die Axiomgruppe IV: Axiom der Parallelen 28
§ 8. Die Axiomgruppe V: Axiome der Stetigkeit 30

Zweites Kapitel. Die Widerspruchsfreiheit und gegenseitige Unabhängigkeit der Axiome 34

§ 9. Die Widerspruchsfreiheit der Axiome 34
§ 10. Die Unabhängigkeit des Parallelenaxioms (Nicht-Euklidische
Geometrie) 38
§ 11. Die Unabhängigkeit der Kongruenzaxiome 45
§ 12. Die Unabhängigkeit der Stetigkeitsaxiome V (Nicht-Archimedische Geometrie) 47

Drittes Kapitel. Die Lehre von den Proportionen 51

§ 13. Komplexe Zahlensysteme 51
§ 14. Beweis des Pascalschen Satzes 53
§ 15. Die Streckenrechnung auf Grund des Pascalschen Satzes . 60
§ 16. Die Proportionen und die Ähnlichkeitssätze 64
§ 17. Die Gleichungen der Geraden und Ebenen 66

Viertes Kapitel. Die Lehre von den Flächeninhalten in
der Ebene 69

§ 18. Die Zerlegungsgleichheit und Ergänzungsgleichheit von Polygonen 69
§ 19. Parallelogramme und Dreiecke mit gleicher Grundlinie und
Höhe 71
§ 20. Das Inhaltsmaß von Dreiecken und Polygonen 75
§ 21. Die Ergänzungsgleichheit und das Inhaltsmaß 78

Seite

Fünftes Kapitel. Der Desarguessche Satz 83

§ 22. Der Desarguessche Satz und sein Beweis in der Ebene mit
Hilfe der Kongruenzaxiome 83

§ 23. Die Nichtbeweisbarkeit des Desarguesschen Satzes in der
Ebene ohne Hilfe der Kongruenzaxiome 85

§ 24. Einführung einer Streckenrechnung ohne Hilfe der Kongruenzaxiome auf Grund des Desarguesschen Satzes 88

§ 25. Das kommutative und assoziative Gesetz der Addition in
der neuen Streckenrechnung 90

§ 26. Das assoziative Gesetz der Multiplikation und die beiden
distributiven Gesetze in der neuen Streckenrechnung . . . 93

§ 27. Die Gleichung der Geraden auf Grund der neuen Streckenrechnung 96

§ 28. Der Inbegriff der Strecken aufgefaßt als komplexes Zahlensystem 98

§ 29. Aufbau einer räumlichen Geometrie mit Hilfe eines Desarguesschen Zahlensystems 99

§ 30. Die Bedeutung des Desarguesschen Satzes 102

Sechstes Kapitel. Der Pascalsche Satz 104

§ 31. Zwei Sätze über die Beweisbarkeit des Pascalschen Satzes 104

§ 32. Das kommutative Gesetz der Multiplikation im Archimedischen Zahlensystem 105

§ 33. Das kommutative Gesetz der Multiplikation im Nicht-Archimedischen Zahlensystem 107

§ 34. Beweis der beiden Sätze über den Pascalschen Satz. (Nicht-
Pascalsche Geometrie) 110

§ 35. Beweis eines beliebigen Schnittpunktsatzes mittels des Pascalschen Satzes 111

Siebentes Kapitel. Die geometrischen Konstruktionen auf
Grund der Axiome I—IV 115

§ 36. Die geometrischen Konstruktionen mittels Lineals und Eichmaßes 115

§ 37. Kriterium für die Ausführbarkeit geometrischer Konstruktionen mittels Lineals und Eichmaßes 118

Schlußwort 124

Anhang I. Über die gerade Linie als kürzeste Verbindung zweier
Punkte 126

Anhang II. Über den Satz von der Gleichheit der Basiswinkel im
gleichschenkligen Dreieck 133

Inhalt

Anhang III. Neue Begründung der Bolyai-Lobatschefskyschen Geo- Seite
metrie. 159

Anhang IV. Über die Grundlagen der Geometrie 178

Anhang V. Über Flächen von konstanter Gaußscher Krümmung . 231

Supplement I 1   Bemerkungen zu §§ 3—4 241

Supplement I 2   Zu § 13 243

Supplement II   Vereinfachte Begründung der Proportionenlehre 243

Supplement III   Zur Lehre von den Flächeninhalten in der Ebene 248

Supplement IV 1 Bemerkung zur Einführung einer Streckenrech-
                 nung auf Grund des Desarguesschen Satzes . 258

Supplement IV 2 Zu § 37 259

Supplement V 1   Zerlegungsgleichheit in den Modellen des Anhan-
                 ges II 259

Supplement V 2   Hilberts Axiom der Einlagerung 264

Verzeichnis der Begriffsnamen 269

Einleitung.

Die Geometrie bedarf — ebenso wie die Arithmetik — zu ihrem folgerichtigen Aufbau nur weniger und einfacher Grundsätze. Diese Grundsätze heißen Axiome der Geometrie. Die Aufstellung der Axiome der Geometrie und die Erforschung ihres Zusammenhanges ist eine Aufgabe, die seit Euklid in zahlreichen vortrefflichen Abhandlungen der mathematischen Literatur sich erörtert findet. Die bezeichnete Aufgabe läuft auf die logische Analyse unserer räumlichen Anschauung hinaus.

Die vorliegende Untersuchung ist ein neuer Versuch, für die Geometrie ein vollständiges und möglichst einfaches System von Axiomen aufzustellen und aus denselben die wichtigsten geometrischen Sätze in der Weise abzuleiten, daß dabei die Bedeutung der verschiedenen Axiomgruppen und die Tragweite der aus den einzelnen Axiomen zu ziehenden Folgerungen klar zutage tritt.

Erstes Kapitel.

Die fünf Axiomgruppen.

§ 1. Die Elemente der Geometrie und die fünf Axiomgruppen.

Erklärung. Wir denken drei verschiedene Systeme von Dingen: die Dinge des ersten Systems nennen wir *Punkte* und bezeichnen sie mit A, B, C, ...; die Dinge des zweiten Systems nennen wir *Geraden* und bezeichnen sie mit a, b, c, ...; die Dinge des dritten Systems nennen wir *Ebenen* und bezeichnen sie mit α, β, γ, ...; die Punkte heißen auch die *Elemente der linearen Geometrie*, die Punkte und Geraden heißen die *Elemente der ebenen Geometrie*, und die Punkte, Geraden und Ebenen heißen die *Elemente der räumlichen Geometrie* oder *des Raumes*.

Wir denken die Punkte, Geraden, Ebenen in gewissen gegenseitigen Beziehungen und bezeichnen diese Beziehungen durch Worte wie „liegen", „zwischen", „kongruent", „parallel", „stetig"; die genaue und für mathematische Zwecke vollständige Beschreibung dieser Beziehungen erfolgt durch die *Axiome der Geometrie*.

Die Axiome der Geometrie können wir in fünf Gruppen teilen; jede einzelne dieser Gruppen drückt gewisse zusammengehörige Grundtatsachen unserer Anschauung aus. Wir benennen diese Gruppen von Axiomen in folgender Weise:

I 1—8. Axiome der *Verknüpfung*,

II 1—4. Axiome der *Anordnung*,

III 1—5. Axiome der *Kongruenz*,

IV   Axiom der *Parallelen*,

V 1—2. Axiome der *Stetigkeit*.

§ 2. Die Axiomgruppe I: Axiome der Verknüpfung.

Die Axiome dieser Gruppe stellen zwischen den oben eingeführten Dingen: Punkte, Geraden und Ebenen eine *Verknüpfung*
her und lauten wie folgt:

I 1. *Zu zwei Punkten A, B gibt es stets eine Gerade a, die mit
jedem der beiden Punkte A, B zusammengehört.*

I 2. *Zu zwei Punkten A, B gibt es nicht mehr als eine Gerade,
die mit jedem der beiden Punkte A, B zusammengehört.*

Hier wie im Folgenden sind unter zwei, drei, . . . Punkten
bzw. Geraden, Ebenen stets v e r s c h i e d e n e Punkte, bzw. Geraden, Ebenen zu verstehen.

Statt „z u s a m m e n g e h ö r e n" werden wir auch andere Wendungen gebrauchen, z. B. a geht durch A und durch B, a verbindet A und oder mit B, A liegt auf a, A ist ein Punkt
von a, es gibt den Punkt A auf a usw. Wenn A auf der Geraden a und außerdem auf einer anderen Geraden b liegt, so gebrauchen wir auch die Wendungen: die Geraden a und b
schneiden sich in A, haben den Punkt A gemein; usw.

I 3. *Auf einer Geraden gibt es stets wenigstens zwei Punkte. Es
gibt wenigstens drei Punkte, die nicht auf einer Geraden liegen.*

I 4. *Zu irgend drei nicht auf ein und derselben Geraden liegenden Punkten A, B, C gibt es stets eine Ebene α, die mit jedem der
drei Punkte A, B, C zusammengehört. Zu jeder Ebene gibt es stets
einen mit ihr zusammengehörigen Punkt.*

Wir gebrauchen auch die Wendungen: A liegt in α; A ist
Punkt von α; usw.

I 5. *Zu irgend drei nicht auf ein und derselben Geraden liegenden
Punkten A, B, C gibt es nicht mehr als eine Ebene, die mit jedem
der drei Punkte A, B, C zusammengehört.*

I 6. *Wenn zwei Punkte A, B einer Geraden a in einer Ebene α
liegen, so liegt jeder Punkt von a in der Ebene α.*

In diesem Falle sagen wir: die Gerade a liegt in der
E b e n e α; usw.

I 7. *Wenn zwei Ebenen α, β einen Punkt A gemein haben, so haben sie wenigstens noch einen weiteren Punkt B gemein.*

I 8. *Es gibt wenigstens vier nicht in einer Ebene gelegene Punkte.*

Axiom I 7 bringt zum Ausdruck, daß der Raum nicht mehr als drei Dimensionen enthält, Axiom I 8 hingegen, daß der Raum nicht weniger als drei Dimensionen enthält.

Die Axiome I 1—3 mögen die *ebenen Axiome der Gruppe I* heißen zum Unterschied von den Axiomen I 4—8, die ich als die *räumlichen Axiome der Gruppe I* bezeichne.

Von den Sätzen, die aus den Axiomen I 1—8 folgen, erwähnen wir nur diese beiden:

Satz 1. Zwei Geraden einer Ebene haben einen oder keinen Punkt gemein; zwei Ebenen haben keinen Punkt oder eine Gerade und sonst keinen Punkt gemein; eine Ebene und eine nicht in ihr liegende Gerade haben keinen oder einen Punkt gemein.

Satz 2. Durch eine Gerade und einen nicht auf ihr liegenden Punkt sowie auch durch zwei verschiedene Geraden mit einem gemeinsamen Punkt gibt es stets eine und nur eine Ebene.

§ 3. Die Axiomgruppe II: Axiome der Anordnung.[1])

Die Axiome dieser Gruppe definieren den Begriff „z w i s c h e n" und ermöglichen auf Grund dieses Begriffes die *Anordnung* der Punkte auf einer Geraden, in einer Ebene und im Raume.

Erklärung. Die Punkte einer Geraden stehen in gewissen Beziehungen zueinander, zu deren Beschreibung uns insbesondere das Wort *„zwischen"* dient.

II 1. *Wenn ein Punkt B zwischen einem Punkt A und einem*

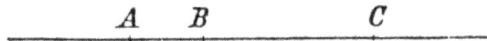

$$\underbrace{\qquad\quad A \quad\; B \qquad\qquad\; C \qquad\quad}_{}$$

Punkt C liegt, so sind A, B, C drei verschiedene Punkte einer Geraden, und B liegt dann auch zwischen C und A.

---

1) Diese Axiome hat zuerst M. Pasch in seinen Vorlesungen über neuere Geometrie, Leipzig 1882, ausführlich untersucht. Insbesondere rührt das Axiom II 4 inhaltlich von M. Pasch her.

II 2. *Zu zwei Punkten A und C gibt es stets wenigstens einen Punkt B auf der Geraden AC, so daß C zwischen A und B liegt.*

$$\overline{\qquad A \qquad\qquad C \qquad B \qquad}$$

II 3. *Unter irgend drei Punkten einer Geraden gibt es nicht mehr als einen, der zwischen den beiden anderen liegt.*

Außer diesen *linearen Axiomen der Anordnung* brauchen wir noch ein *ebenes Anordnungsaxiom.*

Erklärung. Wir betrachten auf einer Geraden a zwei Punkte A und B; wir nennen das System der beiden Punkte A und B eine *Strecke* und bezeichnen dieselbe mit AB oder mit BA. Die Punkte zwischen A und B heißen Punkte der Strecke AB oder auch *innerhalb* der Strecke AB gelegen; die Punkte A, B heißen *Endpunkte* der Strecke AB. Alle übrigen Punkte der Geraden a heißen *außerhalb* der Strecke AB gelegen.

II 4. *Es seien A, B, C drei nicht in gerader Linie gelegene Punkte und a eine Gerade in der Ebene ABC, die keinen der Punkte A, B, C trifft: wenn dann die Gerade a durch einen Punkt der Strecke AB geht, so geht sie gewiß auch durch einen Punkt der Strecke AC oder durch einen Punkt der Strecke BC.*

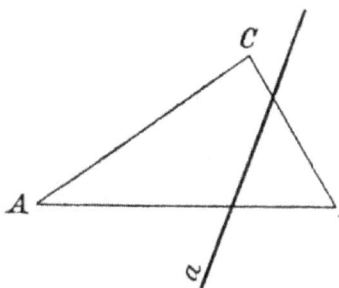

Anschaulich ausgedrückt: wenn eine Gerade ins Innere eines Dreiecks eintritt, tritt sie auch wieder heraus.

Daß nicht beide Strecken AC und BC von der Geraden a geschnitten werden können, ist beweisbar (s. Supplement I 1).

§ 4. Folgerungen aus den Axiomen der Verknüpfung und der Anordnung.

Aus den Axiomen I und II folgen die nachstehenden Sätze:

Satz 3. Zu zwei Punkten A und C gibt es stets wenigstens einen Punkt D auf der Geraden AC, der zwischen A und C liegt.

Beweis. Nach Axiom I 3 gibt es einen Punkt E außerhalb der Geraden AC, und nach Axiom II 2 gibt es auf AE einen Punkt F, so daß E ein Punkt der Strecke AF ist. Nach demselben Axiom und nach Axiom II 3 gibt es auf FC einen Punkt G, der nicht auf der Strecke FC liegt. Nach Axiom II 4 muß die Gerade EG also die Strecke AC in einem Punkte D schneiden.

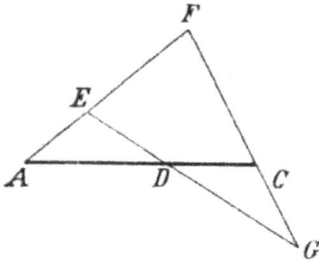

Satz 4. Unter irgend drei Punkten A, B, C einer Geraden gibt es stets einen, der zwischen den beiden andern liegt.

Beweis.[1]) A liege nicht zwischen B und C, und ebenso liege C nicht zwischen A und B. Wir verbinden einen nicht auf der Geraden AC liegenden Punkt D mit B und wählen nach Axiom II 2 auf der Verbindungslinie einen Punkt G so, daß D zwischen B und G liegt. Die Anwendung des Axioms II 4 auf das Dreieck BCG und die Gerade AD ergibt, daß sich die Geraden AD und CG in einem zwischen C und G gelegenen Punkte E schneiden; auf dieselbe Weise ergibt sich, daß sich die Geraden CD und AG in einem zwischen A und G gelegenen Punkte F treffen. Wird nun Axiom II 4 auf das Dreieck AEG und die Gerade CF angewandt, so zeigt sich, daß D zwischen A und E liegt, und mittels Anwendung des gleichen Axioms auf das Dreieck AEC und die Gerade BG erkennt man, daß B zwischen A und C liegt.

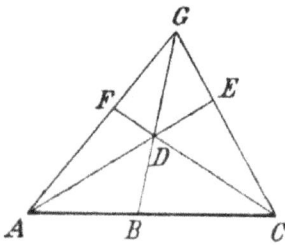

Satz 5. Sind irgend vier Punkte einer Geraden gegeben, so lassen sich dieselben stets in der Weise mit A, B, C, D bezeichnen, daß der mit B bezeichnete Punkt zwischen A und C und auch zwischen A und D und ferner der mit C bezeichnete Punkt zwischen A und D und auch zwischen B und D liegt.[2])

---

[1]) Dieser Beweis stammt von A. Wald.
[2]) Dieser in der ersten Auflage als Axiom bezeichnete Satz ist von

Beweis. A, B, C, D seien vier Punkte einer Geraden g. Wir beweisen zunächst:

1. Wenn B auf der Strecke AC und C auf der Strecke BD liegt, so liegen die Punkte B und C auch auf der Strecke AD. Wir wählen gemäß den Axiomen I 3 und II 2 einen nicht auf g liegenden Punkt E und einen Punkt F so, daß E zwischen C und F liegt. Durch mehrmalige Anwendung der Axiome II 3 und 4 ergibt sich, daß sich die Strecken AE und BF in einem Punkte G treffen, und weiter, daß die Gerade CF die Strecke GD in einem Punkte H trifft. Da somit H auf der Strecke GD, E dagegen nach Axiom II 3 nicht auf der Strecke AG liegt, trifft nach Axiom II 4 die Gerade EH die Strecke AD, d. h. C liegt auf der Strecke AD. Genau so beweist man symmetrisch, daß auch B auf dieser Strecke liegt.

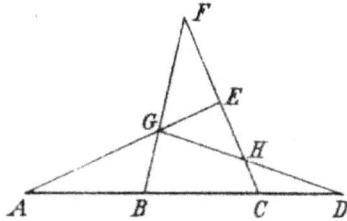

2. Wenn B auf der Strecke AC und C auf der Strecke AD liegt, so liegt C auch auf der Strecke BD und B auch auf der Strecke AD. Wir wählen einen Punkt G außerhalb g und einen weiteren Punkt F so, daß G auf der Strecke BF liegt. Nach den Axiomen I 2 und II 3 trifft die Gerade CF weder die Strecke AB noch die Strecke BG, also nach Axiom II 4 auch nicht die Strecke AG. Da aber C auf der Strecke AD liegt, trifft die Gerade CF mithin die Strecke GD in einem Punkte H. Nun trifft, wiederum nach den Axiomen II 3 und 4, die Gerade FH die Strecke BD. C liegt also auf der Strecke BD. Der Rest der Behauptung 2 folgt mithin aus 1.

E. H. Moore, Trans. Math. Soc. 1902, als eine Folge der aufgestellten ebenen Axiome der Verknüpfung und der Anordnung erkannt worden. Vgl. auch die sich hieran anschließenden Arbeiten von Veblen, Trans. Math. Soc. 1904, Schweitzer, American Journ. 1909. Eine eingehende Untersuchung über unabhängige Systeme von linearen Anordnungsaxiomen, die die Anordnung auf der Geraden festlegen, findet man bei E. v. Huntington, „A new set of postulates for betweenness with proof of complete independence", Trans. Math. Soc. 1924, vgl. auch Trans. Math. Soc. 1917.

Nun seien irgend vier Punkte einer Geraden gegeben. Wir greifen drei der Punkte heraus und bezeichnen denjenigen von ihnen, der nach Satz 4 und Axiom II 3 zwischen den beiden anderen liegt, mit Q, die beiden anderen mit P und R, und schließlich den letzten der vier gegebenen Punkte mit S. Dann ergibt sich, wiederum auf Grund des Axioms II 3 und des Satzes 4, daß man die folgenden fünf Möglichkeiten für die Lage von S unterscheiden kann:

R liegt zwischen P und S,

oder P liegt zwischen R und S,

oder S liegt zwischen P und R und zugleich Q zwischen P und S,

oder S liegt zwischen P und Q,

oder P liegt zwischen Q und S.

Die ersten vier Möglichkeiten bieten die Voraussetzungen von 2. dar, die letzte diejenigen von 1. Damit ist Satz 5 bewiesen.

Satz 6 (Verallgemeinerung des Satzes 5). Sind irgendeine endliche Anzahl von Punkten einer Geraden gegeben, so lassen sich dieselben stets in der Weise mit A, B, C, D, E, ..., K bezeichnen, daß der mit B bezeichnete Punkt zwischen A einerseits und C, D, E, ..., K andererseits, ferner C zwischen A, B einerseits und D, E, ..., K andererseits, sodann D zwischen A, B, C einerseits und E, ..., K andererseits usw. liegt. Außer dieser Bezeichnungs-

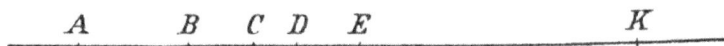

weise gibt es nur noch die umgekehrte Bezeichnungsweise K, ..., E, D, C, B, A, die von der nämlichen Beschaffenheit ist.

Satz 7. Zwischen irgend zwei Punkten einer Geraden gibt es stets unendlich viele Punkte.

Satz 8. Jede Gerade a, welche in einer Ebene α liegt, trennt die nicht auf ihr liegenden Punkte dieser Ebene α in zwei Gebiete von folgender Beschaffenheit: ein jeder Punkt A des einen Gebietes bestimmt mit jedem Punkt B des anderen Gebietes eine Strecke AB, innerhalb deren ein Punkt der Geraden a liegt; dagegen bestimmen irgend zwei Punkte A und A' ein und desselben Gebietes eine Strecke $A A'$, welche keinen Punkt von a enthält.

Erklärung. Wir sagen: die Punkte A, A' liegen *in der Ebene α auf ein und derselben Seite von der Geraden a* und die Punkte A, B liegen *in der Ebene α auf verschiedenen Seiten von der Geraden a.*

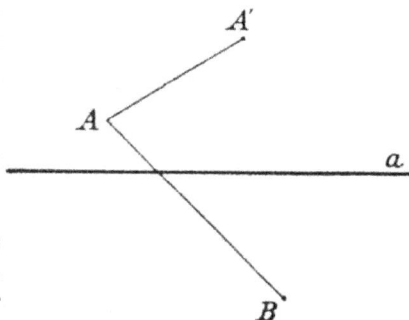

Erklärung. Es seien A, A', O, B vier Punkte einer Geraden a, so daß O zwischen A und B, aber nicht zwischen A und A' liegt; dann sagen wir: die Punkte A, A' liegen *in der Geraden a auf ein und derselben Seite vom Punkte O,* und die Punkte A, B liegen *in der Geraden a auf verschiedenen Seiten vom Punkte O.* Die

sämtlichen auf ein und derselben Seite von O gelegenen Punkte der Geraden a heißen auch ein von O ausgehender *Halbstrahl;* somit teilt jeder Punkt einer Geraden diese in zwei Halbstrahlen.

Erklärung. Ein System von Strecken $A B, B C, C D, \ldots, K L$ heißt ein *Streckenzug,* der die Punkte A und L miteinander verbindet; dieser Streckenzug wird auch kurz mit $A B C D \ldots K L$ bezeichnet. Die Punkte innerhalb der Strecken $A B, B C, C D, \ldots,$ $K L$, sowie die Punkte $A, B, C, D, \ldots, K, L$ heißen insgesamt die *Punkte des Streckenzuges.* Liegen insbesondere die Punkte $A, B, C,$ $D, \ldots, K, L$ alle in einer Ebene und fällt außerdem der Punkt L mit dem Punkt A zusammen, so wird der Streckenzug ein *Polygon* genannt und als Polygon $A B C D \ldots K$ bezeichnet. Die Strecken $A B, B C, C D, \ldots, K A$ heißen auch die *Seiten des Polygons.* Die Punkte $A, B, C, D, \ldots, K$ heißen die *Ecken des Polygons.* Polygone mit $3, 4, \ldots, n$ *Ecken* heißen *Dreiecke, Vierecke, \ldots, n-Ecke.*

Erklärung. Wenn die Ecken eines Polygons sämtlich voneinander verschieden sind und keine Ecke des Polygons in eine

Seite fällt und irgend zwei Seiten eines Polygons keinen Punkt miteinander gemein haben, so heißt das Polygon *einfach*.

Mit Zuhilfenahme des Satzes 8 gelangen wir jetzt zu folgenden Sätzen (s. den Literaturhinweis am Ende von Suppl. I 1):

Satz 9. Ein jedes einfache, in einer Ebene α gelegene Polygon trennt diejenigen Punkte der Ebene α, die nicht dem Streckenzuge des Polygons angehören, in zwei Gebiete, ein *Inneres* und ein *Äußeres*, von folgender Beschaffenheit: ist A ein Punkt des Inneren (**innerer Punkt**) und B ein Punkt des Äußeren (**äußerer Punkt**), so hat jeder in α verlaufende Streckenzug, der A mit B verbindet, mindestens einen Punkt mit dem Polygon gemein; sind dagegen A, A' zwei Punkte des Inneren und B, B' zwei Punkte des Äußeren, so gibt es stets Streckenzüge in α, die A mit A' und B mit B' verbinden und keinen Punkt mit dem Polygon gemein haben. Bei geeigneter Bezeichnung der beiden Gebiete gibt es stets Geraden in α, die ganz im Äußeren des Polygons verlaufen, dagegen keine solche Gerade, die ganz im Inneren des Polygons verläuft.

Satz 10. Jede Ebene α trennt die übrigen Punkte des Raumes in zwei Gebiete von folgender Beschaffenheit: jeder Punkt A des einen Gebietes bestimmt mit jedem Punkt B des anderen Gebietes eine Strecke AB, innerhalb deren ein Punkt von α liegt; dagegen bestimmen irgend zwei Punkte A und A' eines und desselben Gebietes stets eine Strecke AA', die keinen Punkt von α enthält.

Erklärung. Indem wir die Bezeichnungen dieses Satzes 10 benutzen, sagen wir: die Punkte A, A' liegen im Raume *auf ein und derselben Seite von der Ebene* α, und die Punkte A, B liegen im Raume *auf verschiedenen Seiten von der Ebene* α.

Der Satz 10 bringt die wichtigsten Tatsachen betreffs der Anordnung der Elemente im Raume zum Ausdruck; diese Tatsachen

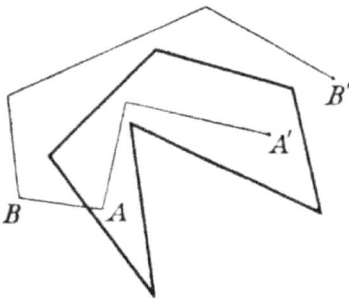

sind daher lediglich Folgerungen aus den bisher behandelten Axiomen, und es bedurfte in der Gruppe II keines neuen räumlichen Axioms.

§ 5. Die Axiomgruppe III: Axiome der Kongruenz.

Die Axiome dieser Gruppe definieren den Begriff der Kongruenz und damit auch den der Bewegung.

Erklärung. Die Strecken stehen in gewissen Beziehungen zu einander, zu deren Beschreibung uns die Worte „*kongruent*" oder „*gleich*" dienen.

III 1. *Wenn A, B zwei Punkte auf einer Geraden a und ferner A' ein Punkt auf derselben oder einer anderen Geraden a' ist, so kann man auf einer gegebenen Seite der Geraden a' von A' stets einen Punkt B' finden, so daß die Strecke AB der Strecke A'B' kongruent oder gleich ist, in Zeichen:*

$$A B \equiv A'B'.$$

Dieses Axiom fordert die Möglichkeit der Streckenabtragung. Ihre Eindeutigkeit wird später bewiesen.

Die Strecke war als System zweier Punkte A, B schlechthin definiert, sie wurde mit $A B$ oder $B A$ bezeichnet. Die Reihenfolge der beiden Punkte wurde also in der Definition nicht berücksichtigt; daher sind die Formeln

$$A B \equiv A'B', \qquad A B \equiv B'A',$$
$$B A \equiv A'B', \qquad B A \equiv B'A'$$

gleichbedeutend.

III 2. *Wenn eine Strecke A'B' und eine Strecke A"B" derselben Strecke AB kongruent sind, so ist auch die Strecke A'B' der Strecke A"B" kongruent; oder kurz: wenn zwei Strecken einer dritten kongruent sind, so sind sie untereinander kongruent.*

Da die Kongruenz oder Gleichheit erst durch diese Axiome in die Geometrie eingeführt wird, so ist es zunächst durchaus nicht selbstverständlich, daß jede Strecke sich selbst kongruent ist; diese Tatsache folgt aber aus den beiden ersten

Kongruenzaxiomen, wenn wir die Strecke AB auf irgendeinem Halbstrahl abtragen, etwa kongruent $A'B'$, und dann auf die Kongruenzen $AB \equiv A'B'$, $AB \equiv A'B'$ das Axiom III 2 anwenden.

Auf Grund hiervon ergibt sich weiter durch Anwendung des Axioms III 2 die *Symmetrie* und die *Transitivität* der Streckenkongruenz, d. h. die Gültigkeit der Sätze:

Wenn $AB \equiv A'B'$,

so ist auch $A'B' \equiv AB$;

wenn $AB \equiv A'B'$

und $A'B' \equiv A''B''$,

so ist auch $AB \equiv A''B''$.

Zufolge der Symmetrie der Streckenkongruenz können wir die Redeweise gebrauchen: zwei Strecken sind „*untereinander kongruent*".

III 3. *Es seien AB und BC zwei Strecken ohne gemeinsame Punkte auf der Geraden a und ferner $A'B'$ und $B'C'$ zwei Strecken*

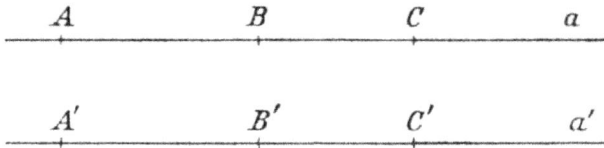

auf derselben oder einer anderen Geraden a' ebenfalls ohne gemeinsame Punkte; wenn dann

$$AB \equiv A'B' \quad und \quad BC \equiv B'C'$$

ist, so ist auch stets $\qquad AC \equiv A'C'$.

Dieses Axiom bringt die Forderung der Addierbarkeit der Strecken zum Ausdruck.

Genau so wie das Abtragen von Strecken wird das Antragen von Winkeln behandelt. Außer der Möglichkeit des Antragens von Winkeln muß allerdings noch die Eindeutigkeit axiomatisch gefordert werden; dagegen werden Transitivität und Addierbarkeit beweisbar sein.

Erklärung. Es sei α eine beliebige Ebene, und h, k seien irgend zwei verschiedene von einem Punkte O ausgehende Halbstrahlen in α, die verschiedenen Geraden angehören. Das System dieser beiden Halbstrahlen h, k nennen wir einen *Winkel* und bezeichnen denselben mit $\sphericalangle (h, k)$ oder mit $\sphericalangle (k, h)$.

Die Halbstrahlen h, k heißen *Schenkel* des Winkels, und der Punkt O heißt der *Scheitel* des Winkels.

Gestreckte und überstumpfe Winkel sind nach dieser Definition ausgeschlossen.

Der Halbstrahl h möge zur Geraden $\overline{h}$, der Halbstrahl k zur Geraden $\overline{k}$ gehören. Die Halbstrahlen h und k, zusammengenommen mit dem Punkte O, teilen die übrigen Punkte in zwei Gebiete ein: alle Punkte, die mit h auf der gleichen Seite von $\overline{k}$ und mit k auf der gleichen Seite von $\overline{h}$ liegen, heißen im Innern des Winkels $\sphericalangle (h, k)$ gelegen, alle andern Punkte heißen im Äußern oder außerhalb dieses Winkels gelegen.

Man erkennt leicht auf Grund der Axiome I und II, daß beide Gebiete Punkte enthalten, und daß eine Strecke, die zwei Punkte im Innern des Winkels verbindet, stets ganz im Innern verläuft. Ebenso leicht sind die folgenden Tatsachen beweisbar: liegt ein Punkt H auf h und ein Punkt K auf k, so verläuft die Strecke HK ganz im Innern. Ein von O ausgehender Halbstrahl verläuft entweder ganz innerhalb oder ganz außerhalb des Winkels; ein im Innern verlaufender Halbstrahl trifft die Strecke HK. Ist A ein Punkt des einen und B ein Punkt des anderen Gebietes, so geht jeder Streckenzug, der A und B verbindet, entweder durch O oder hat mit h oder k wenigstens einen Punkt gemein; sind dagegen A, A' Punkte desselben Gebietes, so gibt es stets einen Streckenzug, der A mit A' verbindet und weder durch O noch durch einen Punkt der Halbstrahlen h, k hindurchläuft.

Erklärung. Die Winkel stehen in gewissen Beziehungen zueinander, zu deren Bezeichnung uns ebenfalls die Worte „*kongruent*" oder „*gleich*" dienen.

III 4. *Es sei ein Winkel $\sphericalangle (h, k)$ in einer Ebene α und eine Gerade a' in einer Ebene α' sowie eine bestimmte Seite von a' in* *a' gegeben. Es bedeute h' einen Halbstrahl der Geraden a', der vom Punkte O' ausgeht: dann gibt es in der Ebene a' einen und nur einen Halbstrahl k', so daß der Winkel $\sphericalangle$ (h, k) kongruent oder gleich dem Winkel $\sphericalangle$ (h', k') ist und zugleich alle inneren Punkte des Winkels $\sphericalangle$ (h', k') auf der gegebenen Seite von a' liegen, in Zeichen:*

$$\sphericalangle\ (h,\ k) \equiv \sphericalangle\ (h',\ k').$$

Jeder Winkel ist sich selbst kongruent, d. h. es ist stets

$$\sphericalangle\ (h,\ k) \equiv \sphericalangle\ (h,\ k).$$

Wir sagen auch kurz: ein jeder Winkel kann in einer gegebenen Ebene nach einer gegebenen Seite an einen gegebenen Halbstrahl auf eine eindeutig bestimmte Weise *angetragen* werden.

So wenig wir bei den Strecken die Richtung berücksichtigen, so wenig berücksichtigen wir bei der Definition der Winkel den Drehsinn. Daher bedeuten auch die Bezeichnungen $\sphericalangle$ (h, k), $\sphericalangle$ (k, h) dasselbe.

Erklärung. Ein Winkel mit dem Scheitel B, auf dessen beiden Schenkeln je ein Punkt A und C liegt, wird auch als $\sphericalangle$ ABC oder kurz als $\sphericalangle$ B bezeichnet. Winkel werden auch mit kleinen griechischen Buchstaben bezeichnet.

III 5. *Wenn für zwei Dreiecke[1] ABC und A'B'C' die Kongruenzen*

$$AB \equiv A'B',\quad AC \equiv A'C',\quad \sphericalangle\ BAC \equiv \sphericalangle\ B'A'C'$$

gelten, so ist auch stets die Kongruenz

$$\sphericalangle\ ABC \equiv \sphericalangle\ A'B'C'\quad erfüllt.$$

Der Begriff des Dreiecks ist auf S. 9 erklärt[1]. Durch Bezeichnungswechsel ergibt sich, daß unter den Voraussetzungen des Axioms stets die beiden Kongruenzen

$$\sphericalangle\ ABC \equiv \sphericalangle\ A'B'C'\quad \text{und}\quad \sphericalangle\ ACB \equiv \sphericalangle\ A'C'B'$$

erfüllt sind.

---

1) Hier und im Folgenden soll von einem Dreieck stets vorausgesetzt werden, daß seine Ecken nicht auf einer Geraden liegen.

Die Axiome III 1-3 enthalten nur Aussagen über die Kongruenz von Strecken; sie mögen daher die *linearen* Axiome der Gruppe III heißen. Das Axiom III 4 enthält Aussagen über die Kongruenz von Winkeln. Das Axiom III 5 knüpft das Band zwischen den Begriffen der Kongruenz von Strecken und von Winkeln. Die Axiome III 4 und III 5 enthalten Aussagen über die Elemente der ebenen Geometrie und mögen daher die *ebenen* Axiome der Gruppe III heißen.

Die Eindeutigkeit der Strecken- abtragung folgt aus der Eindeutigkeit der Winkelantragung mit Hilfe des Axioms III 5. Angenommen, die Strecke AB sei auf einem von A' ausgehenden Halbstrahl auf zwei Weisen, bis B' und B'' abgetragen. Dann wählen wir einen Punkt C' außerhalb der Geraden $A'B'$ und erhalten die Kongruenzen

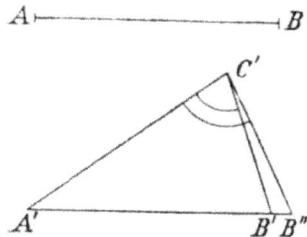

$$A'B' \equiv A'B'', \quad A'C' \equiv A'C', \quad \sphericalangle B'A'C' \equiv \sphericalangle B''A'C',$$

also nach Axiom III 5

$$\sphericalangle A'C'B' \equiv \sphericalangle A'C'B'',$$

im Widerspruch zu der in Axiom III 4 geforderten Eindeutigkeit der Winkelantragung.

§ 6. Folgerungen aus den Axiomen der Kongruenz.

Erklärung. Zwei Winkel, die den Scheitel und einen Schenkel gemein haben, und deren nicht gemeinsame Schenkel eine gerade Linie bilden, heißen *Nebenwinkel*. Zwei Winkel mit gemeinsamem Scheitel, deren Schenkel je eine Gerade bilden, heißen *Scheitelwinkel*. Ein Winkel, welcher einem seiner Nebenwinkel kongruent ist, heißt ein *rechter Winkel*.

Wir beweisen nun der Reihe nach folgende Sätze:

Satz 11. In einem Dreieck mit zwei kongruenten Seiten sind die ihnen gegenüberliegenden Winkel kongruent, oder kurz: im gleichschenkligen Dreieck sind die Basiswinkel gleich.

Dieser Satz folgt aus Axiom III 5 und dem letzten Teil des Axioms III 4.

Erklärung. Ein Dreieck ABC heißt einem Dreieck $A'B'C'$ kongruent, wenn sämtliche Kongruenzen

$$AB \equiv A'B', \qquad AC \equiv A'C', \qquad BC \equiv B'C'$$

$$\sphericalangle A \equiv \sphericalangle A', \qquad \sphericalangle B \equiv \sphericalangle B', \qquad \sphericalangle C \equiv \sphericalangle C'$$

erfüllt sind.

Satz 12 (Erster Kongruenzsatz für Dreiecke). Ein Dreieck ABC ist einem Dreieck $A'B'C'$ kongruent, falls die Kongruenzen

$$AB \equiv A'B', \qquad AC \equiv A'C', \qquad \sphericalangle A \equiv \sphericalangle A' \qquad \text{gelten.}$$

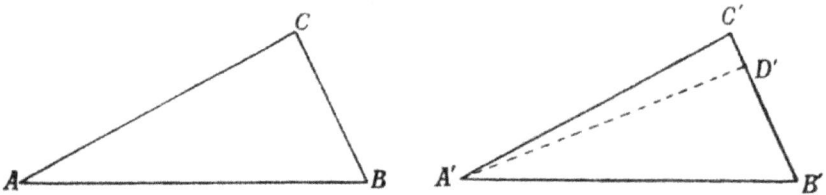

Beweis. Nach Axiom III 5 sind die Kongruenzen

$$\sphericalangle B \equiv \sphericalangle B' \quad \text{und} \quad \sphericalangle C \equiv \sphericalangle C'$$

erfüllt, und daher muß nur noch die Gültigkeit der Kongruenz $BC \equiv B'C'$ nachgewiesen werden. Nehmen wir im Gegenteil an, BC wäre nicht kongruent $B'C'$, und bestimmen wir auf $B'C'$ den Punkt D' so, daß $BC \equiv B'D'$ wird, so besagt Axiom III 5, angewandt auf die beiden Dreiecke ABC und $A'B'D'$, daß $\sphericalangle BAC \equiv \sphericalangle B'A'D'$ ist. Es wäre also $\sphericalangle BAC$ sowohl $\sphericalangle B'A'D'$ als auch $\sphericalangle B'A'C'$ kongruent; dies ist nicht möglich, da nach Axiom III 4 jeder Winkel an einen gegebenen Halbstrahl nach einer gegebenen Seite in einer Ebene nur auf eine Weise angetragen werden kann. — Damit ist bewiesen, daß das Dreieck ABC dem Dreieck $A'B'C'$ kongruent ist.

Ebenso leicht beweisen wir:

Satz 13 (Zweiter Kongruenzsatz für Dreiecke). Ein Dreieck ABC ist einem anderen Dreieck $A'B'C'$ kongruent, falls die Kongruenzen

$$AB \equiv A'B', \qquad \sphericalangle A \equiv \sphericalangle A', \qquad \sphericalangle B \equiv \sphericalangle B' \text{ gelten.}$$

Satz 14. Wenn ein Winkel $\sphericalangle ABC$ einem anderen Winkel $\sphericalangle A'B'C'$ kongruent ist, so ist auch sein Nebenwinkel $\sphericalangle CBD$ dem Nebenwinkel $\sphericalangle C'B'D'$ des anderen kongruent.

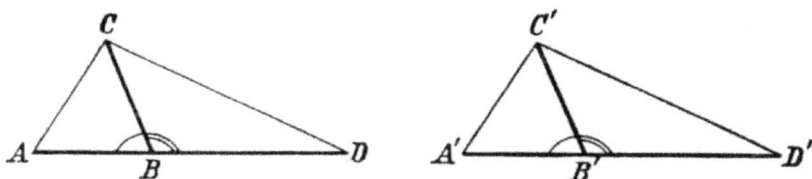

Beweis. Wir wählen die Punkte A', C', D' auf den durch B' gehenden Schenkeln derart, daß

$$AB \equiv A'B', \qquad CB \equiv C'B', \qquad DB \equiv D'B'$$

wird. Aus Satz 12 folgt dann, daß das Dreieck ABC dem Dreieck $A'B'C'$ kongruent ist, d. h. es gelten die Kongruenzen

$$AC \equiv A'C' \quad \text{und} \quad \sphericalangle BAC \equiv \sphericalangle B'A'C'.$$

Da außerdem nach Axiom III 3 die Strecke AD der Strecke $A'D'$ kongruent ist, so folgt wiederum aus Satz 12, daß das Dreieck CAD dem Dreieck $C'A'D'$ kongruent ist, d. h. es gelten die Kongruenzen

$$CD \equiv C'D' \quad \text{und} \quad \sphericalangle ADC \equiv \sphericalangle A'D'C',$$

und hieraus folgt bei Betrachtung der Dreiecke BCD und $B'C'D'$ nach Axiom III 5: $\quad \sphericalangle CBD \equiv \sphericalangle C'B'D'.$

Eine unmittelbare Folgerung aus Satz 14 ist der Satz von der Kongruenz der Scheitelwinkel.

Weiter folgt aus ihm die Existenz rechter Winkel (s. S. 15).

Wenn man nämlich einen beliebigen Winkel an einen Halbstrahl OA von O aus nach beiden Seiten anträgt und die freien

Schenkel gleichmacht: $OB \equiv OC$, so schneidet die Strecke BC die Gerade OA in einem Punkte D. Fällt D mit O zusammen, so sind $\sphericalangle\, BOA$ und $\sphericalangle\, COA$ gleiche Nebenwinkel und daher Rechte. Liegt D auf dem Halbstrahl OA, so ist nach Konstruktion: $\sphericalangle DOB \equiv \sphericalangle DOC$; falls D auf dem anderen Halbstrahl liegt, so folgt die genannte Kongruenz aus Satz 14. Nach Axiom III 2 ist jede Strecke sich selbst kongruent: $OD \equiv OD$. Somit folgt wegen Axiom III 5, daß $\sphericalangle ODB \equiv \sphericalangle ODC$ ist.

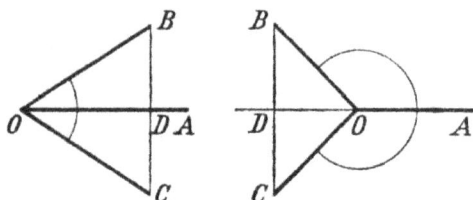

Satz 15. Es seien einerseits h, k, l und andererseits h', k', l' je drei von einem Punkte O bzw. O' ausgehende und in einer Ebene α bzw. α' gelegene Halbstrahlen. h, k und h', k' mögen gleichzeitig entweder auf derselben Seite oder auf verschiedenen Seiten von l bzw. l' liegen. Wenn dann die Kongruenzen

$$\sphericalangle\, (h, l) \equiv \sphericalangle\, (h', l') \quad \text{und} \quad \sphericalangle\, (k, l) \equiv \sphericalangle\, (k', l')$$

erfüllt sind, so ist stets auch

$$\sphericalangle\, (h, k) \equiv \sphericalangle\, (h', k').$$

Der Beweis werde für den Fall geführt, in dem h und k auf der gleichen Seite von l und also gemäß der Voraussetzung auch h' und k' auf der gleichen Seite von l' liegen. Der andere Fall wird, unter Anwendung des Satzes 14, auf den ersten Fall zurückgeführt. — Aus der Erklärung auf S. 13 folgt, daß entweder h im Winkel $\sphericalangle\, (k, l)$ oder k im Winkel $\sphericalangle\, (h, l)$ verläuft. Die Bezeichnungen seien nun so gewählt, daß h im Winkel $\sphericalangle\, (k, l)$ liegt. Wir wählen auf den Schenkeln k, k', l, l' die Punkte K, K', L, L' so, daß $OK \equiv O'K'$ und $OL \equiv O'L'$ wird. Gemäß einem auf S. 13 angegebenen Satze

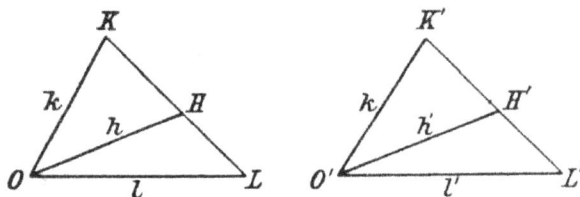

schneidet h die Strecke KL in einem Punkte H. Wir bestimmen H'
auf h' so, daß $OH \equiv O'H'$ ist. In den Dreiecken OLH und $O'L'H'$
bzw. OLK und $O'L'K'$ ergeben sich nach Satz 12 die Kongruenzen

$$\sphericalangle OLH \equiv \sphericalangle O'L'H', \quad \sphericalangle OLK \equiv \sphericalangle O'L'K',$$
$$LH \equiv L'H', \qquad\qquad LK \equiv L'K'$$

und schließlich $\quad \sphericalangle OKL \equiv \sphericalangle O'K'L'$.

Da nach Axiom III 4 jeder Winkel an einen gegebenen Halbstrahl nach einer gegebenen Seite in einer Ebene nur auf eine
Weise angetragen werden kann, und da H' und K' nach Voraussetzung auf derselben Seite von l' liegen, so zeigen die beiden
zuerst genannten Winkelkongruenzen, daß H' auf $L'K'$ liegt.
Damit ergeben die beiden genannten Streckenkongruenzen auf
Grund des Axioms III 3 leicht, daß $HK \equiv H'K'$ ist. Aus den
Kongruenzen $OK \equiv O'K'$, $HK \equiv H'K'$ und $\sphericalangle OKL \equiv \sphericalangle O'K'L'$
läßt nun Axiom III 5 die Behauptung erschließen.

Auf ähnliche Art gelangen wir zu folgender Tatsache:

Satz 16. Der Winkel $\sphericalangle (h, k)$ in der Ebene α sei dem Winkel $\sphericalangle (h', k')$ in der Ebene α' kongruent, und l sei ein Halbstrahl
der Ebene α, der vom Scheitel des Winkels $\sphericalangle (h, k)$ ausgeht
und im Innern dieses Winkels verläuft: dann gibt es stets einen
und nur einen Halbstrahl l' in der Ebene α', der vom Scheitel
des Winkels $\sphericalangle (h,' k')$ ausgeht und im Innern dieses Winkels
so verläuft, daß

$$\sphericalangle (h, l) \equiv \sphericalangle (h', l') \quad \text{und} \quad \sphericalangle (k, l) \equiv \sphericalangle (k', l') \quad \text{wird.}$$

Um den dritten Kongruenzsatz und die Symmetrieeigenschaft
der Winkelkongruenz zu gewinnen, leiten wir aus Satz 15 zunächst noch folgenden Satz ab:

Satz 17. Sind zwei Punkte Z_1 und Z_2 auf verschiedenen Seiten
einer Geraden XY gelegen und gelten die Kongruenzen
$XZ_1 \equiv XZ_2$ und $YZ_1 \equiv YZ_2$, so ist auch der Winkel $\sphericalangle XYZ_1$
dem Winkel $\sphericalangle XYZ_2$ kongruent.

Beweis. Nach Satz 11 ist $\sphericalangle XZ_1Z_2 \equiv \sphericalangle XZ_2Z_1$ und
$\sphericalangle YZ_1Z_2 \equiv \sphericalangle YZ_2Z_1$. Mithin folgt aus Satz 15 die Kongruenz:

$\sphericalangle XZ_1Y \equiv \sphericalangle XZ_2Y$. Die besonderen Fälle, in denen X bzw. Y auf Z_1Z_2 liegen, erledigen sich noch einfacher. Aus der letzten Kongruenz und den vorausgesetzten Kongruenzen $XZ_1 \equiv XZ_2$ und $YZ_1 \equiv YZ_2$ folgt nach Axiom III 5 die Behauptung: $\sphericalangle XYZ_1 \equiv \sphericalangle XYZ_2$.

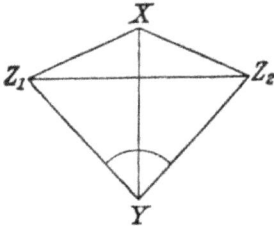

Satz 18 (Dritter Kongruenzsatz für Dreiecke). Wenn in zwei Dreiecken ABC und $A'B'C'$ jeweils entsprechende Seiten kongruent sind, so sind die Dreiecke kongruent.

Beweis. Wegen der auf S. 12 bewiesenen Symmetrie der Streckenkongruenz genügt es zu beweisen, daß das Dreieck ABC dem Dreieck $A'B'C'$ kongruent ist. Wir tragen den Winkel $\sphericalangle BAC$ an den Halbstrahl $A'C'$ in A' nach beiden Seiten an.

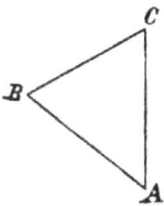

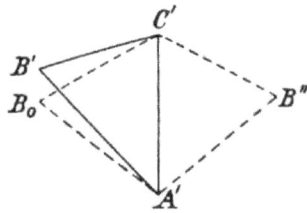

Auf dem Schenkel, der mit B' auf der gleichen Seite von $A'C'$ liegt, wählen wir den Punkt B_0 so, daß $A'B_0 \equiv AB$; und auf dem anderen freien Schenkel sei B'' so gewählt, daß $A'B'' \equiv AB$. Nach Satz 12 ist $BC \equiv B_0C'$ und ebenso $BC \equiv B''C'$. Die bisher genannten Kongruenzen zusammen mit denen der Voraussetzung ergeben nach Axiom III 2 die Kongruenzen

$$A'B'' \equiv A'B_0, \quad B''C' \equiv B_0C'$$

und entsprechend

$$A'B'' \equiv A'B', \quad B''C' \equiv B'C'.$$

Die Voraussetzungen des Satzes 17 treffen also sowohl auf die beiden Dreiecke $A'B''C'$ und $A'B_0C'$ als auch auf die beiden Dreiecke $A'B'C'$ und $A'B'C'$ zu, d. h. der Winkel $\sphericalangle B''A'C'$ ist sowohl dem Winkel $\sphericalangle B_0A'C'$ als dem Winkel $\sphericalangle B'A'C'$ kongruent. Da aber nach Axiom III 4 jeder Winkel an einen gegebenen Halbstrahl nach einer gegebenen Seite in einer Ebene nur auf eine Weise angetragen werden kann, so stimmt der

Halbstrahl $A'B_0$ mit dem Halbstrahl $A'B'$ überein, d. h. der zu $\sphericalangle BAC$ kongruente an $A'C'$ nach der betreffenden Seite angetragene Winkel ist der Winkel $\sphericalangle B'A'C'$. Aus der Kongruenz $\sphericalangle BAC \equiv \sphericalangle B'A'C'$ und den vorausgesetzten Streckenkongruenzen folgt dann nach Satz 12 die Behauptung.

Satz 19. Wenn zwei Winkel $\sphericalangle (h', k')$ und $\sphericalangle (h'', k'')$ einem dritten Winkel $\sphericalangle (h, k)$ kongruent sind, so ist auch der Winkel $\sphericalangle (h', k')$ dem Winkel $\sphericalangle (h'', k'')$ kongruent.[1]

Dieser Satz, der dem Axiom III 2 entspricht, kann so formuliert werden: Sind zwei Winkel einem dritten kongruent, so sind sie untereinander kongruent.

Beweis. Die Scheitel der drei gegebenen Winkel seien O', O'' und O. Wir wählen auf je einem Schenkel jedes Winkels die Punkte A', A'' und A so, daß $O'A' \equiv OA$ und $O''A'' \equiv OA$ wird. Ebenso seien auf den freien Schenkeln die Punkte B', B'' und B so gewählt, daß $O'B' \equiv OB$

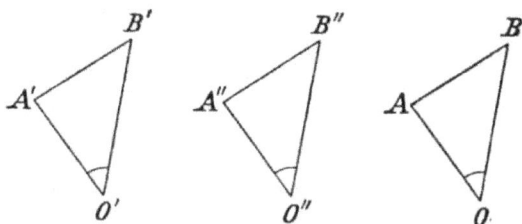

und $O''B'' \equiv OB$ wird. Diese Kongruenzen ergeben zusammen mit den beiden Voraussetzungen $\sphericalangle (h', k') \equiv \sphericalangle (h, k)$ und $\sphericalangle (h'', k'') \equiv \sphericalangle (h, k)$ nach Satz 12 die Kongruenzen

$$A'B' \equiv AB \quad \text{und} \quad A''B'' \equiv AB.$$

Nach Axiom III 2 stimmen also die Dreiecke $A'B'O'$ und $A''B''O''$ in den drei Seiten überein, mithin gilt nach Satz 18

$$\sphericalangle (h', k') \equiv \sphericalangle (h'', k'').$$

Aus Satz 19 folgt, genau wie für Strecken aus III 2, die Symmetrieeigenschaft der Winkelkongruenz, d. h.: wenn $\sphericalangle \alpha \equiv \sphericalangle \beta$ ist, so sind $\sphericalangle \alpha$ und $\sphericalangle \beta$ untereinander kongruent. Ins-

---

1) Der hier geführte Beweis für den in den ersten Auflagen als Axiom aufgestellten Satz 19 rührt von A. Rosenthal her, vgl. Math. Ann. Bd. 71.

Auf A. Rosenthal geht auch die modifizierte Fassung der Axiome I 3. I 4 zurück, vgl. Math. Ann. Bd. 69.

besondere lassen sich nun die Sätze 12—14 in symmetrischer Form aussprechen.

Wir können nunmehr die Größenvergleichung der Winkel begründen.

Satz 20. Es seien irgend zwei Winkel $\sphericalangle (h, k)$ und $\sphericalangle (h', l')$ vorgelegt. Wenn dann das Antragen von $\sphericalangle (h, k)$ an h' nach der Seite von l' einen inneren Halbstrahl k' liefert, so liefert das Antragen von $\sphericalangle (h', l')$ an h nach der Seite von k einen äußeren Halbstrahl l, und umgekehrt.

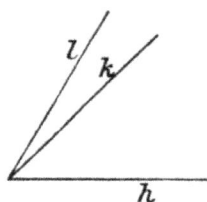

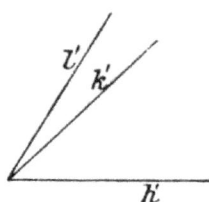

Beweis. Angenommen, l liege im Innern von $\sphericalangle (h, k)$. Da $\sphericalangle (h, k) \equiv \sphericalangle (h', k')$, so gibt es zu dem inneren Halbstrahl l nach Satz 16 einen Halbstrahl l'' im Innern von $\sphericalangle (h', k')$, für den die Kongruenz $\sphericalangle (h, l) \equiv \sphericalangle (h', l'')$ gültig ist. Nach Voraussetzung und wegen der Symmetrie der Winkelkongruenz gilt $\sphericalangle (h, l) \equiv \sphericalangle (h', l')$, wobei l' und l'' notwendig verschieden sind, im Widerspruch zur Eindeutigkeit der Winkelantragung III4. Die Umkehrung wird entsprechend bewiesen.

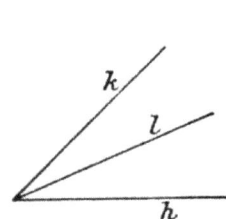

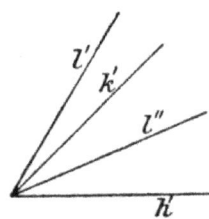

Wenn die in Satz 20 beschriebene Antragung von $\sphericalangle (h, k)$ einen inneren Halbstrahl k' von $\sphericalangle (h', l')$ liefert, so sagen wir: $\sphericalangle (h, k)$ ist *kleiner als* $\sphericalangle (h', l')$, in Zeichen: $\sphericalangle (h, k) < \sphericalangle (h', l')$; wenn sie einen äußeren Halbstrahl liefert, so sagen wir: $\sphericalangle (h, k)$ ist *größer als* $\sphericalangle (h', l')$, in Zeichen: $\sphericalangle (h, k) > \sphericalangle (h', l')$.

Wir erkennen, daß für zwei Winkel α und β immer einer und nur einer der drei Fälle

$$\alpha < \beta \text{ und } \beta > \alpha, \quad \alpha \equiv \beta, \quad \alpha > \beta \text{ und } \beta < \alpha$$

eintritt. Die Größenvergleichung der Winkel ist *transitiv*, d. h. aus jeder der drei Voraussetzungen

$$1.\ \alpha > \beta,\ \beta > \gamma;\quad 2.\ \alpha > \beta,\ \beta \equiv \gamma;\quad 3.\ \alpha \equiv \beta,\ \beta > \gamma$$

folgt $\qquad\qquad\qquad\quad \alpha > \gamma.$

Die Größenvergleichung der Strecken mit den entsprechenden Eigenschaften folgt unmittelbar aus den Axiomen II und III 1—3 sowie der Eindeutigkeit der Streckenabtragung (S. 15).

Auf Grund der Größenvergleichung der Winkel gelingt der Nachweis des folgenden einfachen Satzes, den *Euklid* — meiner Meinung nach mit Unrecht — unter die Axiome gestellt hat.

Satz 21. *Alle rechten Winkel sind einander kongruent.*

Beweis[1]). Ein rechter Winkel ist nach Definition ein solcher, der einem seiner Nebenwinkel kongruent ist. Die Winkel α oder $\sphericalangle (h, l)$ und β oder $\sphericalangle (k, l)$ seien Nebenwinkel, ebenso die Winkel α' und β', und es sei $\alpha \equiv \beta$ und $\alpha' \equiv \beta'$. Wir nehmen im Gegensatz zur Behauptung des Satzes 21 an, α' sei nicht kongruent α. Dann liefert die Antragung des Winkels α' an h nach der Seite auf der l liegt, einen von l verschiedenen Halbstrahl l''. l'' liegt also entweder im Innern von α oder im Innern von β. Falls l'' im Innern von α liegt, so gilt:

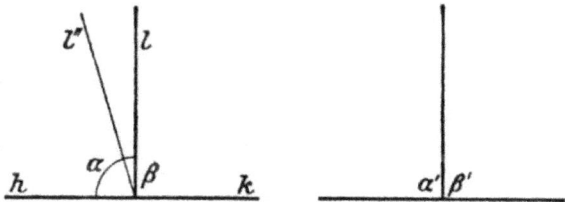

$$\sphericalangle (h, l'') < \alpha,\quad \alpha \equiv \beta,\quad \beta < \sphericalangle (k, l'').$$

Hieraus folgt auf Grund der Transitivität der Größenvergleichung: $\sphericalangle (h, l'') < \sphericalangle (k, l'')$. Andererseits gilt nach Voraussetzung und Satz 14

$$\sphericalangle (h, l'') \equiv \alpha',\quad \alpha' \equiv \beta',\quad \beta' \equiv \sphericalangle (k, l''),$$

und daraus folgt $\qquad \sphericalangle (h, l'') \equiv \sphericalangle (k, l''),$

---

1) Der Gedanke dieses Beweises findet sich bereits bei dem Euklid-Kommentator P r o k l u s, der allerdings anstatt Satz 14 die Voraussetzung benutzte, daß das Antragen eines rechten Winkels stets wieder einen rechten, d. h. seinem Nebenwinkel gleichen Winkel ergibt (vgl. S. 33).

im Widerspruch zu der Beziehung $\sphericalangle (h, l'') < \sphericalangle (k, l'')$. Im Falle, daß l'' im Innern von β liegt, ergibt sich ein ganz entsprechender Widerspruch, und damit ist Satz 21 bewiesen.

E r k l ä r u n g. Ein Winkel, der größer als sein Nebenwinkel bzw. größer als ein rechter Winkel ist, heißt ein *stumpfer* Winkel; ein Winkel, der kleiner als sein Nebenwinkel bzw. kleiner als ein rechter Winkel ist, heißt ein *spitzer* Winkel.

Ein fundamentaler Satz, der schon bei Euklid eine wichtige Rolle spielt und aus dem eine Reihe wichtiger Tatsachen folgen, ist der Satz vom Außenwinkel.

E r k l ä r u n g. Die zu einem Dreiecke ABC gehörigen Winkel $\sphericalangle ABC$, $\sphericalangle BCA$ und $\sphericalangle CAB$ heißen seine *Dreieckswinkel*; ihre Nebenwinkel heißen seine *Außenwinkel*.

S a t z 22 (S a t z v o m A u ß e n w i n k e l). Ein Außenwinkel eines Dreiecks ist größer als jeder der beiden nicht anliegenden Dreieckswinkel.

B e w e i s. $\sphericalangle CAD$ sei Außenwinkel des Dreiecks ABC. D möge so gewählt sein, daß $AD \equiv CB$.

Wir beweisen zunächst $\sphericalangle CAD \not\equiv \sphericalangle ACB$. Wäre nämlich $\sphericalangle CAD \equiv \sphericalangle ACB$, so würde wegen der Kongruenz $AC \equiv CA$ und nach Axiom III 5 gelten: $\sphericalangle ACD \equiv \sphericalangle CAB$. Aus den Sätzen 14 und 19 würde nun folgen, daß $\sphericalangle ACD$ dem Nebenwinkel des Winkels $\sphericalangle ACB$ kongruent wäre.

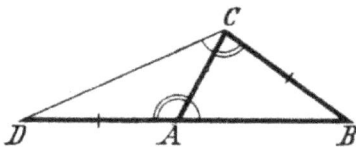

Nach Axiom III 4 läge daher D auf der Geraden CB, im Widerspruch zu Axiom I 2. Es gilt also

$$\sphericalangle CAD \not\equiv \sphericalangle ACB.$$

Es kann nun auch nicht $\sphericalangle CAD < \sphericalangle ACB$ sein; denn dann würde die Antragung des Außenwinkels $\sphericalangle CAD$ an CA in C nach der Seite, auf der B liegt, einen im Innern des Winkels $\sphericalangle ACB$ verlaufenden Schenkel liefern, der somit die Strecke AB in einem Punkte B' träfe. Im Dreieck $AB'C$ wäre dann der Außenwinkel $\sphericalangle CAD$ dem Winkel $\sphericalangle ACB'$ kongruent.

Dieses ist aber, wie soeben bewiesen, nicht möglich. Es bleibt
also nur noch die Möglichkeit:
$\sphericalangle\,CAD > \sphericalangle\,ACB.$
Genau so ergibt sich, daß der
Scheitelwinkel des Winkels $\sphericalangle CAD$
größer ist als der Winkel $\sphericalangle\,ABC$, und aus der Kongruenz der
Scheitelwinkel und der Transitivität der Größenvergleichung
der Winkel folgt nun $\sphericalangle\,CAD > \sphericalangle\,ABC.$

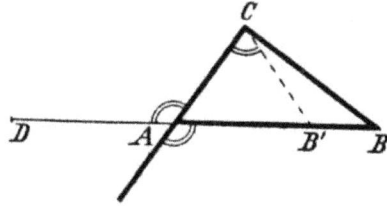

Damit ist die Behauptung vollständig bewiesen.

Wichtige Folgerungen aus dem Satz vom Außenwinkel sind
die folgenden Sätze.

Satz 23. In jedem Dreieck liegt der größeren Seite der größere
Winkel gegenüber.

Beweis. Wir tragen die kleinere der beiden betrachteten Dreiecksseiten vom gemeinsamen Eckpunkt aus auf der größeren ab.
Die Behauptung folgt dann wegen der
Transitivität der Größenvergleichung
der Winkel aus den Sätzen 11 und 22.

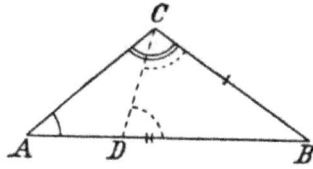

Satz 24. Ein Dreieck mit zwei gleichen Winkeln ist gleichschenklig.

Diese Umkehrung des Satzes 11 ist eine unmittelbare Folge
des Satzes 23.

Aus Satz 22 ergibt sich weiterhin auf einfache Weise eine Ergänzung zum zweiten Kongruenzsatze für Dreiecke:

Satz 25. Zwei Dreiecke ABC und $A'B'C'$ sind einander
kongruent, falls die Kongruenzen

$$AB \equiv A'B', \quad \sphericalangle\,A \equiv \sphericalangle\,A' \quad \text{und} \quad \sphericalangle\,C \equiv \sphericalangle\,C'$$

erfüllt sind.

Satz 26. Jede Strecke ist halbierbar.

Beweis. Wir tragen an die gegebene Strecke AB in ihren Endpunkten nach verschiedenen Seiten den gleichen Winkel α an
und tragen auf den freien Schenkeln die gleichen Strecken ab:

$AC \equiv BD$. Da C und D auf verschiedenen Seiten von AB liegen, trifft die Strecke CD die Gerade AB in einem Punkte E.

Die Annahme, E stimme mit A oder B überein, steht unmittelbar im Widerspruch zu Satz 22. Angenommen, B läge zwischen A und E. Dann wäre nach Satz 22:

$$\sphericalangle ABD > \sphericalangle BED > \sphericalangle BAC,$$

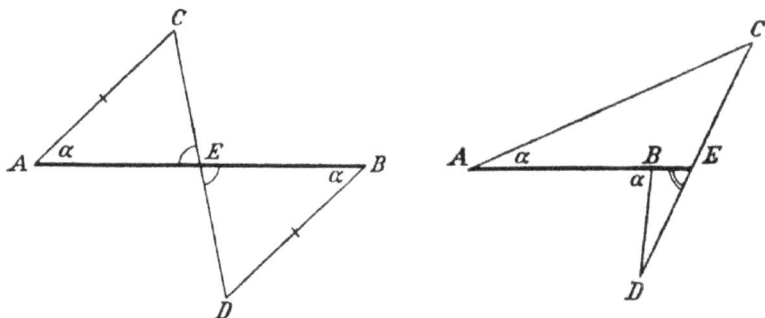

im Widerspruch zur Konstruktion. Denselben Widerspruch liefert die Annahme, A liege zwischen B und E.

E liegt also nach Satz 4 auf der Strecke AB. Mithin sind die Winkel $\sphericalangle AEC$ und $\sphericalangle BED$ als Scheitelwinkel kongruent. Daher ist Satz 25 auf die Dreiecke AEC und BED anwendbar und ergibt

$$AE \equiv EB.$$

Als unmittelbare Folge aus den Sätzen 11 und 26 ergibt sich die Tatsache: Jeder Winkel ist halbierbar.

Der Kongruenzbegriff läßt sich nun auch auf beliebige Figuren ausdehnen.

Erklärung. Sind A, B, C, D, . . ., K, L auf a und A', B', C', D', . . ., K', L' auf a' zwei Reihen von Punkten, so daß die sämtlichen entsprechenden Strecken AB und $A'B'$, AC und $A'C'$, BC und $B'C'$, . . ., KL und $K'L'$ paarweise einander kongruent sind, so heißen die beiden Reihen von Punkten untereinander kongruent; A und A', B und B', . . ., L und L' heißen die entsprechenden Punkte der *kongruenten Punktreihen*.

Satz 27. Ist von zwei kongruenten Punktreihen $A, B, \ldots, K, L$ und $A', B', \ldots, K', L'$ die erste so geordnet, daß B zwischen A einerseits und $C, D, \ldots, K, L$ andererseits, C zwischen A, B einerseits und $D, \ldots, K, L$ andererseits, usw. liegt, so sind die Punkte $A', B', \ldots, K', L'$ auf die gleiche Weise geordnet, d. h. B' liegt zwischen A' einerseits und $C', D', \ldots, K', L'$ andererseits, C' zwischen A', B' einerseits und $D', \ldots, K', L'$ andererseits usw.

Erklärung. Irgendeine endliche Anzahl von Punkten heißt eine *Figur;* liegen alle Punkte der Figur in einer Ebene, so heißt sie eine *ebene Figur*.

Zwei Figuren heißen *kongruent*, wenn ihre Punkte sich paarweise einander so zuordnen lassen, daß die auf diese Weise einander zugeordneten Strecken und Winkel sämtlich einander kongruent sind.

Kongruente Figuren haben, wie man aus den Sätzen 14 und 27 erkennt, folgende Eigenschaften: liegen drei Punkte einer Figur auf einer Geraden, so liegen in jeder kongruenten Figur die entsprechenden Punkte auf einer Geraden. Die Anordnung der Punkte in entsprechenden Ebenen in bezug auf entsprechende Geraden ist in kongruenten Figuren die nämliche; das gleiche gilt von der Reihenfolge entsprechender Punkte in entsprechenden Geraden.

Der allgemeinste Kongruenzsatz für die Ebene und für den Raum drückt sich wie folgt aus:

Satz 28. Wenn $(A, B, C, \ldots, L)$ und $(A', B', C', \ldots, L')$ kongruente ebene Figuren sind und P einen Punkt in der Ebene der ersten bedeutet, so läßt sich in der Ebene der zweiten Figur stets ein Punkt P' finden, derart, daß $(A, B, C, \ldots, L, P)$ und $(A', B', C', \ldots, L', P')$ wieder kongruente Figuren sind. Enthält die Figur $(A, B, C, \ldots, L)$ wenigstens drei nicht auf einer Geraden liegende Punkte, so ist die Konstruktion von P' nur auf eine Weise möglich.

Satz 29. Wenn $(A, B, C, \ldots, L)$ und $(A', B', C', \ldots, L')$ kongruente Figuren sind und P einen beliebigen Punkt bedeutet, so läßt sich stets ein Punkt P' finden, so daß die Figuren

$(A, B, C, \ldots, L, P)$ und $(A', B', C', \ldots, L', P')$ kongruent sind. Enthält die Figur $(A, B, C, \ldots, L)$ mindestens vier nicht in einer Ebene liegende Punkte, so ist die Konstruktion von P' nur auf eine Weise möglich.

Der Satz 29 spricht das wichtige Resultat aus, daß die sämtlichen räumlichen Tatsachen der Kongruenz und mithin die Eigenschaften der Bewegung im Raume — unter Hinzuziehung der Axiomgruppen I und II — Folgerungen aus den fünf oben aufgestellten linearen und ebenen Axiomen der Kongruenz sind.

§ 7. Die Axiomgruppe IV: Axiom der Parallelen.

Es sei α eine beliebige Ebene, a eine beliebige Gerade in α und A ein Punkt in α, der außerhalb a liegt. Ziehen wir dann in α eine Gerade c, die durch A geht und a schneidet, und sodann in α eine Gerade b durch A, so daß die Gerade c die Geraden a, b unter gleichen Gegenwinkeln schneidet, so folgt leicht aus dem Satze vom Außenwinkel, Satz 22, daß die Geraden a, b keinen Punkt miteinander gemein haben, d. h. in einer Ebene α läßt sich durch einen Punkt A außerhalb einer Geraden a stets eine Gerade ziehen, welche jene Gerade a nicht schneidet.

Das Parallelenaxiom lautet nun:

IV (Euklidisches Axiom). *Es sei a eine beliebige Gerade und A ein Punkt außerhalb a: dann gibt es in der durch a und A bestimmten Ebene höchstens eine Gerade, die durch A läuft und a nicht schneidet.*

Erklärung. Nach dem Vorhergehenden und auf Grund des Parallelenaxioms erkennen wir, daß es in der durch a und A bestimmten Ebene eine und nur eine Gerade gibt, die durch A läuft und a nicht schneidet; wir nennen dieselbe *die Parallele zu a durch A*.

Das Parallelenaxiom IV ist gleichbedeutend mit der folgenden Forderung:

Wenn zwei Geraden a, b in einer Ebene eine dritte Gerade c derselben Ebene nicht treffen, so treffen sie auch einander nicht.

In der Tat, hätten a, b einen Punkt A gemein, so würden durch A in derselben Ebene die beiden Geraden a, b möglich sein, die c nicht treffen; dieser Umstand widerspräche dem Parallelenaxiom IV. Ebenso leicht folgt umgekehrt das Parallelenaxiom IV aus der genannten Forderung.

Das Parallelenaxiom IV ist ein *ebenes Axiom*.

Die Einführung des Parallelenaxioms v e r e i n f a c h t die Grundlagen und e r l e i c h t e r t den Aufbau der Geometrie in erheblichem Maße.

Nehmen wir nämlich zu den Kongruenzaxiomen das Parallelenaxiom hinzu, so gelangen wir leicht zu den bekannten Tatsachen:

Satz 30. Wenn zwei Parallelen von einer dritten Geraden geschnitten werden, so sind die Gegenwinkel und Wechselwinkel kongruent, und umgekehrt: die Kongruenz der Gegen- oder Wechselwinkel hat zur Folge, daß die Geraden parallel sind.

Satz 31. Die Winkel eines Dreiecks machen zusammen zwei Rechte aus.[1]

Erklärung. Wenn M ein beliebiger Punkt in einer Ebene α ist, so heißt eine Gesamtheit von allen solchen Punkten A in α, für welche die Strecken MA einander kongruent sind, ein *Kreis;* M heißt der *Mittelpunkt des Kreises.*

Auf Grund dieser Erklärung folgen mit Hilfe der Axiomgruppen III—IV leicht die bekannten Sätze über den Kreis, insbesondere die Möglichkeit der Konstruktion eines Kreises durch irgend drei nicht auf einer Geraden gelegene Punkte, sowie der Satz über die Kongruenz aller Peripheriewinkel über der nämlichen Sehne und der Satz von den Winkeln im Kreisviereck.

---

1) Betreffs der Frage, inwieweit dieser Satz umgekehrt das Parallelenaxiom zu ersetzen vermag, vergleiche man die Bemerkungen am Schluß des zweiten Kapitels § 12.

§ 8. Die Axiomgruppe V: Axiome der Stetigkeit.

V 1 (Axiom des Messens oder Archimedisches Axiom).

Sind A B und C D irgendwelche Strecken, so gibt es eine Anzahl n derart, daß das n-malige Hintereinander-Abtragen der Strecke C D von A aus auf den durch B gehenden Halbstrahl über den Punkt B hinausführt.

V 2 (Axiom der linearen Vollständigkeit). *Das System der Punkte einer Geraden mit seinen Anordnungs- und Kongruenz-beziehungen ist keiner solchen Erweiterung fähig, bei welcher die zwischen den vorigen Elementen bestehenden Beziehungen sowie auch die aus den Axiomen I—III folgenden Grundeigenschaften der linearen Anordnung und Kongruenz, und V I erhalten bleiben.*

Gemeint sind mit den Grundeigenschaften die in den Axiomen II 1—3 und im Satz 5 formulierten Anordnungseigenschaften so-wie die in den Axiomen III 1—3 formulierten Kongruenzeigen-schaften nebst der Eindeutigkeit der Streckenabtragung[1]). Was die durch das Axiom I 3 und durch den (mit Hinzuziehung von II4 bewiesenen) Satz 3 geforderten Eigenschaften des Systems der Punkte einer Geraden betrifft, so bleibt die erste, daß es mindestens 2 Punkte auf der Geraden gibt, bei jeder Erweiterung eo ipso erhalten und die zweite, daß es zu 2 Punkten auf der Geraden stets einen zwischen ihnen liegenden gibt, ist eine Konse-quenz der Nicht-Erweiterbarkeit des Systems der Punkte einer Geraden.

Die Erfüllbarkeit des Vollständigkeitsaxioms ist wesentlich dadurch bedingt, daß in ihm unter den Axiomen, deren Aufrechterhaltung gefordert wird, das Archimedische Axiom enthalten ist. In der Tat läßt sich zeigen: zu einem System von Punkten auf einer Geraden,

---

1) Die genaue Aussonderung der hier für die lineare Anordnung und Kongruenz zu fordernden Bedingungen wurde von F. Bachmann, in An-knüpfung an die Fassung des Axioms V 2 in der siebenten Auflage, durch-geführt.

welches die vorhin aufgezählten Axiome und Sätze der Anordnung und Kongruenz erfüllt, können stets noch Punkte hinzugefügt werden, derart, daß in dem durch die Erweiterung entstehenden System die genannten Axiome ebenfalls gültig sind;
d. h. ein Vollständigkeitsaxiom, in dem nur die Aufrechterhaltung der genannten Axiome und Sätze, nicht aber auch die des
Archimedischen oder eines entsprechenden Axioms gefordert
wäre, würde einen Widerspruch einschließen.

Die beiden Stetigkeitsaxiome sind *lineare* Axiome.

Wesentlich aus dem linearen Vollständigkeitsaxiom
ergibt sich die folgende allgemeinere Tatsache:

Satz 32 (Satz der Vollständigkeit)[1]). Die Elemente (d. h.
die Punkte, Geraden und Ebenen) der Geometrie bilden ein System, das bei Aufrechterhaltung der Verknüpfungs- und Anordnungsaxiome, der Kongruenzaxiome und des Archimedischen
Axioms, also erst recht bei Aufrechterhaltung sämtlicher Axiome
keiner Erweiterung durch Punkte, Geraden und Ebenen mehr
fähig ist[2]).

Beweis. Die Elemente, die vor der Erweiterung existieren,
seien als alte Elemente bezeichnet, diejenigen, die durch die Erweiterung hinzukommen, als neue Elemente. Die Annahme neuer
Elemente führt unmittelbar auf die Annahme eines neuen Punktes N.

Nach Axiom I 8 gibt es vier alte, nicht in einer Ebene gelegene
Punkte A, B, C, D. Die Bezeichnungen können so gewählt werden, daß A, B, N nicht in einer Geraden liegen. Die beiden voneinander verschiedenen Ebenen ABN und ACD haben nach
Axiom I 7 außer A noch einen Punkt E gemein. E liegt nicht
auf der Geraden AB, denn sonst würde B in der Ebene ACD
liegen. Falls E ein neuer Punkt ist, so liegt in der alten Ebene
ACD ein neuer Punkt E; falls hingegen E ein alter Punkt ist,

---

1) Die Bemerkung, daß das lineare Vollständigkeitsaxiom genügt, rührt
von P. Bernays her.

2) Diese letzte Aussage war in den früheren Auflagen als Axiom der
Vollständigkeit aufgestellt.

so liegt der neue Punkt N in einer alten Ebene, nämlich in der
Ebene ABE. Jedenfalls also liegt ein neuer Punkt in einer
alten Ebene.

In einer alten Ebene gibt es ein altes Dreieck FGH und auf
der Strecke FG einen alten Punkt I. Verbinden wir einen neuen
Punkt L mit I, so treffen sich nach dem Axiom II 4 die Geraden IL und FH oder die Geraden IL und
GH in einem Punkte K. Falls K neu ist, so
liegt ein neuer Punkt K auf einer alten Geraden
FH bzw. GH; falls hingegen K alt ist, so liegt
ein neuer Punkt L auf einer alten Geraden IK.
Alle drei Annahmen stehen daher im Wider-
spruch zum Axiom der linearen Vollständigkeit. Die Annahme
eines neuen Punktes in einer alten Ebene ist also zu verwerfen
und damit überhaupt die Annahme neuer Elemente.

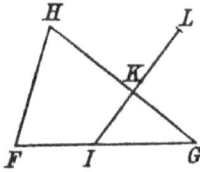

Der Vollständigkeitssatz läßt sich noch schärfer fassen; die
Aufrechterhaltung einiger der in ihm genannten Axiome braucht
nicht unbedingt gefordert zu werden. Wesentlich für seine Gültigkeit ist aber, daß unter den Axiomen, deren Aufrechterhaltung
in ihm gefordert wird, das Axiom I 7 enthalten ist. In der Tat
läßt sich zeigen: zu einem System von Elementen, welche
die Axiome I—V erfüllen, können stets noch Punkte, Geraden
und Ebenen hinzugefügt werden, so daß in dem durch Zusammensetzung entstehenden System die gleichen Axiome mit
Ausnahme des Axioms I 7 gültig sind; d. h. ein Vollständigkeitssatz, in dem das Axiom I 7 oder ein ihm gleichwertiges Axiom
nicht enthalten wäre, würde einen Widerspruch einschließen.

Das Vollständigkeitsaxiom ist nicht eine Folge des
Archimedischen Axioms. In der Tat reicht das Archimedische
Axiom allein nicht aus, um mit Benutzung der Axiome I—IV
unsere Geometrie als identisch mit der gewöhnlichen analytischen
,,Cartesischen'' Geometrie nachzuweisen (vgl. § 9 und § 12). Dagegen gelingt es unter Hinzunahme des Vollständigkeitsaxioms —
obwohl dieses Axiom unmittelbar keine Aussage über den Begriff

der Konvergenz enthält —, die Existenz der einem Dedekind-schen Schnitte entsprechenden Grenze und den Bolzanoschen Satz vom Vorhandensein der Verdichtungsstellen nachzuweisen, womit dann unsere Geometrie sich als identisch mit der Carte-sischen Geometrie erweist.

Durch die vorstehende Betrachtungsweise ist die Forderung der Stetigkeit in zwei wesentlich verschiedene Bestandteile zer-legt worden, nämlich in das Archimedische Axiom, dem die Rolle zukommt, die Forderung der Stetigkeit vorzubereiten und in das Vollständigkeitsaxiom, das den Schlußstein des ganzen Axiomensystems bildet.[1])

In den nachfolgenden Untersuchungen stützen wir uns wesentlich nur auf das Archimedische Axiom und setzen im all-gemeinen das Vollständigkeitsaxiom nicht voraus.

---

1) Man vergleiche auch die Bemerkungen am Schluß von § 17 sowie meinen Vortrag über den Zahlbegriff, Berichte der Deutschen Mathema-tiker-Vereinigung, 1900. — Bei der Untersuchung des Satzes von der Gleichheit der Basiswinkel im gleichschenkligen Dreieck werden wir auf zwei weitere Stetigkeitsaxiome geführt; vgl. Anhang II dieses Buches, S. 135, und meine Abhandlung „Über den Satz von der Gleichheit der Basiswinkel im gleichschenkligen Dreieck", Proceedings of the London Mathematical Society, Bd. XXXV 1903.

Als anknüpfende Untersuchungen über die Stetigkeitsaxiome seien hier beispielsweise erwähnt: R. Baldus „Zur Axiomatik der Geometrie" I—III, I in Math. Ann. 100, 321—333 (1928); II in Atti d. Conge. int. d. Mat. Bologna 1928, IV (1931); III in Sitzber. d. Heidelberger Akad. Wiss. 1930, 5te Abh. A. Schmidt „Die Stetigkeit in der absoluten Geometrie" Ibid. 1931, 5te Abh. P. Bernays „Betrachtungen über das Vollständigkeits-axiom und verwandte Axiome" Math. Zeitschr. 63, 219—292 (1955).

Nachtrag zu der Fußnote auf S. 23: Von dem Kommentar des Proklus ist eine französische Übersetzung mit einer Einführung und Bemerkungen von P. Ver Eecke in der Collection de travaux de l'Acad. internat. d'histoire des sciences, No. 1 publiziert worden: Proclus de Lycie: Les Commentaires sur le premier livre des éléments d'Euclide, Brügge 1948.

Zweites Kapitel.

Die Widerspruchsfreiheit und gegenseitige Unabhängigkeit der Axiome.

§ 9. Die Widerspruchsfreiheit der Axiome.

Die Axiome der fünf im ersten Kapitel aufgestellten Axiomgruppen stehen miteinander nicht in Widerspruch, d. h. es ist nicht möglich, durch logische Schlüsse aus denselben eine Tatsache abzuleiten, welche einem der aufgestellten Axiome widerspricht. Um dies einzusehen, wollen wir aus den reellen Zahlen ein System von Dingen bilden, in dem sämtliche Axiome der fünf Gruppen erfüllt sind.

Man betrachte zunächst den Bereich Ω aller derjenigen algebraischen Zahlen, welche hervorgehen, indem man von der Zahl 1 ausgeht und eine endliche Anzahl von Malen die vier Rechnungsoperationen: Addition, Subtraktion, Multiplikation, Division und die fünfte Operation $\left| \sqrt{1 + \omega^2} \right|$ anwendet, wobei ω jedesmal eine Zahl bedeuten soll, die vermöge jener fünf Operationen bereits entstanden ist.

Wir denken uns ein Paar von Zahlen (x, y) des Bereiches Ω als einen Punkt und die Verhältnisse von irgend drei Zahlen $(u : v : w)$ aus Ω, falls u, v nicht beide Null sind, als eine Gerade, ferner möge das Bestehen der Gleichung

$$u x + v y + w = 0$$

ausdrücken, daß der Punkt (x, y) auf der Geraden $(u : v : w)$ liegt; damit sind, wie man leicht sieht, die Axiome I 1—3 und IV erfüllt. Die Zahlen des Bereiches Ω sind sämtlich reell; indem wir berücksichtigen, daß dieselben sich ihrer Größe nach anordnen lassen, können wir leicht solche Festsetzungen für unsere Punkte und Geraden treffen, daß auch die Axiome II der Anordnung

sämtlich gültig sind. In der Tat, sind (x_1, y_1), (x_2, y_2), (x_3, y_3), ...
irgendwelche Punkte auf einer Geraden, so möge dies ihre Reihenfolge auf der Geraden sein, wenn die Zahlen $x_1, x_2, x_3, \ldots$ oder
$y_1, y_2, y_3, \ldots$ in dieser Reihenfolge entweder beständig abnehmen
oder wachsen; um ferner die Forderung
des Axioms II 4 zu erfüllen, haben wir
nur nötig, festzusetzen, daß alle Punkte
(x, y), für die $ux + vy + w$ kleiner oder
größer als o ausfällt, auf der einen bzw.
auf der anderen Seite der Geraden $(u:v:w)$
gelegen sein sollen. Man überzeugt sich
leicht, daß diese Festsetzung sich mit der
vorigen Festsetzung, welche die Reihenfolge der Punkte auf
einer Geraden bestimmt, in Übereinstimmung befindet.

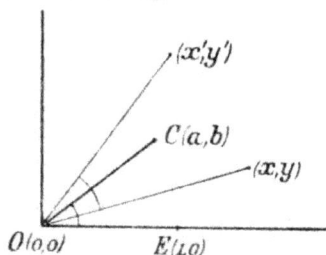

Das Abtragen von Strecken und Winkeln erfolgt nach den
bekannten Methoden der analytischen Geometrie. Eine Transformation von der Gestalt

$$x' = x + a,$$
$$y' = y + b$$

vermittelt die Parallelverschiebung von Strecken und Winkeln,
und eine Transformation von der Gestalt

$$x' = x$$
$$y' = -y$$

vermittelt eine Spiegelung an der Geraden $y = o$. Wird ferner
der Punkt (o, o) mit O, der Punkt (I, o) mit E und ein beliebiger
Punkt (a, b) mit C bezeichnet, so entsteht durch Drehung um
den Winkel $\sphericalangle COE$, wenn O der feste Drehpunkt ist, aus dem
beliebigen Punkte (x, y) der Punkt (x', y'), wobei

$$x' = \frac{a}{\sqrt{a^2 + b^2}} x - \frac{b}{\sqrt{a^2 + b^2}} y,$$

$$y' = \frac{b}{\sqrt{a^2 + b^2}} x + \frac{a}{\sqrt{a^2 + b^2}} y$$

zu setzen ist. Da die Zahl

$$\sqrt{a^2 + b^2} = b \sqrt{\mathrm{I} + \left(\frac{a}{b}\right)^2}$$

wiederum dem Bereiche Ω angehört, so gelten bei unseren Festsetzungen auch die Kongruenzaxiome III 1—4, und offenbar ist auch das Dreieckskongruenzaxiom III 5 sowie das Archimedische Axiom V 1 erfüllt. Das Axiom der Vollständigkeit V 2 ist nicht erfüllt.

Jeder Widerspruch in den Folgerungen aus den linearen und ebenen Axiomen I—IV, V 1 müßte demnach auch in der Arithmetik des Bereiches Ω erkennbar sein.[1])

Wählen wir in der obigen Entwicklung statt des Bereiches Ω den Bereich aller reellen Zahlen, so erhalten wir die gewöhnliche ebene Cartesische Geometrie. Daß in dieser außer den Axiomen I 1—3, II, III, IV und V 1 auch das Vollständigkeitsaxiom erfüllt ist, erkennt man auf folgende Weise.

In der Cartesischen Geometrie folgt rein auf Grund der Definitionen von Anordnung und Streckenkongruenz: jede Strecke ist in eine vorgegebene Anzahl n von kongruenten Teilen teilbar, und wenn eine Strecke AB kleiner ist als eine Strecke AC, so ist auch der $n$te Teil von AB kleiner als der von AC.

Wir nehmen nun an, es gebe eine Gerade g, auf der sich entgegen dem Vollständigkeitsaxiom Punkte zu der vorgelegten Geometrie hinzufügen lassen, ohne auf g die Gültigkeit der Axiome II 1—3, III 1—3, V 1, des Satzes 5 oder der Eindeutigkeit der Streckenabtragung (S. 30) zu stören. Einer dieser hinzugefügten Punkte heiße N. N teilt nun die Gerade g in zwei Halbgeraden, deren jede nach dem Archimedischen Axiom auch solche Punkte enthält, die vor der Erweiterung vorhanden waren und die wir als alte Punkte bezeichnen wollen. N teilt also die alten Punkte von g in zwei Halbgeraden ein. Denken wir uns g in Parameterform

$$x = mt + n, \qquad y = pt + q$$

1) Betreffs der Frage nach der Widerspruchsfreiheit der arithmetischen Axiome vergleiche man meine Vorträge über den Zahlbegriff: Berichte der Deutschen Mathematiker-Vereinigung, 1900, sowie „Mathematische Probleme", gehalten auf dem internationalen Mathematikerkongreß 1900, Göttinger Nachr. 1900, insbesondere Problem Nr. 2.

dargestellt, in der der Parameter t schon vor der Erweiterung durch N sämtliche reellen Werte annimmt, so liefert die durch N erzeugte Einteilung einen Dedekindschen Schnitt dieser Werte. Für einen solchen gilt nun bekanntlich: entweder die erste durch ihn bestimmte Klasse hat ein letztes Element, oder die zweite Klasse hat ein erstes Element. Der zu diesem Elemente gehörige Punkt auf g sei A. Zwischen A und N liegt dann kein alter Punkt.

Es gibt dagegen einen alten Punkt B derart, daß N zwischen A und B liegt. Nach dem Archimedischen Axiom gibt es weiter eine Anzahl von Punkten, etwa n-1 verschiedene Punkte C_1,

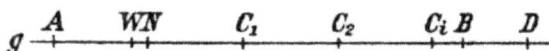

$$g \quad \overset{A \quad WN \quad C_1 \quad\quad C_2 \quad\quad C_i B \quad\quad D}{\vdash\!\!\!-\!\!\!\vdash\!\!\vdash\!\!\!-\!\!\!-\!\!\!-\!\!\!+\!\!\!-\!\!\!-\!\!\!-\!\!\!+\!\!\!-\!\!\!-\!\!\!\vdash\!\!\!-\!\!\!\vdash}$$

$C_2, \ldots, C_{n\text{-}2}$, D derart, daß die n Strecken AN, NC_1, C_1C_2, $\ldots, C_{n\text{-}2}D$ einander kongruent sind und daß B zwischen A und D liegt. Wir teilen nun die Strecke AB in n kongruente Teile. Sämtliche Teilpunkte sind alte Punkte; derjenige von ihnen, der A am nächsten liegt, sei W. Aus den zu Eingang dieses Beweises angeführten linearen Anordnungs- und Kongruenzforderungen folgt, daß die Strecke AW kleiner ist als AN, weil AB kleiner als AD ist. Der alte Punkt W liegt also zwischen A und N. Die Annahme, daß sich auf g ein Punkt N hinzufügen lasse, ohne die Gültigkeit der linearen Axiome zu stören, hat somit auf einen Widerspruch geführt.

In der ebenen Cartesischen Geometrie sind also sämtliche linearen und ebenen Axiome I—V gültig.

Die entsprechende Betrachtungsweise für die räumliche Geometrie bietet keine Schwierigkeit.

Jeder Widerspruch in den Folgerungen aus den Axiomen I—V müßte demnach in der Arithmetik des Systems der reellen Zahlen erkennbar sein.

Wie man erkennt, gibt es unendlich viele Geometrien, die den Axiomen I—IV, V 1 genügen, dagegen nur eine, nämlich die Cartesische Geometrie, in der auch zugleich das Vollständigkeitsaxiom V 2 gültig ist.

§ 10. Die Unabhängigkeit des Parallelenaxioms
(Nicht-Euklidische Geometrie).[1])

Nachdem wir die Widerspruchsfreiheit der Axiome erkannt haben, ist es von Interesse zu untersuchen, ob sie sämtlich voneinander unabhängig sind. In der Tat zeigt sich, daß keine wesentlichen Bestandteile der genannten Axiomgruppen durch logische Schlüsse aus den jedesmal voranstehenden Axiomgruppen abgeleitet werden können.

Was zunächst die einzelnen Axiome der Gruppen I, II und III betrifft, so ist der Nachweis dafür leicht zu führen, daß die Axiome ein und derselben Gruppe im wesentlichen jeweils unter sich unabhängig sind.

Die Axiome der Gruppen I und II liegen bei unserer Darstellung den übrigen Axiomen zugrunde, so daß es sich nur noch darum handelt, für jede der Gruppen III, IV und V die Unabhängigkeit von den übrigen nachzuweisen.

Das Parallelenaxiom IV ist von den übrigen Axiomen unabhängig; dies zeigt man in bekannter Weise am einfachsten, wie folgt: Man wähle die Punkte, Geraden und Ebenen der gewöhnlichen, in § 9 konstruierten (Cartesischen) Geometrie, soweit sie innerhalb einer festen Kugel verlaufen, für sich allein als Elemente einer räumlichen Geometrie und vermittle die Kongruenzen dieser Geometrie durch solche linearen Transformationen der gewöhnlichen Geometrie, welche die feste Kugel in sich überführen. Bei geeigneten Festsetzungen erkennt man, daß in dieser „*Nicht-Euklidischen*" *Geometrie* sämtliche Axiome außer dem Euklidischen Axiom IV gültig sind, und da die Möglichkeit der gewöhnlichen Geometrie in § 9 nachgewiesen worden ist, so folgt nunmehr auch die Möglichkeit der Nicht-Euklidischen Geometrie.

---

1) Übrigens läßt sich leicht zeigen: in einer Geometrie, in der die Axiome I—III und das Archimedische Axiom V 1 erfüllt sind, trifft die Aussage des Parallelenaxioms entweder auf kein System von Gerade *a* und Punkt *A* außerhalb *a* oder aber auf jedes solche System zu; vgl. R. B a l d u s , Nichteuklidische Geometrie, Berlin 1927.

Von besonderem Interesse sind die Sätze, die unabhängig vom Parallelenaxiom gelten, d. h. die sowohl in der Euklidischen wie in der Nicht-Euklidischen Geometrie erfüllt sind. Als wichtigste Beispiele seien die beiden Legendreschen Sätze angeführt, deren erster zu seinem Beweise außer den Axiomen I bis III auch das Archimedische Axiom V 1 erfordert. Wir schicken einige Hilfssätze voran.

Satz 33. Gegeben sei ein bei P rechtwinkliges Dreieck OPZ. Auf der Strecke PZ seien zwei Punkte X, Y derart gelegen, daß

$$\sphericalangle XOY \equiv \sphericalangle YOZ$$

ist. Dann ist $XY < YZ$.

Zum Beweise tragen wir die Strecke OX von O aus auf OZ ab: $OX \equiv OX'$.

Aus den Sätzen 22 und 23 folgt, daß X' auf der Strecke OZ liegt, und mit Hilfe des Satzes 22 und des Axioms III 5 ergibt sich:

$$\sphericalangle X'ZY < \sphericalangle OYX \equiv \sphericalangle OYX' < \sphericalangle YX'Z.$$

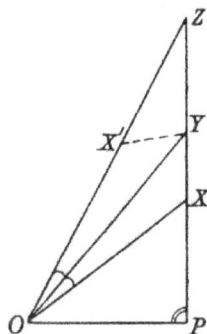

Die Beziehung $\sphericalangle X'ZY < \sphericalangle YX'Z$ führt nun gemäß den Sätzen 12 und 23 auf die Behauptung.

Satz 34. Zu irgend zwei Winkeln α und ε läßt sich stets eine natürliche Zahl r derart finden, daß

$$\frac{\alpha}{2^r} < \varepsilon \quad \text{wird.}$$

Hierbei ist mit $\frac{\alpha}{2^r}$ derjenige Winkel bezeichnet, der durch r-malige Halbierung aus α entsteht.

Beweis. Gegeben seien zwei Winkel α und ε. Die Winkelhalbierung ist auf Grund der vorausgesetzten Axiome ausführbar. (s. S. 26). Wir betrachten den spitzen Winkel $\frac{\alpha}{2}$. Falls $\frac{\alpha}{2} \leqq \varepsilon$, so trifft die Behauptung des Satzes 34 für $r = 2$ zu. Falls hingegen $\frac{\alpha}{2} > \varepsilon$, so fällen wir von einem Punkt C eines Schenkels von $\frac{\alpha}{2}$ aus auf den anderen Schenkel das Lot, das ihn in einem Punkte B trifft. Den Scheitel von $\frac{\alpha}{2}$ nennen wir A. Tragen wir ε an den

Schenkel AB ins Innere des Winkels $\sphericalangle\ BAC = \dfrac{a}{2}$ an, so trifft der freie Schenkel auf Grund der vorausgesetzten Ungleichung die Strecke BC in einem Punkte D (vgl. S. 13). Das Archimedische Axiom V 1 läuft auf die Behauptung hinaus, daß es eine natürliche Zahl n derart gebe, daß

$$n \cdot BD > BC.$$

Wir tragen nun den Winkel ε n-mal an den jeweils freien Schenkel nach außen an.

Es kann der Fall eintreten, daß spätestens bei der n-ten Antragung, etwa bei der m-ten Antragung, der entstehende freie Schenkel als erster den Halbstrahl BC nicht mehr trifft. Da der vorhergehende freie Schenkel diesen Halbstrahl noch trifft, ist der Winkel $(m - 1)\ \varepsilon$ spitz. Daraus ergibt sich leicht, daß das Innere des durch m-malige Antragung konstruierten Winkels $m\varepsilon$ in derjenigen Halbebene von AB liegt, die C enthält, und weiter, daß der Halbstrahl AC im Innern des Winkels $m\varepsilon$ verläuft, d. h. es gilt

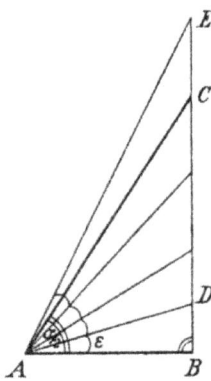

$$m \cdot \varepsilon > \dfrac{a}{2}\ .$$

Im anderen Falle schneidet jeder der durch n-malige Antragung entstehenden Winkel ε auf dem Halbstrahl BC eine Strecke aus, die nach Satz 33 größer oder gleich BD ist. Der n-te freie Schenkel treffe BC im Punkte E. Die Summe BE der n auf BC ausgeschnittenen Strecken ist größer als $n \cdot BD$, also erst recht größer als BC. Daraus folgt

$$n \cdot \varepsilon > \dfrac{a}{2}\ .$$

Zu m bzw. n sei nun eine natürliche Zahl r derart bestimmt, daß $m < 2^{r-1}$ bzw. $n < 2^{r-1}$ ist. Der Winkel $m\varepsilon$ bzw. $n\varepsilon$ sei mit μ bezeichnet. Die Winkel $\dfrac{\mu}{2^{r-1}}$ und $\dfrac{a}{2^{r}}$ sind konstruierbar. Aus der Möglichkeit der Größenvergleichung von Winkeln ergibt sich leicht, daß einerseits aus der Ungleichung $2^{r-1} > m$ die Ungleichung $\frac{\mu}{2^{r-1}} < \frac{\mu}{m} = \varepsilon$ und andererseits aus der Ungleichung $\mu > \frac{a}{2}$ die Ungleichung $\frac{\mu}{2^{r-1}} > \frac{a}{2^r}$ folgt. Mithin gilt auf Grund der Transitivität der Größenvergleichung (S. 23)

$$\frac{a}{2^r} < \varepsilon.$$

Mit Hilfe des Satzes 34 läßt sich der erste Legendresche Satz beweisen.

Satz 35 (Erster Legendrescher Satz). Die Winkelsumme eines Dreiecks ist kleiner oder gleich zwei Rechten.

Beweis. Irgendeiner der drei Winkel eines gegebenen Dreiecks sei mit $\sphericalangle A = \alpha$ bezeichnet; die beiden anderen seien derart mit $\sphericalangle B = \beta$, $\sphericalangle C = \gamma$ bezeichnet, daß $\beta \leqq \gamma$ gilt. Nach Satz 26 hat die Strecke BC einen Halbierungspunkt D. Wir verlängern AD über D hinaus um sich selbst bis zum Punkte E. Auf Grund der Kongruenz der Scheitelwinkel (S. 17) ist das Axiom III 5 auf die Dreiecke ADC und EDB anwendbar, und indem wir auf Grund des Satzes 15 in einleuchtender Weise die Summe von Winkeln definieren, ergeben sich für die Winkel α', β', γ' des Dreiecks ABE die Beziehungen

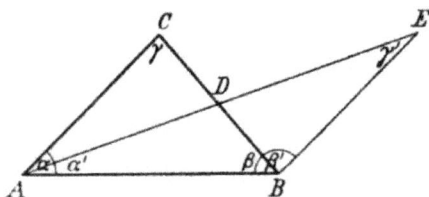

$$\alpha' + \gamma' = \alpha, \quad \beta' = \beta + \gamma.$$

Das Dreieck ABE hat somit die gleiche Winkelsumme wie das Dreieck ABC.

Aus der Ungleichung $\beta \leqq \gamma$ folgt nach den Sätzen 23 und 12 leicht

$$\alpha' \leqq \gamma' \quad \text{und daraus} \quad \alpha' \leqq \frac{a}{2}.$$

Zu jedem Dreieck ABC und irgendeinem seiner Winkel, α, läßt sich also stets ein Dreieck mit gleicher Winkelsumme angeben, in dem ein Winkel kleiner oder gleich $\frac{a}{2}$ ist, und mithin läßt sich, wenn weiter eine natürliche Zahl r gegeben ist, ein Dreieck mit gleicher Winkelsumme angeben, in dem ein Winkel kleiner oder gleich $\frac{a}{2^r}$ ist.

Wir nehmen nun im Gegensatz zur Behauptung des ersten Legendreschen Satzes an, die Winkelsumme des gegebenen Dreiecks sei größer als zwei Rechte.

Aus Satz 22 folgt, daß die Summe zweier Winkel eines Dreiecks kleiner als zwei Rechte ist. Die Winkelsumme des gegebenen · Dreiecks ist nach der Annahme in der Form

$$\alpha + \beta + \gamma = 2\varrho + \varepsilon$$

darstellbar, wo ε irgendeinen Winkel und ϱ einen rechten Winkel bezeichnet. Nach Satz 34 läßt sich eine natürliche Zahl r so bestimmen, daß

$$\frac{a}{2^r} < \varepsilon \quad \text{ist.}$$

Wir konstruieren nun in der angegebenen Weise ein Dreieck mit den Winkeln α^*, β^*, γ^*, die die Beziehungen erfüllen:

$$\alpha^* + \beta^* + \gamma^* = 2\varrho + \varepsilon, \quad \alpha^* \leqq \frac{a}{2^r} < \varepsilon.$$

In diesem Dreieck ist

$$\beta^* + \gamma^* > 2\varrho,$$

im Widerspruch zum Satze 22. Damit ist der erste Legendresche Satz bewiesen.

Satz 36. Wenn das Viereck $ABCD$ bei A und B rechte Winkel besitzt und wenn außerdem in ihm die Gegenseiten AD und BC kongruent sind, so sind auch die Winkel $\sphericalangle C$ und $\sphericalangle D$ einander kongruent. Weiterhin trifft das im Mittelpunkte M der Strecke AB errichtete Lot die Gegenseite CD in einem Punkte N derart, daß die Vierecke $AMND$ und $BMNC$ kongruent sind.

Beweis. Das auf AB in M errichtete Lot verläuft, wie aus den Sätzen 21 und 22 folgt, im Innern des Winkels $\sphericalangle DMC$ und trifft mithin gemäß einem auf S. 13 erwähnten Satze die Strecke CD in einem Punkte N. Aus den Sätzen 12, 21 und 15 folgt, daß die Dreiecke MAD und MBC und mithin auch die Dreiecke MDN

und MCN kongruent sind. Aus diesen Kongruenzen folgt mit Hilfe des Satzes 15 $\quad \sphericalangle BCN \equiv \sphericalangle ADN.$

Die Vierecke $AMND$ und $BMNC$ sind also kongruent

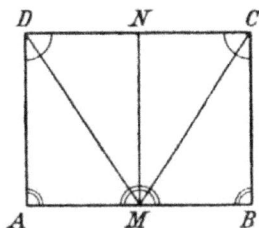

Satz 37. Wenn das Viereck $ABCD$ vier rechte Winkel besitzt, so steht jedes von einem Punkte E der Geraden CD auf die Gegenseite AB gefällte Lot EF auch auf CD senkrecht.

Beweis. Wir führen den Begriff der Spiegelung an einer Geraden a wie folgt ein: Fällen wir von irgendeinem Punkte P auf irgendeine Gerade a das Lot und verlängern dieses um sich selbst über den Fußpunkt hinaus bis P', so heiße P' der Spiegelpunkt von P.

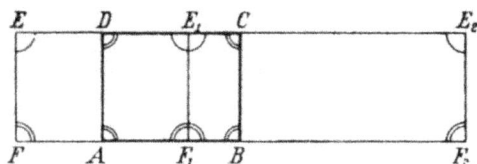

Wir spiegeln die Strecke EF an AD und an BC. Die Spiegelbilder E_1F_1 und E_2F_2 sind, wie sich aus dem zweiten Teile des Satzes 36 ergibt, der Strecke EF kongruent. Die Punkte F_1 und F_2 liegen ebenso wie F auf AB; die Punkte E_1 und E_2 liegen ebenso wie E auf CD. Die Voraussetzungen des ersten Teiles von Satz 36 treffen auf die Vierecke EFF_1E_1, EFF_2E_2 und $E_1F_1F_2E_2$ zu, und daraus folgt die Gleichheit von vier bei den Punkten E, E_1, E_2 gelegenen Winkeln. Bei einem dieser Punkte treten also zwei gleiche Nebenwinkel auf (in der nebenstehenden Figur beim Punkte E_1); d. h. die vier gleichen Winkel sind rechte.

Satz 38. Wenn in irgendeinem Viereck alle Winkel rechte sind, so ist in jedem Viereck mit drei rechten Winkeln auch der vierte Winkel ein rechter.

Beweis. $A'B'C'D'$ sei ein Viereck mit vier rechten Winkeln, $ABCD$ sei irgendein Viereck mit drei rechten Winkeln bei A, B, D. Wir konstruieren dasjenige zu $A'B'C'D'$ kongruente Viereck $AB_1C_1D_1$, dessen rechter Winkel bei A mit dem des Vierecks $ABCD$ zusammenfällt.

Falls B mit B_1 oder D mit D_1 zusammenfällt, so stimmt die Behauptung mit der des Satzes 37 überein. Falls B zwischen A und B_1, D_1 zwischen A und D liegt, so folgt, ähnlich wie beim Beweise des Satzes 36, aus dem Außenwinkelsatze, daß die Strecken BC und C_1D_1 sich in einem Punkte F schneiden. Der Satz 37 lehrt nunmehr, daß bei F und mithin auch bei C ein rechter Winkel auftritt.

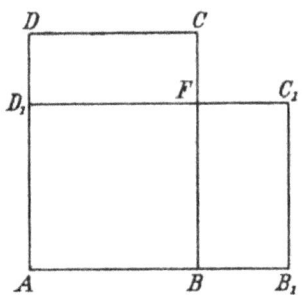

Entsprechend ergibt sich die Behauptung für die übrigen möglichen Anordnungen der Punkte A, B, B_1 und A, D, D_1.

Mit Hilfe des Satzes 38 läßt sich der zweite Legendresche Satz beweisen.

Satz 39 (Zweiter Legendrescher Satz). Wenn in irgendeinem Dreieck die Winkelsumme gleich zwei Rechten ist, so ist die Winkelsumme jedes Dreiecks gleich zwei Rechten.

Beweis. Wir können jedem Dreieck ABC mit der Winkelsumme $2w$ ein Viereck zuordnen, das drei rechte Winkel besitzt und dessen vierter Winkel gleich w ist. Wir verbinden zu diesem Zwecke die Mittelpunkte D und E der Seiten AC und BC miteinander und fällen auf die Verbindungsgerade von A, B und C aus die Lote AF, BG und CH. Aus der Kongruenz der Dreiecke AFD und CHD sowie der Dreiecke BGE und CHE folgt, einerlei, ob einer der Winkel $\sphericalangle A$ oder $\sphericalangle B$ des gegebenen Dreiecks stumpf ist oder nicht,

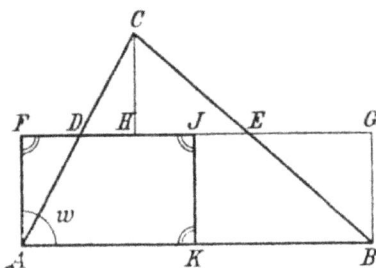

$$AF \equiv BG,$$

$$\sphericalangle FAB + \sphericalangle GBA = 2w.$$

Errichten wir auf FG das Mittellot IK, so folgt aus dem zweiten Teile des Satzes 36, daß die Vierecke $AKIF$ und $BKIG$ kongruent sind. Jedes dieser beiden Vierecke besitzt also drei rechte Winkel, und die vierten Winkel sind gleich, d. h.

$$\measuredangle\, F A B \equiv \measuredangle\, G B A.$$

Mithin ergibt sich $\quad \measuredangle\, F A B = w,$

und das Viereck $A K I F$ ist dem gegebenen Dreieck auf die ver-
langte Art zugeordnet.

Es sei nun in irgendeinem Dreieck D_1 die Winkelsumme gleich
zwei Rechten, und außerdem sei ein weiteres Dreieck D_2 gegeben.
Wir verschaffen uns die zugeordneten Vierecke V_1 bzw. V_2.
V_1 ist ein Viereck mit vier rechten Winkeln, V_2 ein solches mit
drei rechten Winkeln. Nach Satz 38 ist in V_2 auch der vierte
Winkel ein rechter. Damit ist der zweite Legendresche Satz
bewiesen.

§ 11. Die Unabhängigkeit der Kongruenzaxiome.

Von den die Unabhängigkeit der Kongruenzaxiome betreffenden Tatsachen wollen wir als besonders wichtig die folgende beweisen: das Axiom III 5 kann durch logische Schlüsse nicht aus
den übrigen Axiomen I, II, III 1—4, IV, V abgeleitet werden.

Wir wählen die Punkte, Geraden, Ebenen der gewöhnlichen
Geometrie auch als Elemente der neuen räumlichen Geometrie
und definieren das Abtragen der Winkel ebenfalls wie in der gewöhnlichen Geometrie, etwa in der Weise, wie in § 9 auseinander-
gesetzt worden ist; dagegen definieren wir das Abtragen der
Strecken auf andere Art. Die zwei Punkte A_1, A_2 mögen in der gewöhnlichen Geometrie die Koordinaten x_1, y_1, z_1 bzw. x_2, y_2, z_2
haben; dann bezeichnen wir den positiven Wert von

$$\sqrt{(x_1 - x_2 + y_1 - y_2)^2 + (y_1 - y_2)^2 + (z_1 - z_2)^2}$$

als die Länge der Strecke $A_1 A_2$, und nun sollen zwei beliebige
Strecken $A_1 A_2$ und $A_1' A_2'$ einander kongruent heißen, wenn sie
im eben festgesetzten Sinne gleiche Längen haben.

Es leuchtet unmittelbar ein, daß in der so hergestellten räumlichen Geometrie die Axiome I, II, III 1—2, 4, IV, V, (sowie
übrigens auch die Sätze 14, 15, 16, 19, 21, die mit Hilfe des
Axioms III 5 abgeleitet wurden) gültig sind.

Um zu zeigen, daß auch das Axiom III 3 erfüllt ist, wählen wir eine beliebige Gerade a und auf ihr drei Punkte A_1, A_2, A_3 so, daß A_2 zwischen A_1 und A_3 liegt. Die Punkte x, y, z der Geraden a seien durch die Gleichungen

$$x = \lambda t + \lambda',$$
$$y = \mu t + \mu',$$
$$z = \nu t + \nu'$$

gegeben, worin t einen Parameter und $\lambda, \lambda', \mu, \mu', \nu, \nu'$ gewisse Konstanten bedeuten. Sind $t_1, t_2 (< t_1), t_3 (< t_2)$ die Parameterwerte, die den Punkten A_1, A_2, A_3 entsprechen, so finden wir für die Längen der drei Strecken $A_1 A_2, A_2 A_3$ und $A_1 A_3$ die Ausdrücke

$$(t_1 - t_2) \left| \sqrt{(\lambda + \mu)^2 + \mu^2 + \nu^2} \right|,$$
$$(t_2 - t_3) \left| \sqrt{(\lambda + \mu)^2 + \mu^2 + \nu^2} \right|,$$
$$(t_1 - t_3) \left| \sqrt{(\lambda + \mu)^2 + \mu^2 + \nu^2} \right|,$$

und mithin ist die Summe der Längen der Strecken $A_1 A_2$ und $A_2 A_3$ gleich der Länge der Strecke $A_1 A_2$. Daraus ergibt sich die Gültigkeit des Axioms III 3.

Das Axiom III 5 für Dreiecke ist in unserer Geometrie nicht immer erfüllt. Als Beispiel betrachten wir in der Ebene $z = 0$ die vier Punkte

O mit den Koordinaten $x = 0, \quad y = 0,$
A ,, ,, ,, $x = 1, \quad y = 0,$
B ,, ,, ,, $x = -1, \ y = 0,$
C ,, ,, ,, $x = 0, \quad y = \dfrac{1}{\sqrt{2}}.$

Die Strecken OA, OB und OC haben die Länge 1. Für die beiden rechtwinkligen Dreiecke AOC und COB gelten mithin die Kongruenzen

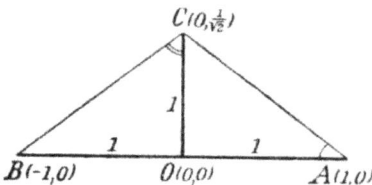
$C(0, \frac{1}{\sqrt{2}})$
1
1
1
1
$B(-1,0)$ $O(0,0)$ $A(1,0)$

$$\sphericalangle AOC \equiv \sphericalangle COB,$$
$$OA \equiv OC,$$
$$OC \equiv OB.$$

Entgegen dem Axiom III 5 sind aber die Winkel $\angle\, OAC$ und $\angle\, OCB$ nicht kongruent. — Zugleich ist in diesem Beispiel der erste Kongruenzsatz nicht erfüllt, da AC die Länge $\sqrt{2 - \dfrac{2}{\sqrt{2}}}$, BC hingegen die Länge $\sqrt{2 + \dfrac{2}{\sqrt{2}}}$ hat. Auch gilt für keines der beiden gleichschenkligen Dreiecke AOC und COB der Satz 11.

Ein Beispiel einer ebenen Geometrie, in der alle Axiome mit Ausnahme des Axioms III 5 erfüllt sind, ist das folgende: In einer Ebene α seien alle in den Axiomen auftretenden Begriffe mit Ausnahme der Streckenkongruenz in üblicher Weise definiert. Als Länge einer Strecke gelte jedoch die in üblicher Weise definierte Länge der Projektion dieser Strecke auf eine Ebene β, die gegen α um irgendeinen spitzen Winkel geneigt ist.

§ 12. Die Unabhängigkeit der Stetigkeitsaxiome V (Nicht-Archimedische Geometrie).

Um die Unabhängigkeit des Archimedischen Axioms V 1 zu beweisen, müssen wir eine Geometrie herstellen, in der sämtliche Axiome mit Ausnahme der Axiome V, diese letzteren aber nicht erfüllt sind.[1])

Zu dem Zwecke konstruieren wir den Bereich $\Omega(t)$ aller derjenigen algebraischen Funktionen von t, welche aus t durch die fünf Rechnungsoperationen der Addition, Subtraktion, Multiplikation, Division und die Operation $|\sqrt{1 + \omega^2}|$ hervorgehen; dabei soll ω irgendeine Funktion bedeuten, die vermöge jener fünf Operationen bereits entstanden ist. Die Menge der Elemente von $\Omega(t)$ ist — ebenso wie die Menge derjenigen von Ω in § 9 — eine abzählbare. Die fünf Operationen sind sämtlich eindeutig und reell ausführbar; der Bereich $\Omega(t)$ enthält daher nur eindeutige und reelle Funktionen von t.

---

1) G. Veronese hat in seinem tiefsinnigen Werke: ,,Grundzüge der Geometrie", deutsch von A. Schepp, Leipzig 1894, ebenfalls den Versuch gemacht, eine Geometrie aufzubauen, die von dem Archimedischen Axiom unabhängig ist.

Es sei c irgendeine Funktion des Bereiches $\Omega(t)$; da die Funktion c eine algebraische Funktion von t ist, so kann sie jedenfalls nur für eine endliche Anzahl von Werten t verschwinden, und es wird daher die Funktion c für genügend große positive Werte von t entweder stets positiv oder stets negativ ausfallen.

Wir sehen jetzt die Funktionen des Bereiches $\Omega(t)$ als eine Art komplexer Zahlen im Sinne des folgenden Paragraphen, § 13, an; offenbar sind in dem so definierten komplexen Zahlensystem die gewöhnlichen Rechnungsregeln sämtlich gültig. Ferner möge, wenn a, b irgend zwei verschiedene Zahlen dieses komplexen Zahlensystems sind, die Zahl a größer oder kleiner als b, in Zeichen: $a > b$ oder $a < b$, heißen, je nachdem die Differenz $c = a - b$ als Funktion von t für genügend große positive Werte von t stets positiv oder stets negativ ausfällt. Bei dieser Festsetzung ist für die Zahlen unseres komplexen Zahlensystems eine Anordnung ihrer Größe nach möglich, die derjenigen der reellen Zahlen analog ist; auch gelten, wie man leicht erkennt, für unsere komplexen Zahlen die Sätze, wonach Ungleichungen richtig bleiben, wenn man auf beiden Seiten die gleiche Zahl addiert oder beide Seiten mit der gleichen Zahl > 0 multipliziert.

Bedeutet n eine beliebige positive ganze rationale Zahl, so gilt für die beiden Zahlen n und t des Bereiches $\Omega(t)$ gewiß die Ungleichung $n < t$, da die Differenz $n - t$, als Funktion von t betrachtet, für genügend große positive Werte von t offenbar stets negativ ausfällt. Wir sprechen diese Tatsache in folgender Weise aus: Die beiden Zahlen 1 und t des Bereiches $\Omega(t)$, die beide > 0 sind, besitzen die Eigenschaft, daß ein beliebiges Vielfaches der ersteren stets kleiner als die letztere Zahl bleibt.

Wir bauen nun aus den komplexen Zahlen des Bereiches $\Omega(t)$ eine Geometrie genau auf dieselbe Art auf, wie dies in § 9 unter Zugrundelegung des Bereiches Ω von algebraischen Zahlen geschehen ist: wir denken uns ein System von drei Zahlen (x, y, z) des Bereiches $\Omega(t)$ als einen Punkt und die Verhältnisse von irgend vier Zahlen $(u : v : w : r)$ aus $\Omega(t)$, falls, $u\ v$, w nicht sämtlich Null sind, als eine Ebene; ferner möge das Bestehen der Gleichung

$$u x + v y + w z + r = 0$$

ausdrücken, daß der Punkt (x, y, z) in der Ebene $(u : v : w : r)$ liegt, und als Gerade sei eine Gesamtheit aller in zwei Ebenen mit verschiedenem $u : v : w$ gelegenen Punkte bezeichnet. Treffen wir sodann die entsprechenden Festsetzungen über die Anordnung der Elemente und über das Abtragen von Strecken und Winkeln wie in § 9, so entsteht eine „*Nicht-Archimedische*" *Geometrie*, in welcher, wie die zuvor erörterten Eigenschaften des komplexen Zahlensystems $\Omega(t)$ zeigen, sämtliche Axiome mit Ausnahme der Stetigkeitsaxiome erfüllt sind. In der Tat können wir die Strecke 1 auf der Strecke t beliebig oft hintereinander abtragen, ohne daß der Endpunkt der Strecke t überschritten wird; dies widerspricht der Forderung des Archimedischen Axioms.

Daß auch das Vollständigkeitsaxiom V 2 von allen voranstehenden Axiomen I—IV, V 1 unabhängig ist, zeigt die erste in § 9 aufgestellte Geometrie, da in dieser das Archimedische Axiom erfüllt ist.

Auch die Nicht-Archimedischen und zugleich Nicht-Euklidischen Geometrien sind von prinzipieller Bedeutung, und insbesondere ist die Rolle, die das Archimedische Axiom beim Beweise der Legendreschen Sätze spielt, von hohem Interesse. Die Untersuchung, die M. Dehn[1]) auf meine Anregung hin über diesen Gegenstand unternommen hat, führte zu einer vollen Aufklärung dieser Frage. Den Untersuchungen von M. Dehn liegen die Axiome I—III zugrunde. Nur zum Schlusse der Dehnschen Arbeit — damit auch die Riemannsche (elliptische) Geometrie in den Bereich der Untersuchung hineinfällt — wurden die Axiome II der Anordnung allgemeiner als in der gegenwärtigen Abhandlung, nämlich etwa wie folgt gefaßt:

Vier Punkte A, B, C, D einer Geraden zerfallen stets in zwei Paare A, C und B, D, so daß A, C und B, D „getrennt" sind und umgekehrt. Fünf Punkte auf einer Geraden können immer in der

---

1) „Die Legendreschen Sätze über die Winkelsumme im Dreieck", Math. Ann. Bd. 53, 1900.

Weise mit A, B, C, D, E bezeichnet werden, daß A, C durch B, D und durch B, E, ferner daß A, D durch B, E und durch C, E usw. getrennt sind.

Auf Grund dieser Axiome I—III, also ohne Benutzung der Stetigkeit, beweist M. Dehn zunächst eine weitere Fassung des zweiten Legendreschen Satzes, Satz 39:

Wenn in irgend *einem* Dreieck die Summe der Winkel größer bzw. gleich oder kleiner als zwei Rechte ist, so ist sie es in *jedem* Dreieck.[1])

Weiter wird a. a. O. die folgende Ergänzung des ersten Legendreschen Satzes, Satz 35, bewiesen:

Aus der Annahme unendlich vieler Parallelen zu einer Geraden durch einen Punkt folgt, wenn man das Archimedische Axiom ausschließt, *nicht*, daß die Winkelsumme im Dreieck kleiner als zwei Rechte ist. Es gibt vielmehr einerseits eine Geometrie (die Nicht-Legendresche Geometrie), in der man durch einen Punkt zu einer Geraden unendlich viele Parallelen ziehen kann und in der trotzdem die Sätze der Riemannschen (elliptischen) Geometrie gültig sind. Andererseits gibt es eine Geometrie (die Semi-Euklidische Geometrie), in welcher es unendlich viele Parallelen durch einen Punkt zu einer Geraden gibt und in der dennoch die Sätze der Euklidischen Geometrie gelten.

Aus der Annahme, daß es keine Parallelen gibt, folgt stets, daß die Winkelsumme im Dreieck größer als zwei Rechte ist.

Ich bemerke endlich, daß, wenn man das Archimedische Axiom hinzunimmt, das Parallelenaxiom durch die Forderung ersetzt werden kann, es solle die Winkelsumme im Dreieck gleich zwei Rechten sein.

---

1) Einen Beweis für diesen Satz hat später auch F. Schur erbracht, Math.Ann. Bd. 55, und weiter Hjelmslev, Math.Ann. 64; in dem letzteren ist die sehr kurze Schlußfolge hervorzuheben, die zum Beweise des mittleren Teiles dieses Satzes führt. Vgl. auch F. Schur, Grundlagen der Geometrie, Leipzig und Berlin 1909, § 6.

Drittes Kapitel.

Die Lehre von den Proportionen.

§ 13. Komplexe Zahlensysteme.[1])

Am Anfang dieses Kapitels wollen wir einige kurze Auseinandersetzungen über komplexe Zahlensysteme vorausschicken, die uns später insbesondere zur Erleichterung der Darstellung nützlich sein werden.

Die reellen Zahlen bilden in ihrer Gesamtheit ein System von Dingen mit folgenden Eigenschaften:

Sätze der Verknüpfung (1—6):

1. Aus der Zahl a und der Zahl b entsteht durch „Addition" eine bestimmte Zahl c, in Zeichen:

$$a + b = c \quad \text{oder} \quad c = a + b.$$

2. Wenn a und b gegebene Zahlen sind, so existiert stets eine und nur eine Zahl x und auch eine und nur eine Zahl y, so daß

$$a + x = b \quad \text{bzw.} \quad y + a = b \quad \text{wird.}$$

3. Es gibt eine bestimmte Zahl — sie heiße o —, so daß für jedes a zugleich

$$a + o = a \quad \text{und} \quad o + a = a \quad \text{ist.}$$

4. Aus der Zahl a und der Zahl b entsteht noch auf eine andere Art, durch „Multiplikation", eine bestimmte Zahl c, in Zeichen:

$$ab = c \quad \text{oder} \quad c = ab.$$

---

1) Siehe hierzu Supplement I 2.

5. Wenn a und b beliebig gegebene Zahlen sind und a nicht o ist, so existiert stets eine und nur eine Zahl x und auch eine und nur eine Zahl y, so daß

$$ax = b \quad \text{bzw.} \quad ya = b \quad \text{wird.}$$

6. Es gibt eine bestimmte Zahl — sie heiße 1 —, so daß für jedes a zugleich

$$a \cdot 1 = a \quad \text{und} \quad 1 \cdot a = a \quad \text{ist.}$$

Regeln der Rechnung (7—12):

Wenn a, b, c beliebige Zahlen sind, so gelten stets folgende Rechnungsgesetze:

7.	$a + (b + c)$	$= (a + b) + c$
8.	$a + b$	$= b + a$
9.	$a(bc)$	$= (ab)c$
10.	$a(b + c)$	$= ab + ac$
11.	$(a + b)c$	$= ac + bc$
12.	ab	$= ba.$

Sätze der Anordnung (13—16):

13. Wenn a, b irgend zwei verschiedene Zahlen sind, so ist stets eine und nur eine von ihnen (etwa a) größer als die andere; die letztere heißt dann die kleinere, in Zeichen:

$$a > b \quad \text{und} \quad b < a.$$

Für keine Zahl a gilt $a > a$,

14. Wenn $a > b$ und $b > c$ ist, so ist auch $a > c$.

15. Wenn $a > b$ ist, so ist auch stets

$$a + c > b + c.$$

16. Wenn $a > b$ und $c > o$ ist, so ist auch stets

$$ac > bc.$$

Sätze der Stetigkeit (17—18):

17. (Archimedischer Satz.) Wenn $a > 0$ und $b > 0$ zwei beliebige Zahlen sind, so ist es stets möglich, a zu sich selbst so oft zu addieren, daß die entstehende Summe größer als b ist, in Zeichen: $$a + a + \cdots + a > b.$$

18. (Satz der Vollständigkeit.) Es ist nicht möglich, dem System der Zahlen ein anderes System von Dingen als Zahlen hinzuzufügen, so daß auch in dem durch Zusammensetzung entstehenden System bei Erhaltung der Beziehungen zwischen den Zahlen die Sätze 1—17 sämtlich erfüllt sind; oder kurz: die Zahlen bilden ein System von Dingen, welches bei Aufrechterhaltung sämtlicher Beziehungen und sämtlicher aufgeführten Sätze keiner Erweiterung mehr fähig ist.

Ein System von Dingen, das nur einen Teil der Eigenschaften 1—18 besitzt, heiße eine *komplexes Zahlensystem*. Ein komplexes Zahlensystem heiße ein *Archimedisches* oder ein *Nicht-Archimedisches*, je nachdem dasselbe der Forderung 17 genügt oder nicht.

Von den aufgestellten Eigenschaften 1—18 sind einige Folgen der übrigen. Es entsteht die Aufgabe, die logische Abhängigkeit dieser Eigenschaften zu untersuchen.[1]) Wir werden im sechsten Kapitel § 32 und § 33 zwei bestimmte Fragen der angedeuteten Art wegen ihrer geometrischen Bedeutung beantworten und wollen hier nur darauf hinweisen, daß jedenfalls die Forderung 17 keine logische Folge der voranstehenden Eigenschaften ist, da ja beispielsweise das in § 12 betrachtete komplexe Zahlensystem $\Omega(t)$ sämtliche Eigenschaften 1—16 besitzt, aber nicht die Forderung 17 erfüllt.

Im übrigen gelten betreffs der Sätze der Stetigkeit (17—18) die entsprechenden Bemerkungen, wie sie in § 8 über die geometrischen Axiome der Stetigkeit gemacht worden sind.

§ 14. Beweis des Pascalschen Satzes.

In diesem und dem folgenden Kapitel legen wir unserer Untersuchung die ebenen Axiome sämtlicher Gruppen mit Ausnahme

---

1) Vgl. Supplement I 2.

der Stetigkeitsaxiome, d. h. die Axiome I 1—3 und II—IV zugrunde. In dem gegenwärtigen dritten Kapitel gedenken wir Euklids Lehre von den Proportionen mittels der genannten Axiome, d. h. *in der Ebene und unabhängig vom Archimedischen Axiom* zu begründen (s. a. Supplement II).

Zu dem Zwecke beweisen wir zunächst eine Tatsache, die ein besonderer Fall des bekannten Pascalschen Satzes aus der Lehre von den Kegelschnitten ist und die ich künftig kurz als den Pascalschen Satz bezeichnen will. Dieser Satz lautet:

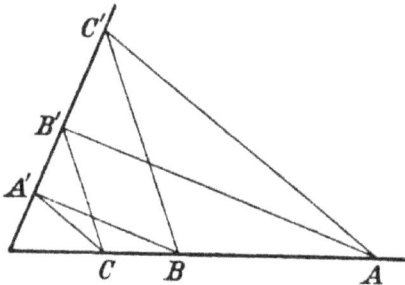

Satz 40.[1]) (Pascalscher Satz). *Es seien A, B, C bzw. A', B', C' je drei Punkte auf zwei sich schneidenden Geraden, die vom Schnittpunkte der Geraden verschieden sind; ist dann C B' parallel B C' und C A' parallel A C', so ist auch B A' parallel A B'.*

Um den Beweis für diesen Satz zu erbringen, führen wir zunächst folgende Bezeichnungsweise ein: In einem rechtwinkligen Dreieck ist offenbar die Kathete a durch die Hypotenuse c und den von a und c eingeschlossenen Basiswinkel α eindeutig bestimmt; wir setzen kurz

$$a = \alpha c,$$

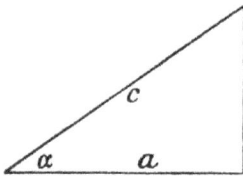

so daß das Symbol αc stets eine bestimmte Strecke bedeutet, sobald c eine beliebig gegebene Strecke und α ein beliebig gegebener spitzer Winkel ist. Ebenso ist bei beliebig

---

1) F. Schur hat einen interessanten Beweis des Pascalschen Satzes auf Grund der ebenen und räumlichen Axiome I—III in den Math. Ann. Bd. 51 veröffentlicht; desgleichen Dehn, Math. Ann. Bd. 53. J. Hjelmslev ist es dann, indem er sich auf die Resultate von G. Hessenberg (Math. Ann. Bd. 61) stützt, gelungen, den Pascalschen Satz allein auf Grund der ebenen Axiome I—III zu beweisen (,,Neue Begründung der ebenen Geometrie"; Math. Ann. Bd. 64). Vgl. Anhang III dieses Buches.

gegebener Strecke a und beliebig gegebenem spitzen Winkel α durch die Gleichung

$$a = \alpha c$$

stets eine Strecke c eindeutig bestimmt.

Nunmehr möge c eine beliebige Strecke und α, β mögen zwei beliebige spitze Winkel bedeuten; wir behaupten, daß allemal die Streckenkongruenz

$$\alpha \beta c \equiv \beta \alpha c$$

besteht und somit die Symbole α, β stets miteinander vertauschbar sind.

Um diese Behauptung zu beweisen, nehmen wir die Strecke $c = AB$ und tragen an diese Strecke in A zu beiden Seiten die Winkel α bzw. β an. Dann fällen wir von B aus auf die anderen Schenkel dieser Winkel die Lote BC und BD, verbinden C mit D und fällen schließlich von A aus das Lot AE auf CD.

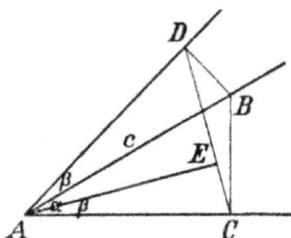

Da die Winkel $\sphericalangle ACB$ und $\sphericalangle ADB$ Rechte sind, so liegen die vier Punkte A, B, C, D auf einem Kreise, und demnach sind die beiden Winkel $\sphericalangle ACD$ und $\sphericalangle ABD$, als Peripheriewinkel auf derselben Sehne AD, einander kongruent. Nun ist einerseits $\sphericalangle ACD$ zusammen mit dem $\sphericalangle CAE$ und andererseits $\sphericalangle ABD$ zusammen mit $\sphericalangle BAD$ je ein Rechter, und folglich sind auch die Winkel $\sphericalangle CAE$ und $\sphericalangle BAD$ einander kongruent, d. h. es ist

$$\sphericalangle CAE \equiv \beta$$

und daher

$$\sphericalangle DAE \equiv \alpha.$$

Wir gewinnen nun unmittelbar die Streckenkongruenzen

$$\beta c \equiv AD, \qquad\qquad \alpha c \equiv AC,$$
$$\alpha \beta c \equiv \alpha(AD) \equiv AE, \qquad \beta \alpha c \equiv \beta(AC) \equiv AE,$$

und hieraus folgt die Richtigkeit der vorhin behaupteten Kongruenz.

Wir kehren nun zur Figur des Pascalschen Satzes zurück und bezeichnen den Schnittpunkt der beiden Geraden mit O und die

Strecken OA, OB, OC, OA', OB', OC', CB', BC', AC', CA', BA', AB' bzw. mit a, b, c, a', b', c', l, l^*, m, m^*, n, n^*. Sodann

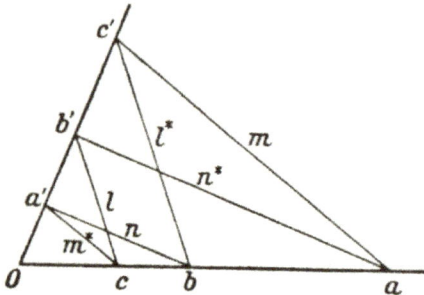

fällen wir von O Lote auf l, m^*, n; das Lot auf l schließe mit den beiden Geraden OA, OA' die spitzen Winkel λ', λ ein, und die Lote auf m^* bzw. n mögen mit den Geraden OA und OA' die spitzen Winkel μ', μ bzw. ν', ν bilden. Drücken wir nun diese drei Lote in der vorhin ange-gebenen Weise mit Hilfe der Hypotenusen und Basiswinkel in den betreffenden rechtwinkligen Dreiecken auf doppelte Weise aus, so erhalten wir folgende drei Streckenkongruenzen:

(1) $$\lambda b' \equiv \lambda' c,$$

(2) $$\mu a' \equiv \mu' c,$$

(3) $$\nu a' \equiv \nu' b.$$

Da nach Voraussetzung l parallel l^* und m parallel m^* sein soll, so stimmen die von O auf l^* bzw. m zu fällenden Lote mit den Loten auf l bzw. m^* überein, und wir erhalten somit

(4) $$\lambda c' \equiv \lambda' b,$$

(5) $$\mu c' \equiv \mu' a.$$

Wenn wir auf die Kongruenz (3) links und rechts das Symbol $\lambda' \mu$ anwenden und bedenken, daß nach dem vorhin Bewiesenen die in Rede stehenden Symbole miteinander vertauschbar sind, so finden wir

$$\nu \lambda' \mu a' \equiv \nu' \mu \lambda' b.$$

In dieser Kongruenz berücksichtigen wir links die Kongruenz (2) und rechts (4); dann wird

$$\nu \lambda' \mu' c \equiv \nu' \mu \lambda c'$$

oder $$\nu \mu' \lambda' c \equiv \nu' \lambda \mu c'.$$

Hierin berücksichtigen wir links die Kongruenz (1) und rechts (5);
dann wird

$$\nu\mu'\lambda b' \equiv \nu'\lambda\mu'a$$

oder

$$\lambda\mu'\nu b' \equiv \lambda\mu'\nu'a.$$

Auf Grund einer auf S. 55 angegebenen Eigenschaft unserer
Symbole schließen wir aus der letzten Kongruenz sofort

$$\mu'\nu b' \equiv \mu'\nu'a \qquad \text{und hieraus}$$

(6) $$\nu b' \equiv \nu'a.$$

Fassen wir nun das von O auf n gefällte Lot ins Auge und fällen
auf dasselbe Lote von A und B' aus, so zeigt die Kongruenz (6),
daß die Fußpunkte der letzteren beiden Lote zusammenfallen,
d. h. die Gerade $n^* = AB'$ steht zu dem Lote auf n senkrecht
und ist mithin zu n parallel. Damit ist der Beweis für den Pascalschen Satz erbracht.

Wir benutzen im Folgenden zur Begründung der Proportionenlehre lediglich denjenigen speziellen Fall des Pascalschen Satzes,
in dem die Streckenkongruenz

$$OC \equiv OA'$$

und folglich auch $$OA \equiv OC'$$

gilt und in dem die Punkte A, B, C auf dem gleichen von O ausgehenden Halbstrahl liegen. In diesem speziellen Fall gelingt der
Beweis besonders einfach, nämlich
folgendermaßen:

Wir tragen auf OA' von O aus
die Strecke OB bis D' ab, so daß
die Verbindungsgerade BD' parallel zu CA' und AC' wird. Wegen
der Kongruenz der Dreiecke $OC'B$
und OAD' wird

(1†) $$\sphericalangle OC'B \equiv \sphericalangle OAD'.$$

Da CB' und BC' nach Voraussetzung einander parallel sind, so ist

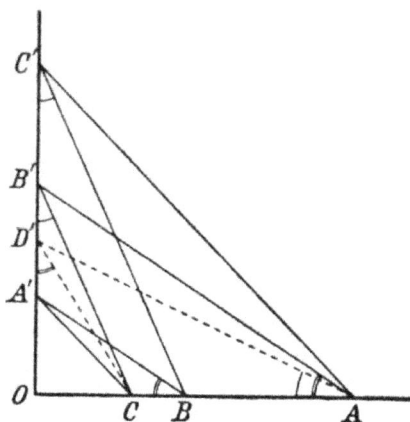

(2†) $\sphericalangle\, OC'B \equiv \sphericalangle\, OB'C$;

aus (1†) und (2†) folgern wir

$$\sphericalangle\, OAD' \equiv \sphericalangle\, OB'C;$$

dann aber ist nach der Lehre vom Kreise $ACD'B'$ ein Kreisviereck, und mithin gilt nach einem bekannten Satze von den
Winkeln im Kreisviereck die Kongruenz

(3†) $\sphericalangle\, OD'C \equiv \sphericalangle\, OAB'$.

Andererseits ist wegen der Kongruenz der Dreiecke $OD'C$ und
OBA' auch

(4†) $\sphericalangle\, OD'C \equiv \sphericalangle\, OBA'$;

aus (3†) und (4†) folgern wir

$$\sphericalangle\, OAB' \equiv \sphericalangle\, OBA',$$

und diese Kongruenz lehrt, daß AB' und BA' einander parallel
sind, wie es der Pascalsche Satz verlangt.

Wenn irgendeine Gerade, ein Punkt außerhalb derselben und
irgendein Winkel gegeben ist, so kann man offenbar durch Antragen dieses Winkels und Ziehen einer Parallelen eine Gerade
finden, die durch den gegebenen Punkt geht und die gegebene
Gerade unter dem gegebenen Winkel schneidet. Im Hinblick auf
diesen Umstand dürfen wir endlich zum Beweise des allgemeineren
Pascalschen Satzes auch das folgende einfache Schlußverfahren

anwenden, das ich einer Mit-
teilung von anderer Seite ver-
danke.

Man ziehe durch B eine Gerade, die OA' im Punkte D'
unter dem Winkel $\sphericalangle OCA'$ trifft,
so daß die Kongruenz

(1*) $\sphericalangle\, OCA' \equiv \sphericalangle\, OD'B$

gilt; dann ist nach einem bekannten Satze aus der Lehre

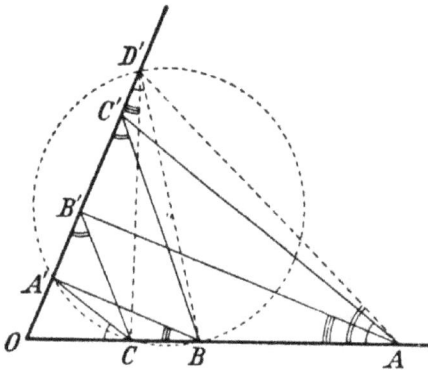

vom Kreise $CBD'A'$ ein Kreisviereck, und mithin gilt nach dem Satze von der Kongruenz der Peripheriewinkel auf der nämlichen Sehne die Kongruenz

$$(2^*) \qquad \sphericalangle\, OBA' \equiv \sphericalangle\, OD'C.$$

Da CA' und AC' nach Voraussetzung einander parallel sind, so ist

$$(3^*) \qquad \sphericalangle\, OCA' \equiv \sphericalangle\, OAC';$$

aus (1^*) und (3^*) folgern wir die Kongruenz

$$\sphericalangle\, OD'B \equiv \sphericalangle\, OAC';$$

dann aber ist auch $BAD'C'$ ein Kreisviereck, und mithin gilt nach dem Satze von den Winkeln im Kreisviereck die Kongruenz

$$(4^*) \qquad \sphericalangle\, OAD' \equiv \sphericalangle\, OC'B.$$

Da ferner nach Voraussetzung CB' parallel BC' ist, so haben wir auch

$$(5^*) \qquad \sphericalangle\, OB'C \equiv \sphericalangle\, OC'B;$$

aus (4^*) und (5^*) folgern wir die Kongruenz

$$\sphericalangle\, OAD' \equiv \sphericalangle\, OB'C;$$

diese endlich lehrt, daß $CAD'B'$ ein Kreisviereck ist, und mithin gilt auch die Kongruenz

$$(6^*) \qquad \sphericalangle\, OAB' \equiv \sphericalangle\, OD'C.$$

Aus (2^*) und (6^*) folgt:

$$\sphericalangle\, OBA' \equiv \sphericalangle\, OAB',$$

und diese Kongruenz lehrt, daß BA' und AB' einander parallel sind, wie es der Pascalsche Satz verlangt.

Falls D' mit einem der Punkte A', B', C' zusammenfällt oder falls die Anordnung der Punkte A, B, C eine andere ist, so wird eine Abänderung dieses Schlußverfahrens notwendig, die leicht ersichtlich ist.[1])

---

1) Interesse verdient auch die Verwendung, die der Satz vom gemeinsamen Schnittpunkt der Höhen eines Dreieckes zur Begründung des Pascalschen Satzes bzw. der Proportionenlehre findet; man vergleiche hierüber F. Schur, Math. Ann. Bd. 57, und J. Mollerup, „Studier over den plane geometris Aksiomer", Kopenhagen 1903

§ 15. Die Streckenrechnung
auf Grund des Pascalschen Satzes.

Der im vorigen Paragraphen bewiesene Pascalsche Satz setzt uns in den Stand, in die Geometrie eine Rechnung mit Strecken einzuführen, in der die Rechnungsregeln für reelle Zahlen sämtlich unverändert gültig sind.

Statt des Wortes „kongruent" und des Zeichens $\equiv$ bedienen wir uns in der Streckenrechnung des Wortes „gleich" und des Zeichens $=$.

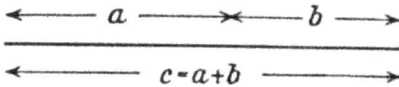

Wenn A, B, C drei Punkte einer Geraden sind und B zwischen A und C liegt, so bezeichnen wir $c = AC$ als die *Summe* der beiden Strecken $a = AB$ und $b = BC$ und setzen

$$c = a + b.$$

Die Strecken a und b heißen kleiner als c, in Zeichen:

$$a < c, \quad b < c,$$

und c heißt größer als a und b, in Zeichen:

$$c > a, \quad c > b.$$

Aus den linearen Kongruenzaxiomen III 1—3 entnehmen wir leicht, daß für die eben definierte Addition der Strecken das assoziative Gesetz

$$a + (b + c) = (a + b) + c$$

sowie das kommutative Gesetz

$$a + b = b + a \quad \text{gültig ist.}$$

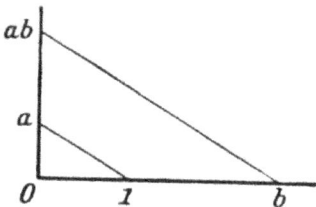

Um das Produkt einer Strecke a in eine Strecke b geometrisch zu definieren, bedienen wir uns folgender Konstruktion: Wir wählen zunächst eine beliebige Strecke, die für die ganze Betrachtung die nämliche bleibt, und bezeichnen dieselbe mit 1. Nunmehr tragen wir auf dem einen Schenkel eines rechten Winkels vom Scheitel O aus die Strecke 1 und ferner ebenfalls vom Scheitel O aus die Strecke b ab; sodann

tragen wir auf dem anderen Schenkel die Strecke a ab. Wir verbinden die Endpunkte der Strecken 1 und a durch eine Gerade
und ziehen zu dieser Geraden durch den Endpunkt der Strecke b
eine Parallele; dieselbe möge auf dem anderen Schenkel eine
Strecke c abschneiden: dann nennen wir diese Strecke c das
Produkt der Strecke a in die Strecke b und bezeichnen sie mit

$$c = ab.$$

Wir wollen vor allem beweisen, daß für die eben definierte
Multiplikation der Strecken das kommutative Gesetz

$$ab = ba$$

gültig ist. Zu dem Zwecke konstruieren wir zuerst auf die oben
festgesetzte Weise die Strecke ab. Ferner tragen wir auf dem ersten
Schenkel des rechten Winkels die Strecke a und auf dem anderen
Schenkel die Strecke b ab, verbinden
den Endpunkt der Strecke 1 mit dem
Endpunkt von b auf dem anderen
Schenkel durch eine Gerade und ziehen
zu dieser Geraden durch den Endpunkt
von a auf dem ersten Schenkel eine
Parallele: dieselbe schneidet auf dem
anderen Schenkel die Strecke ba ab;
in der Tat fällt diese Strecke ba, wie
die Figur zeigt, wegen der Parallelität
der punktierten Hilfslinien nach dem
Pascalschen Satze (Satz 40) mit der vorhin konstruierten Strecke
ab zusammen. Auch umgekehrt folgt, wie man sofort sieht, aus
der Gültigkeit des kommutativen Gesetzes in unserer Streckenrechnung, daß der auf S. 57 genannte spezielle Fall des Pascalschen Satzes sicher für solche Figuren gilt, in denen die Halbstrahlen OA und OA' einen rechten Winkel bilden.

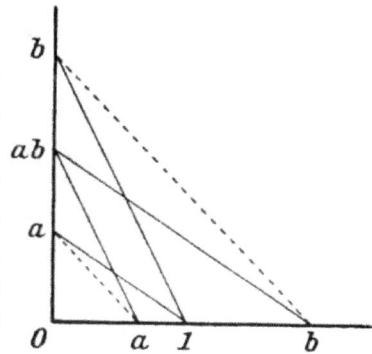

Um für unsere Multiplikation der Strecken das assoziative
Gesetz

$$a(bc) = (ab)c$$

zu beweisen, tragen wir auf dem einen Schenkel des rechten

Winkels vom Scheitel O aus die Strecken 1 und b und auf dem anderen Schenkel ebenfalls von O aus die Strecken a und c ab. Sodann konstruieren wir die Strecken $d = ab$ und $e = cb$ und tragen diese Strecken d und e auf dem ersteren Schenkel von O aus ab. Konstruieren wir sodann ae und cd, so ist wiederum auf Grund des Pascalschen Satzes aus nebenstehender Figur ersichtlich, daß die Endpunkte dieser Strecken zusammenfallen, d. h. es ist

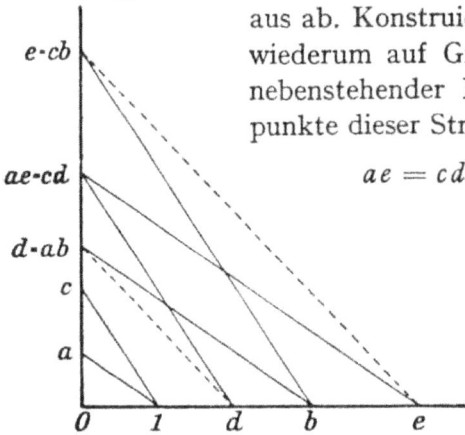

$$ae = cd \quad \text{oder} \quad a(cb) = c(ab),$$

und hieraus folgt mit Zuhilfenahme des kommutativen Gesetzes auch

$$a(bc) = (ab)c.[1])$$

Wie man sieht, haben wir im Vorstehenden beim Nachweise sowohl des kommutativen wie des assoziativen Gesetzes der Multiplikation lediglich denjenigen speziellen Fall des Pascalschen Satzes benutzt, dessen Beweis auf S. 57 bis 58 (§ 14) in besonders einfacher Weise durch einmalige Anwendung des Kreisvierecksatzes gelang.

Durch Zusammenfassung dieser Entwicklungen gelangen wir zu folgender Begründung der Multiplikationsgesetze der Streckenrechnung, die mir von allen bisher bekannten Begründungsarten die einfachste zu sein scheint:

Auf dem einen Schenkel eines rechten Winkels trage man vom

---

[1]) Man vergleiche hierzu auch die Methoden zur Begründung der Proportionenlehre, die inzwischen von A. Kneser, Archiv für Math. und Phys., R. III, Bd. 2, und J. Mollerup, Math. Ann. Bd. 56, sowie „Studier over den plane geometris Aksiomer", Kopenhagen 1903, angegeben worden sind und bei denen die Proportionengleichung vorangestellt wird. F. Schur, Zur Proportionenlehre, Math. Ann. Bd. 57, bemerkt, daß bereits Kupffer (Sitzungsber. der Naturforschergesellschaft zu Dorpat 1893) das kommutative Gesetz der Multiplikation richtig bewiesen hat. Jedoch ist Kupffers weitere Begründung der Proportionenlehre als unzureichend anzusehen.

Scheitel O aus die Strecken $a = OA$ und $b = OB$ und außerdem auf dem anderen Schenkel die Einheitsstrecke $1 = OC$ ab. Der durch A, B, C gelegte Kreis schneide den letzteren Schenkel noch im Punkte D. Der Punkt D wird leicht ohne Benutzung des Zirkels nur auf Grund der Kongruenzaxiome gewonnen, indem man vom Mittelpunkt des Kreises das Lot auf OC fällt und an diesem den Punkt C spiegelt. Wegen der Gleichheit der Winkel $\sphericalangle\,OCA$ und $\sphericalangle\,OBD$ ist nach der Definition des Produktes zweier Strecken (S. 60)

$$OD = ab,$$

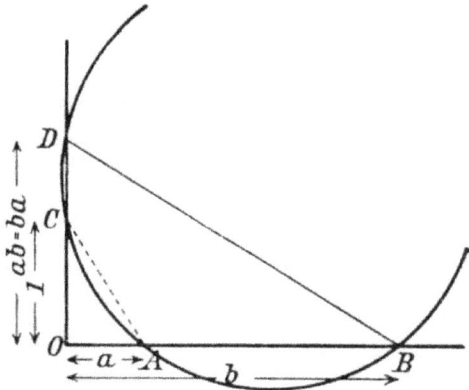

und wegen der Gleichheit der Winkel $\sphericalangle\,ODA$ und $\sphericalangle\,OBC$ ist nach der nämlichen Definition

$$OD = ba.$$

Das hieraus folgende kommutative Gesetz der Multiplikation

$$ab = ba$$

beweist nunmehr nach einer Bemerkung auf S. 61, daß der auf S. 57 genannte spezielle Fall des Pascalschen Satzes für die Schenkel eines rechten Winkels gilt, und daraus wiederum folgt nach S. 62 das assoziative Gesetz der Multiplikation

$$a(bc) = (ab)c.$$

Endlich gilt in unserer Streckenrechnung auch das **distributive Gesetz**

$$a(b + c) = ab + ac.$$

Um dasselbe zu beweisen, konstruieren wir die Strecken ab, ac und $a(b + c)$ und ziehen dann durch den Endpunkt der Strecke c (s. nebenstehende Figur) eine Parallele zu dem

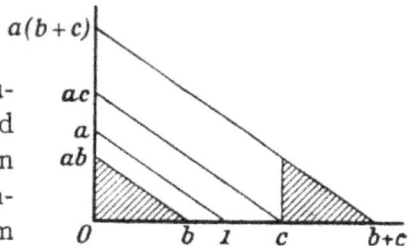

anderen Schenkel des rechten Winkels. Die Kongruenz der beiden rechtwinkligen, in der Figur schraffierten Dreiecke und die Anwendung des Satzes von der Gleichheit der Gegenseiten im Parallelogramm liefern dann den gewünschten Nachweis.

Sind b und c zwei beliebige Strecken, so gibt es stets eine Strecke a, so daß $c = ab$ wird; diese Strecke a wird mit $\frac{c}{b}$ bezeichnet und der *Quotient* von c durch b genannt.

§ 16. Die Proportionen und die Ähnlichkeitssätze.

Mit Hilfe der eben dargelegten Streckenrechnung läßt sich Euklids Lehre von den Proportionen einwandfrei und ohne Archimedisches Axiom in folgender Weise begründen:

Erklärung. Sind a, b, a', b' irgend vier Strecken, so soll die *Proportion*
$$a : b = a' : b'$$
nichts anderes bedeuten als die Streckengleichung
$$ab' = ba'.$$

Erklärung. Zwei Dreiecke heißen *ähnlich*, wenn entsprechende Winkel in ihnen kongruent sind.

Satz 41. Wenn a, b und a', b' entsprechende Seiten in zwei ähnlichen Dreiecken sind, so gilt die Proportion
$$a : b = a' : b'.$$

Beweis. Wir betrachten zunächst den besonderen Fall, wo die von a, b und a', b' eingeschlossenen Winkel in beiden Dreiecken Rechte sind, und denken uns die beiden Dreiecke in ein und denselben rechten Winkel eingetragen. Wir tragen sodann vom Scheitel aus auf einem Schenkel die Strecke 1 ab und ziehen durch den Endpunkt dieser Strecke 1 die Parallele zu den beiden Hypotenusen; dieselbe schneide auf dem anderen Schenkel die Strecke e ab; dann ist nach unserer Definition des Streckenproduktes
$$b = ea, \quad b' = ea';$$
mithin haben wir $ab' = ba',$

d. h. $a : b = a' : b'.$

Nunmehr kehren wir zu dem allgemeinen Falle zurück. Wir konstruieren in jedem der beiden ähnlichen Dreiecke den Schnittpunkt S bzw. S' der drei Winkelhalbierenden, dessen Existenz

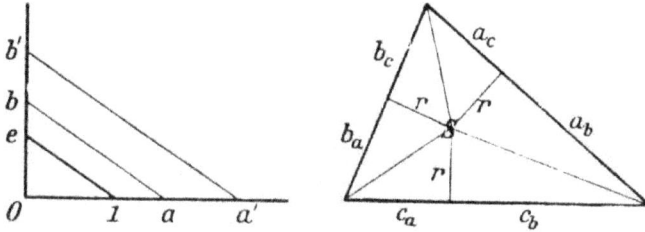

aus dem Satze 25 leicht abzuleiten ist, und fällen von diesen die drei Lote r bzw. r' auf die Dreiecksseiten; die auf diesen entstehenden Abschnitte bezeichnen wir mit

$$a_b, \ a_c, \ b_c, \ b_a, \ c_a, \ c_b$$

bzw. $\qquad a_b', \ a_c', \ b_c', \ b_a', \ c_a', \ c_b'.$

Der vorhin bewiesene spezielle Fall unseres Satzes liefert dann die Proportionen

$$a_b : r = a_b' : r' \quad | \quad b_c : r = b_c' : r'$$
$$a_c : r = a_c' : r' \quad | \quad b_a : r = b_a' : r';$$

aus diesen schließen wir mittels des distributiven Gesetzes:

$$a : r = a' : r', \quad b : r = b' : r'$$

und daraus $\qquad b'ar' = b'ra', \ a'br' = a'rb'.$

Diese Gleichungen ergeben mit Hilfe des kommutativen Gesetzes der Multiplikation:

$$a : b = a' : b'.$$

Aus dem Satze 41 entnehmen wir leicht den Fundamentalsatz in der Lehre von den Proportionen, der wie folgt lautet:

Satz 42. *Schneiden zwei Parallele auf den Schenkeln eines beliebigen Winkels die Strecken a, b bzw. a', b' ab, so gilt die Proportion,*

$$a : b = a' : b'.$$

*Umgekehrt, wenn vier Strecken a, b, a', b' diese Proportion er-
füllen und a, a' und b, b' je auf einem Schenkel eines beliebigen
Winkels abgetragen werden, so sind die Verbindungsgeraden der
Endpunkte von a, b bzw. von a', b' einander parallel.*

§ 17. Die Gleichungen der Geraden und Ebenen.

Zu dem bisherigen System von Strecken fügen wir noch ein
zweites ebensolches System von Strecken hinzu. Auf Grund der
Anordnungsaxiome ist es nämlich leicht möglich, auf einer Geraden eine „*positive*" und eine „*negative*" Richtung zu unterscheiden. Wir bezeichnen nun eine Strecke $A\,B$, die bislang a
genannt war, nur noch dann mit a, wenn B in positiver Richtung
von A aus liegt, andernfalls bezeichnen wir sie mit $-a$. Einen
Punkt bezeichnen wir als die Strecke o. Die Strecke a heißt
„*positiv*" bzw. größer als o, in Zeichen: $a > 0$; die Strecke $-a$
heißt „*negativ*" bzw. kleiner als o, in Zeichen: $-a < 0$.

In dieser erweiterten Streckenrechnung gelten dann sämtliche
Rechnungsregeln 1—16 für reelle Zahlen, die in § 13 zusammen-
gestellt worden sind. Wir heben folgende spezielle Tatsachen hervor:
Es ist stets

$$a \cdot 1 = 1 \cdot a = a \quad \text{und} \quad a \cdot 0 = 0 \cdot a = 0.$$

Wenn $ab = 0$, so ist entweder $a = 0$ oder $b = 0$. Wenn $a > b$ und
$c > 0$, so folgt stets $ac > bc$. Sind ferner $A_1, A_2, A_3, \ldots, A_{n-1}, A_n$
n Punkte einer Geraden, so ist die Summe der Strecken
$A_1 A_2, A_2 A_3, \ldots, A_{n-1} A_n, A_n A_1$ gleich o.

Wir nehmen nun in einer Ebene α durch einen Punkt O zwei
zueinander senkrechte Geraden als festes rechtwinkliges Achsen-
kreuz an und tragen dann die beliebigen Strecken x, y von O
aus auf den beiden Geraden ab; sodann errichten wir die Lote in
den Endpunkten der Strecken x, y und bestimmen den Schnittpunkt P dieser Lote: die Strecken x, y heißen die *Koordinaten*
des Punktes P. Jeder Punkt der Ebene α ist durch seine Koordinaten x, y, die positive oder negative Strecken oder o sein können,
eindeutig bestimmt.

Es sei l irgendeine Gerade in der Ebene α, die durch O und durch einen Punkt C mit den Koordinaten a, b gehe. Sind dann x, y die Koordinaten irgendeines Punktes P von l, so finden wir leicht aus Satz 42

$$a : b = x : y$$

oder $b x - a y = 0$

als die Gleichung der Geraden l. Ist l' eine zu l parallele Gerade, die auf der x-Achse die Strecke c abschneidet, so gelangen wir zu der Gleichung der Geraden l', indem wir in der Gleichung der Geraden l die Strecke x durch die Strecke $x - c$ ersetzen; die gewünschte Gleichung lautet also

$$b x - a y - b c = 0.$$

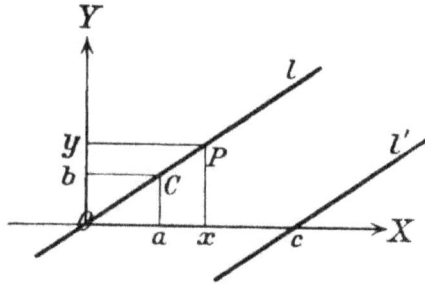

Aus diesen Entwicklungen schließen wir leicht auf eine Weise, die von dem Archimedischen Axiom unabhängig ist, daß jede Gerade in einer Ebene durch eine lineare Gleichung in den Koordinaten x, y dargestellt wird und umgekehrt jede solche lineare Gleichung eine Gerade darstellt, wobei die Koeffizienten derselben in der betreffenden Geometrie vorkommende Strecken sind.

Die entsprechenden Resultate in der räumlichen Geometrie beweist man ebenso leicht.

Der weitere Aufbau der Geometrie kann von nun an nach den Methoden geschehen, die man in der analytischen Geometrie gemeinhin anwendet.

Wir haben bisher in diesem dritten Kapitel das Archimedische Axiom nirgends benutzt; setzen wir jetzt die Gültigkeit desselben voraus, so können wir den Punkten einer beliebigen Geraden im Raume reelle Zahlen zuordnen, und zwar auf folgende Art:

Wir wählen auf der Geraden zwei beliebige Punkte aus und ordnen diesen die Zahlen 0 und 1 zu; sodann halbieren wir die durch sie bestimmte Strecke 0 1 und bezeichnen den entstehenden

Mittelpunkt mit $\frac{1}{2}$, ferner den Mittelpunkt der Strecke o $\frac{1}{2}$ mit $\frac{1}{4}$ usw.; nach n maliger Ausführung dieses Verfahrens gelangen wir zu einem Punkte, dem die Zahl $\frac{1}{2^n}$ zuzuordnen ist. Nun tragen wir die Strecke o $\frac{1}{2^n}$ an den Punkt o sowohl nach der Seite des Punktes 1 als auch nach der anderen Seite hin etwa m mal hintereinander ab und erteilen den so entstehenden Punkten die Zahlenwerte $\frac{m}{2^n}$ bzw. $-\frac{m}{2^n}$. Aus dem Archimedischen Axiom kann leicht geschlossen werden, daß auf Grund dieser Zuordnung sich jedem beliebigen Punkte der Geraden in eindeutig bestimmter Weise eine reelle Zahl zuordnen läßt, und zwar so, daß dieser Zuordnung folgende Eigenschaft zukommt: wenn A, B, C irgend drei Punkte der Geraden und α, β, γ die zugehörigen reellen Zahlen sind und B zwischen A und C liegt, so erfüllen diese Zahlen stets entweder die Ungleichung $\alpha < \beta < \gamma$ oder $\alpha > \beta > \gamma$.

Aus den Entwicklungen im zweiten Kapitel § 9 leuchtet ein, daß dort für jede Zahl, die dem algebraischen Zahlkörper Ω angehört, notwendig ein Punkt der Geraden existieren muß, dem sie zugeordnet ist. Ob auch jeder anderen reellen Zahl ein Punkt entspricht, hängt davon ab, ob in der vorgelegten Geometrie das Vollständigkeitsaxiom V 2 gilt oder nicht.

Dagegen ist es, wenn man in einer Geometrie nur die Gültigkeit des Archimedischen Axioms annimmt, stets möglich, das System von Punkten, Geraden und Ebenen so durch „irrationale" Elemente zu erweitern, daß auf jeder Geraden der entstehenden Geometrie jedem ihrer Gleichung genügenden System von drei reellen Zahlen ohne Ausnahme ein Punkt zugeordnet ist. Durch gehörige Festsetzung kann zugleich erreicht werden, daß in der erweiterten Geometrie sämtliche Axiome I—V gültig sind. Diese (durch Hinzufügung der irrationalen Elemente) erweiterte Geometrie ist keine andere als die gewöhnliche analytische Cartesische Geometrie des Raumes, in welcher auch das Vollständigkeitsaxiom V 2 gilt.[1]

---

[1] Vgl. die Bemerkungen am Schluß von § 8.

Viertes Kapitel.

Die Lehre von den Flächeninhalten in der Ebene.

§ 18. Die Zerlegungsgleichheit und Ergänzungsgleichheit von Polygonen.

Wir legen den Untersuchungen des gegenwärtigen vierten Kapitels dieselben Axiome wie denen des dritten Kapitels zugrunde, nämlich die linearen und ebenen Axiome sämtlicher Gruppen mit Ausnahme der Stetigkeitsaxiome, d. h. die Axiome I 1—3 und II—IV.

Die im dritten Kapitel erörterte Lehre von den Proportionen und die daselbst eingeführte Streckenrechnung setzen uns in den Stand, die Euklidische Lehre von den Flächeninhalten mittels der genannten Axiome, d. h. *in der Ebene und unabhängig von den Stetigkeitsaxiomen* zu begründen.

Da nach den Entwicklungen im dritten Kapitel die Lehre von den Proportionen wesentlich auf dem Pascalschen Satze (Satz 40) beruht, so gilt dies auch für die Lehre von den Flächeninhalten; diese Begründung der Lehre von den Flächeninhalten erscheint mir als eine der merkwürdigsten Anwendungen des Pascalschen Satzes in der Elementargeometrie.

Erklärung. Verbindet man zwei Punkte eines einfachen Polygons P durch irgendeinen Streckenzug, der ganz im Innern des Polygons verläuft und der keinen Punkt doppelt enthält, so entstehen zwei neue einfache Polygone P_1 und P_2, deren innere Punkte alle im Innern von P liegen; wir sagen: P zerfällt in P_1 und P_2, oder P ist in P_1 und P_2 zerlegt, oder P_1 und P_2 setzen P zusammen.

Erklärung. Zwei einfache Polygone heißen *zerlegungsgleich*, wenn sie in eine endliche Anzahl von Dreiecken zerlegt werden können, die paarweise einander kongruent sind.

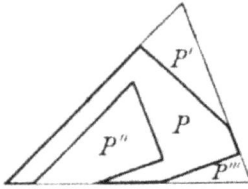

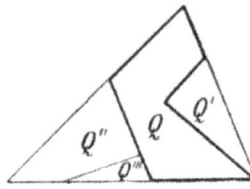

Erklärung. Zwei einfache Polygone P und Q heißen *ergänzungsgleich*, wenn sich zu ihnen eine endliche Anzahl von solchen paarweise zerlegungsgleichen Polygonen P', Q'; P'', Q''; $\ldots$; P''', Q''' hinzufügen läßt, daß die beiden auf diese Weise zusammengesetzten Polygone $P + P' + P'' + \cdots + P'''$ und $Q + Q' + Q'' + \cdots + Q'''$ einander zerlegungsgleich sind.

Aus diesen Erklärungen folgt sofort: durch Zusammenfügung zerlegungsgleicher Polygone entstehen wieder **zerlegungsgleiche** Polygone, und wenn man zerlegungsgleiche Polygone von zer-

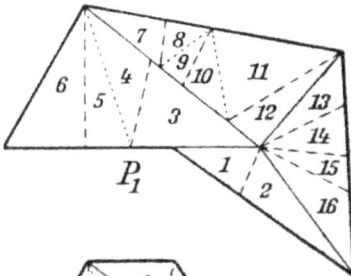

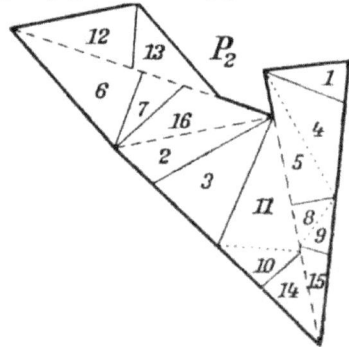

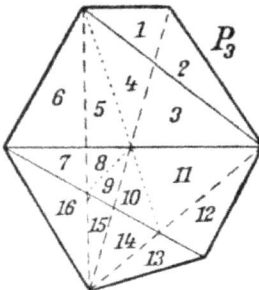

legungsgleichen Polygonen wegnimmt, so sind die übrigbleibenden Polygone **ergänzungsgleich** (vgl. Suppl. III).

Ferner gelten folgende Sätze:

Satz 43. Sind zwei Polygone P_1 und P_2 mit einem dritten Polygon P_3 zerlegungsgleich, so sind sie auch untereinander zerlegungsgleich. Sind zwei Polygone mit einem dritten ergänzungsgleich, so sind sie untereinander ergänzungsgleich.

Beweis. Nach Voraussetzung läßt sich sowohl für P_1 als auch für P_2 eine Zerlegung in Dreiecke angeben, so daß einer jeden dieser beiden Zerlegungen eine Zerlegung des Polygons P_3 in kongruente Dreiecke entspricht. Indem wir diese beiden Zerlegungen von P_3 gleichzeitig in Betracht ziehen, wird im allgemeinen jedes Dreieck der einen Zerlegung durch Strecken, welche der anderen Zerlegung angehören, in Polygone zerlegt. Wir fügen nun noch so viele Strecken hinzu, daß jedes dieser Polygone selbst wieder in Dreiecke zerfällt, und bringen dann die zwei entsprechenden Zerlegungen in Dreiecke in P_1 und in P_2 an; dann zerfallen offenbar diese beiden Polygone P_1 und P_2 in gleich viele paarweise einander kongruente Dreiecke und sind somit nach der Erklärung einander zerlegungsgleich.

Der Beweis der zweiten Aussage des Satzes 43 ergibt sich nunmehr ohne Schwierigkeit (s. Supplement III).

Wir erklären in der üblichen Weise die Begriffe: *Rechteck, Grundlinie* und *Höhe eines Parallelogrammes, Grundlinie* und *Höhe eines Dreiecks.*

§ 19. Parallelogramme und Dreiecke mit gleicher Grundlinie und Höhe.

Die bekannte, in den untenstehenden Figuren illustrierte Schlußweise *Euklids* liefert den Satz:

Satz 44. Zwei Parallelogramme mit gleicher Grundlinie und Höhe sind einander ergänzungsgleich.

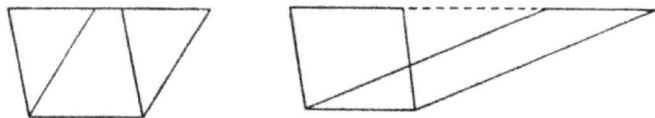

Ferner gilt die bekannte Tatsache:

Satz 45. Ein jedes Dreieck ABC ist stets einem gewissen Parallelogramm mit gleicher Grundlinie und halber Höhe zerlegungsgleich.

Beweis. Halbiert man AC in D und BC in E und verlängert dann DE um sich selbst bis F, so sind die Dreiecke DCE und FBE einander kongruent, und folglich sind Dreieck ABC und Parallelogramm $ABFD$ einander zerlegungsgleich.

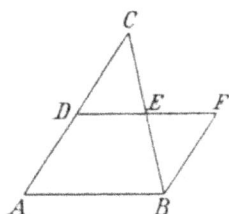

Aus Satz 44 und 45 folgt mit Hinzuziehung von Satz 43 unmittelbar:

Satz 46. Zwei Dreiecke mit gleicher Grundlinie und Höhe sind einander ergänzungsgleich.

Bekanntlich zeigt man leicht, wie die nebenstehende Figur andeutet, daß zwei Parallelogramme und somit nach den Sätzen 43 und 45 auch zwei Dreiecke mit gleicher Grundlinie und Höhe stets zerlegungsgleich sind. Wir bemerken jedoch, daß *dieser Nachweis ohne Benutzung des Archimedischen Axioms nicht möglich ist;* in der Tat lassen sich in jeder Nicht-Archimedischen Geometrie (eine solche s. z. B. zweites Kapitel § 12) zwei solche Dreiecke angeben, die gleiche Grundlinie und Höhe besitzen und folglich dem Satze 46 entsprechend ergänzungsgleich, aber dennoch nicht zerlegungsgleich sind.

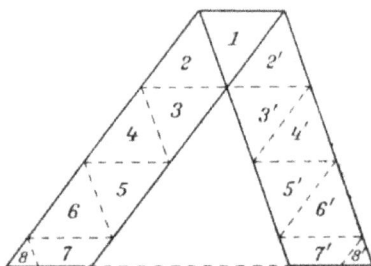

Seien nämlich in einer Nicht-Archimedischen Geometrie auf einem Halbstrahl zwei solche Strecken $AB = e$ und $AD = a$ abgetragen, die für keine ganze Zahl n die Beziehung erfüllen:

$$n \cdot e \gtrless a.$$

Auf der Strecke AD seien in ihren Endpunkten die Lote AC und DC' von der Länge e errichtet. Die Dreiecke ABC und ABC' sind nach Satz 46 ergänzungsgleich. Aus Satz 23 folgt, daß die Summe zweier

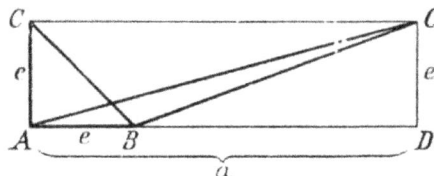

Seiten eines Dreiecks größer als die dritte Seite ist, wobei die Summe zweier Seiten im Sinne der im dritten Kapitel eingeführten Streckenrechnung zu verstehen ist.

Also ist $BC < e + e = 2e$. Weiter läßt sich ohne Benutzung der Stetigkeit der Satz beweisen: Eine ganz im Innern eines Dreiecks gelegene Strecke ist kleiner als dessen größte Seite. Mithin ist auch jede im Innern des Dreiecks ABC gelegene Strecke kleiner als $2e$.

Wir nehmen nun an, es sei eine Zerlegung der Dreiecke ABC und ABC' in endlich viele, etwa in je k, paarweise kongruente Dreiecke vorgelegt. Jede Seite eines zur Zerlegung des Dreiecks ABC benutzten Teildreiecks liegt entweder im Dreieck ABC oder auf einer seiner Seiten, d. h. sie ist kleiner als $2e$. Der Umfang jedes Teildreiecks ist also kleiner als $6e$; die Summe aller dieser Umfänge ist mithin kleiner als $6k \cdot e$. Die Zerlegung der Dreiecke ABC und ABC' muß die gleiche Summe von Umfängen ergeben, also muß auch die Summe der Umfänge der zur Zerlegung des Dreiecks ABC' benutzten Teildreiecke kleiner als $6k \cdot e$ sein. In dieser Summe ist aber sicher die Seite AC' ganz enthalten, d. h. es muß gelten: $AC' < 6k \cdot e$, und mithin nach Satz 23 erst recht: $a < 6k \cdot e$. Dies widerspricht unserer Annahme betreffs der Strecken e und a. Die Annahme der Möglichkeit einer Zerlegung der Dreiecke ABC und ABC' in paarweise kongruente Teildreiecke hat somit auf einen Widerspruch geführt.

Die wichtigen Sätze der elementaren Geometrie über die Ergänzungsgleichheit von Polygonen, insbesondere der Pythagoreische Lehrsatz, sind leichte Folgerungen der eben aufgestellten Sätze. Wir erwähnen noch den Satz:

Satz 47. Zu einem beliebigen Dreieck und mithin auch zu einem beliebigen einfachen Polygon kann stets ein rechtwinkliges Dreieck konstruiert werden, das eine Kathete 1 besitzt und das mit dem Dreieck bzw. Polygon ergänzungsgleich ist.

Die Behauptung für Dreiecke folgt leicht auf Grund der Sätze 46, 42 und 43. Die Behauptung für Polygone ergibt sich wie folgt. Wir zerlegen das vorgelegte einfache Polygon in Drei-

ecke, zu denen wir die ergänzungsgleichen rechtwinkligen Dreiecke mit je einer Kathete 1 bestimmen. Indem wir die Katheten
der Länge 1 als die Höhen dieser Dreiecke auffassen, führt nun,
wiederum mit Hilfe der Sätze 43 und 46, eine Zusammensetzung
(S. 69) auf die Behauptung.

Bei der weiteren Durchführung der Theorie der Flächeninhalte
begegnen wir aber einer wesentlichen Schwierigkeit. Insbesondere
lassen es unsere bisherigen Betrachtungen dahingestellt, ob nicht
etwa alle Polygone einander ergänzungsgleich sind. In diesem
Falle wären die sämtlichen, vorhin aufgestellten Sätze nichts-
sagend und ohne Bedeutung. Hiermit hängt die Frage zusammen,
ob zwei ergänzungsgleiche Rechtecke mit einer gemeinschaftlichen
Seite auch notwendig in der anderen Seite übereinstimmen.

Wie die nähere Überlegung zeigt, bedarf man zur Beantwortung
der aufgeworfenen Fragen der Umkehrung des Satzes 46, die
folgendermaßen lautet:

Satz 48. *Wenn zwei ergänzungsgleiche Dreiecke gleiche Grundlinie haben, so haben sie auch gleiche Höhe.*

Dieser fundamentale Satz 48 findet sich im ersten Buch der
Elemente des *Euklid* als 39ster Satz; beim Beweise desselben be-
ruft sich jedoch *Euklid* auf den allgemeinen Größensatz: „*Καὶ
τὸ ὅλον τοῦ μέρους μεῖζόν ἐστιν*" (Das Ganze ist größer als sein
Teil) — ein Verfahren, welches auf die Einführung eines neuen
geometrischen Axioms über Ergänzungsgleichheit hinausläuft.[1]

Es gelingt nun, ohne ein solches neues Axiom den
Satz 48 und damit die Lehre von den Flächeninhalten
auf dem hier von uns in Aussicht genommenen Wege,
d. h. lediglich mit Hilfe der ebenen Axiome und ohne
Benutzung des Archimedischen Axioms zu begründen.
Um dies einzusehen, haben wir den Begriff des Inhaltsmaßes nötig.

---

[1] In der Tat wird im Anhang II eine Geometrie konstruiert, in der
die hier zugrunde gelegten Axiome I—IV mit Ausnahme des Axioms III 5,
für welches dort eine engere Fassung gewählt ist, sämtlich erfüllt sind
und in der doch der Satz 48 und mithin auch der Satz „Das Ganze ist
größer als sein Teil" nicht gültig sind; vgl. S. 152 f.

§ 20. Das Inhaltsmaß von Dreiecken und Polygonen.

Erklärung. Eine Gerade AB teilt die nicht auf ihr liegenden Punkte der ebenen Geometrie in zwei Gebiete von Punkten ein. Eines dieser Gebiete nennen wir *rechts* von dem von A ausgehenden Halbstrahl AB bzw. von der „*gerichteten Strecke AB*" und *links* von dem von B ausgehenden Halbstrahl BA bzw. von der „gerichteten Strecke BA" gelegen, das andere links vom Halbstrahl AB und rechts vom Halbstrahl BA. In bezug auf zwei gerichtete Strecken AB und AC sei das gleiche Gebiet rechts gelegen, wenn B und C auf dem gleichen von A ausgehenden Halbstrahl liegen (und umgekehrt). — Wenn für einen von einem Punkte O ausgehenden Halbstrahl g das rechte Gebiet bereits definiert ist und von O aus in dieses Gebiet ein Halbstrahl h hineinläuft, so nennen wir dasjenige Gebiet in bezug auf h, das g enthält, links von h gelegen. Man erkennt, daß auf diese Weise, ausgehend von einem bestimmten Halbstrahl AB, die rechten und linken Seiten in bezug auf jeden Halbstrahl bzw. jede gerichtete Strecke einer ebenen Geometrie eindeutig festgelegt sind.

Die Punkte im Innern (S. 10) eines Dreiecks ABC liegen entweder links von den Seiten AB, BC, CA oder links von CB, BA, AC. Im ersteren Falle sagen wir: ABC (bzw. BCA bzw. CAB) sei der *positive Umlaufsinn* und CBA (bzw. BAC bzw. ACB) sei der *negative Umlaufsinn* des Dreiecks; im letzteren Falle sagen wir: CBA sei der positive und ABC sei der negative Umlaufsinn des Dreiecks.

Erklärung. Wenn wir in einem Dreieck ABC mit den Seiten a, b, c die beiden Höhen $h_a = AD$, $h_b = BE$ konstruieren, so folgt aus der Ähnlichkeit der Dreiecke BCE und ACD nach Satz 41 die Proportion
$$a : h_b = b : h_a,$$

d. h.
$$a h_a = b h_b;$$

mithin ist in jedem Dreieck das Produkt aus einer Grundlinie und der zu ihr gehörigen Höhe davon unabhängig, welche

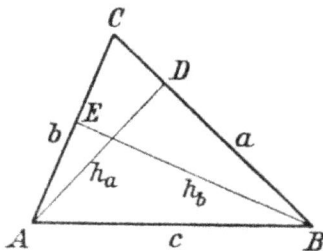

Seite des Dreiecks man als Grundlinie wählt. Das halbe Produkt aus Grundlinie und Höhe ist also eine für das Dreieck ABC charakteristische Strecke a. Sei etwa im Dreieck ABC der Umlaufsinn ABC positiv. Die positive Strecke a (gemäß der Definition auf S. 66) heiße nun das *Inhaltsmaß des positiv umlaufenen Dreiecks ABC* und werde mit $[ABC]$ bezeichnet; die negative Strecke $-a$ heiße das *Inhaltsmaß des negativ umlaufenen Dreiecks ABC* und werde mit $[CBA]$ bezeichnet.

Dann gilt der einfache Satz:

Satz 49. Wenn ein Punkt O außerhalb eines Dreiecks ABC liegt, so gilt für das Inhaltsmaß des Dreiecks die Beziehung

$$[ABC] = [OAB] + [OBC] + [OCA].$$

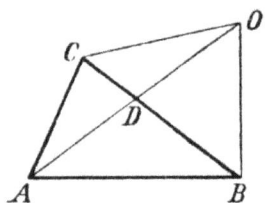

Beweis. Wir machen zunächst die Annahme, daß die Strecken AO und BC sich in einem Punkte D treffen. Dann ergeben sich aus der Definition des Inhaltsmaßes mit Hilfe des distributiven Gesetzes in unserer Streckenrechnung die Beziehungen

$$[OAB] = [ODB] + [DAB],$$
$$[OBC] = -[OCB] = -[OCD] - [ODB],$$
$$[OCA] = [OCD] + [CAD].$$

Die Addition der in diesen Gleichungen genannten Strecken ergibt unter Benutzung eines auf S. 66 genannten Satzes:

$$[OAB] + [OBC] + [OCA] = [DAB] + [CAD],$$

und daraus folgt, wiederum nach dem distributiven Gesetze,

$$[OAB] + [OBC] + [OCA] = [ABC].$$

Die übrigen möglichen Annahmen in betreff der Lage von O führen auf entsprechende Weise zu der Behauptung des Satzes 49.

Satz 50. Wenn ein Dreieck ABC irgendwie in eine endliche Anzahl von Dreiecken $\varDelta_k$ zerlegt wird, so ist das Inhaltsmaß des positiv umlaufenen Dreiecks ABC gleich der Summe der Inhaltsmaße der sämtlichen positiv umlaufenen Dreiecke $\varDelta_k$.

Beweis. Im Dreieck ABC sei etwa ABC der positive Umlaufsinn, und DE sei eine Strecke im Innern des Dreiecks ABC, an die die beiden Dreiecke DEF und DEG der Zerlegung grenzen mögen. DEF sei etwa der positive Umlaufsinn des Dreiecks DEF; dann ist GED der positive Umlaufsinn des Dreiecks DEG. Wählen wir nun einen Punkt O außerhalb des Dreiecks ABC, so gelten nach Satz 49 die Beziehungen

$$[DEF] = [ODE] + [OEF] + [OFD],$$

$$[GED] = [OGE] + [OED] + [ODG]$$

$$= [OGE] - [ODE] + [ODG].$$

Bei Addition dieser beiden Streckengleichungen fällt auf der rechten Seite das Inhaltsmaß $[ODE]$ heraus.

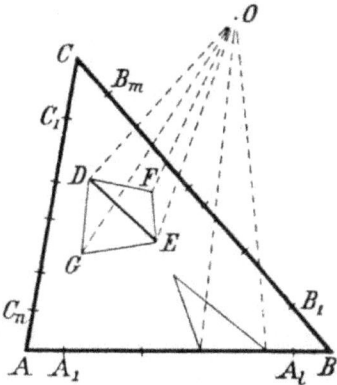

Wir drücken die Inhaltsmaße sämtlicher positiv umlaufenen Dreiecke Δ_k auf diese Weise nach Satz 49 aus und summieren alle so entstandenen Streckengleichungen. Dann fällt auf der rechten Seite für jede im Innern des Dreiecks ABC gelegene Strecke DE das Inhaltsmaß $[ODE]$ heraus. Bezeichnen wir die zur Zerlegung des Dreiecks ABC benutzten, auf seinen Seiten gelegenen Punkte in der Reihenfolge ihrer Anordnung mit $A, A_1, \ldots, A_l, B, B_1, \ldots, B_m, C, C_1, \ldots, C_n$, und nennen wir die Summe der Inhaltsmaße der sämtlichen positiv umlaufenen Dreiecke Δ_k kurz Σ, so ergibt, wie man nunmehr leicht erkennt, die Addition aller Streckengleichungen:

$$\Sigma = [OAA_1] + \cdots + [OA_lB]$$

$$+ [OBB_1] + \cdots + [OB_mC]$$

$$+ [OCC_1] + \cdots + [OC_nA]$$

$$= [OAB] + [OBC] + [OCA],$$

also nach Satz 49 $\Sigma = [ABC]$.

Erklärung. Definieren wir das Inhaltsmaß [P] eines positiv umlaufenen einfachen Polygons als die Summe der Inhaltsmaße aller positiv umlaufenen Dreiecke, in die dasselbe bei einer bestimmten Zerlegung zerfällt, so erkennen wir auf Grund des Satzes 50 durch eine ähnliche Schlußweise, wie wir sie in § 18 beim Beweise des Satzes 43 angewandt haben, daß das Inhaltsmaß [P] von der Art der Zerlegung in Dreiecke unabhängig ist und mithin allein durch das Polygon sich eindeutig bestimmt.

Aus dieser Erklärung entnehmen wir mit Hilfe des Satzes 50 die Tatsache, daß zerlegungsgleiche Polygone gleiches Inhaltsmaß haben. (Hier und im folgenden ist unter dem Inhaltsmaß stets dasjenige für positiven Umlaufsinn verstanden).

Sind ferner P und Q ergänzungsgleiche Polygone, so muß es nach der Erklärung solche paarweise zerlegungsgleichen Polygone $P', Q'; \ldots; P'', Q''$ geben, daß das aus $P, P', \ldots, P''$ zusammengesetzte Polygon $P + P' + \cdots + P''$ mit dem aus $Q, Q', \ldots, Q''$ zusammengesetzten Polygon $Q + Q' + \cdots + Q''$ zerlegungsgleich ausfällt. Aus den Gleichungen

$$[P + P' + \cdots + P''] = [Q + Q' + \cdots + Q'']$$

$$[P'] = [Q']$$

$$\vdots$$

$$[P''] = [Q'']$$

schließen wir leicht $[P] = [Q],$

d. h. ergänzungsgleiche Polygone haben gleiches Inhaltsmaß.

§ 21. Die Ergänzungsgleichheit und das Inhaltsmaß.

In § 20 haben wir gefunden, daß ergänzungsgleiche Polygone stets gleiches Inhaltsmaß haben. Aus dieser Tatsache entnehmen wir unmittelbar den Beweis des Satzes 48. Bezeichnen wir nämlich die gleiche Grundlinie der beiden Dreiecke mit g, die zugehörigen Höhen mit h und h', so schließen wir aus der angenommenen Ergänzungsgleichheit der beiden Dreiecke, daß dieselben auch gleiches Inhaltsmaß haben müssen, d. h. es folgt

$$\tfrac{1}{2}gh = \tfrac{1}{2}gh'$$

und mithin nach Division durch $\tfrac{1}{2}g$

$$h = h';$$

dies ist die Aussage des Satzes 48.

Auch läßt sich nunmehr die am Schluß von § 20 gemachte Aussage umkehren. In der Tat, seien P und Q zwei Polygone mit gleichem Inhaltsmaß, so konstruieren wir gemäß Satz 47 zwei rechtwinklige Dreiecke $\varDelta$ und E von folgender Beschaffenheit: jedes besitze eine Kathete 1, und weiter sei das Dreieck $\varDelta$ mit dem Polygon P und das Dreieck E mit dem Polygon Q ergänzungsgleich. Aus dem am Schluß von § 20 bewiesenen Satze folgt dann, daß $\varDelta$ mit P und ebenso E mit Q gleiche Inhaltsmaße haben. Wegen der Gleichheit der Inhaltsmaße von P und Q folgt hieraus, daß auch $\varDelta$ und E gleiches Inhaltsmaß haben. Da nun diese beiden rechtwinkligen Dreiecke in der Kathete 1 übereinstimmen, so stimmen notwendig auch ihre anderen Katheten überein, d. h. die beiden Dreiecke $\varDelta$ und E sind einander kongruent, und mithin sind nach Satz 43 die beiden Polygone P und Q einander ergänzungsgleich.

Die beiden in diesem und dem vorigen Paragraphen gefundenen Tatsachen fassen wir in den folgenden Satz zusammen:

Satz 51. *Zwei ergänzungsgleiche Polygone haben stets das gleiche Inhaltsmaß, und zwei Polygone mit gleichem Inhaltsmaß sind stets einander ergänzungsgleich.*

Insbesondere müssen zwei ergänzungsgleiche Rechtecke mit einer gemeinsamen Seite auch in den anderen Seiten übereinstimmen. Auch folgt der Satz:

Satz 52. Zerlegt man ein Rechteck durch Geraden in mehrere Dreiecke und läßt auch nur eines dieser Dreiecke fort, so kann man mit den übrigen Dreiecken das Rechteck nicht mehr ausfüllen.

Dieser Satz ist von de Zolt[1]) und O. Stolz[2]) als Axiom hingestellt und von F. Schur[3]) und W. Killing[4]) mit Hilfe des Archimedischen Axioms bewiesen worden. Im Vorstehenden ist gezeigt, daß derselbe völlig unabhängig von dem Archimedischen Axiom gilt.

Zum Beweis der Sätze 48, 50, 51 haben wir wesentlich die im dritten Kapitel § 15 eingeführte Streckenrechnung benutzt, und da diese im wesentlichen auf dem Pascalschen Satze (Satz 40) oder vielmehr auf dem speziellen Falle (S. 57) desselben beruht, so erweist sich für die Lehre von den Flächeninhalten der Pascalsche Satz als der wichtigste Baustein.

Wir erkennen leicht, daß auch umgekehrt aus den Sätzen 46 und 48 der Pascalsche Satz wiedergewonnen werden kann. In der Tat, aus der Parallelität der Geraden CB' und $C'B$ folgt nach Satz 46 die Ergänzungsgleichheit der Dreiecke OBB' und OCC'; ebenso folgt aus der Parallelität der Geraden CA' und AC' die Ergänzungsgleichheit der Dreiecke OAA' und OCC'. Da hiernach auch die Dreiecke OAA' und OBB' einander ergänzungsgleich sind, so ergibt Satz 48, daß auch BA' zu AB' parallel sein muß.

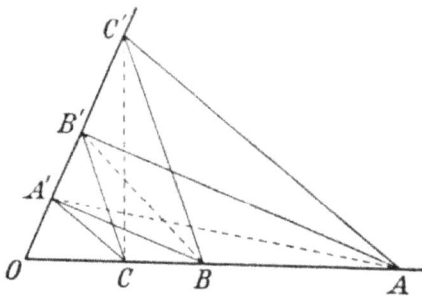

Ferner erkennen wir leicht, daß ein Polygon, welches ganz im Innern eines andern Polygons liegt, stets ein kleineres Inhaltsmaß als dieses hat und also nach Satz 51 nicht diesem ergänzungsgleich sein kann. Diese Tatsache enthält den Satz 52 als Spezialfall.

---

1) Principii della eguaglianza di poligoni preceduti da alcuni critici sulla teoria della equivalenza geometrica. Milano, Briola 1881. Vgl. auch Principii della eguaglianza di poliedri e di poligoni sferici. Milano, Briola 1883.

2) Monatshefte für Math. und Phys., Jahrgang 5, 1894.

3) Sitzungsberichte der Dorpater Naturf. Ges. 1892.

4) Grundlagen der Geometrie, Bd. 2, Abschnitt 5, § 5, 1898.

Hiermit haben wir die wesentlichen Sätze der Lehre von den Flächeninhalten in der Ebene begründet.

Bereits Gauß hat die Aufmerksamkeit der Mathematiker auf die entsprechende Frage für den Raum gelenkt. Ich habe die Vermutung der Unmöglichkeit einer analogen Begründung der Lehre von den Inhalten im Raume ausgesprochen und die bestimmte Aufgabe[1]) gestellt, zwei Tetraeder mit gleicher Grundfläche und von gleicher Höhe anzugeben, die sich auf keine Weise in kongruente Tetraeder zerlegen lassen, und die sich auch durch Hinzufügung kongruenter Tetraeder nicht zu solchen Polyedern ergänzen lassen, für die ihrerseits eine Zerlegung in kongruente Tetraeder möglich ist.

M. Dehn[2]) ist dieser Nachweis in der Tat gelungen; er hat damit in strenger Weise die Unmöglichkeit dargetan, die Lehre von den räumlichen Inhalten so zu begründen, wie dies im Vorstehenden für die ebenen Inhalte geschehen ist.

Hiernach wären zur Behandlung der analogen Fragen für den Raum andere Hilfsmittel, etwa das Cavalierische Prinzip heranzuziehen.[3])

In diesem Sinne hat W. Süß[4]) die Inhaltslehre im Raum begründet. W. Süß nennt zwei Tetraeder von gleichen Höhen und ergänzungsgleichen Grundflächen Cavalierisch gleich, außerdem zwei Polyeder, die sich in endlich viele paarweise Cavalierisch

---

1) Vgl. meinen Vortrag „Mathematische Probleme" Nr. 3.

2) „Über raumgleiche Polyeder", Göttinger Nachr. 1900, sowie „Über den Rauminhalt", Math. Ann. Bd. 55, 1902; vgl. ferner Kagan, Math. Ann. Bd. 57.

3) Nur der erste Teil des Satzes 51 sowie Satz 48 und Satz 52 gelten analog für den Raum; vgl. etwa Schatunowsky, „Über den Rauminhalt der Polyeder", Math. Ann. Bd. 57. M. Dehn hat in der Abhandlung „Über den Inhalt sphärischer Dreiecke", Math. Ann. Bd. 60, gezeigt, daß man die Lehre vom Flächeninhalt in der Ebene auch ohne das Parallelenaxiom allein mit Hilfe der Kongruenzsätze begründen kann. Siehe ferner Finzel, „Die Lehre vom Flächeninhalt in der allgemeinen Geometrie", Math. Ann. Bd. 72.

4) „Begründung der Lehre vom Polyederinhalt", Math. Ann. Bd. 82.

gleiche Tetraeder zerlegen lassen, Cavalierisch zerlegungsgleich und endlich zwei Polyeder, die sich als Differenzen Cavalierisch zerlegungsgleicher Polyeder darstellen lassen, Cavalierisch ergänzungsgleich. Ohne Benutzung von Stetigkeitsaxiomen läßt sich nachweisen, daß Gleichheit des Inhaltsmaßes und Cavalierische Ergänzungsgleichheit äquivalente Begriffe sind, während die Cavalierische Zerlegungsgleichheit bei Polyedern gleichen Inhaltsmaßes nur mit Hilfe des Archimedischen Axioms beweisbar ist.

Als ein neueres von J.-P. Sydler[1]) gewonnenes Ergebnis sei erwähnt: Der für die Ebene aus Satz 51 und der Überlegung auf S. 72 (anschließend an Satz 46) sich ergebende Satz, daß je zwei ergänzungsgleiche Polygone auch zerlegungsgleich sind, läßt sich, unter Voraussetzung des Archimedischen Axioms, auf Polyeder im Raum ausdehnen. An dieses Ergebnis schließt sich ferner die Feststellung, daß die Menge der Äquivalenzklassen der Polyeder in bezug auf die Zerlegungsgleichheit die Mächtigkeit des Kontinuums hat.

---

1) Sur la décomposition des polyèdres. Comm. Helv. 16, 266—273, 1943/44.

Fünftes Kapitel.

Der Desarguessche Satz.

§ 22. Der Desarguessche Satz und sein Beweis in der Ebene mit Hilfe der Kongruenzaxiome.

Von den im ersten Kapitel aufgestellten Axiomen sind diejenigen der Gruppen II—V sämtlich teils lineare, teils ebene Axiome; die Axiome 4—8 der Gruppe I sind die einzigen räumlichen Axiome. Um die Bedeutung dieser räumlichen Axiome klar zu erkennen, denken wir uns irgendeine ebene Geometrie vorgelegt und untersuchen allgemein die Bedingungen dafür, daß diese ebene Geometrie sich als Teil einer räumlichen Geometrie auffassen läßt, in welcher die in der ebenen Geometrie vorausgesetzten Axiome und außerdem die räumlichen Verknüpfungsaxiome I 4—8 sämtlich erfüllt sind.

In diesem und dem folgenden Kapitel werden im allgemeinen die Kongruenzaxiome nicht herangezogen. Infolgedessen muß hier das Parallelenaxiom IV (S. 28) in einer schärferen Fassung zugrunde gelegt werden:

IV* (Parallelenaxiom in schärferer Fassung). *Es sei a eine beliebige Gerade und A ein Punkt außerhalb a: dann gibt es in der durch a und A bestimmten Ebene eine und nur eine Gerade, die durch A geht und a nicht schneidet.*

Auf Grund der Axiome der Gruppen I und IV* ist es bekanntlich möglich, den sogenannten Desarguesschen Satz zu beweisen; der Desarguessche Satz ist ein ebener Schnittpunktsatz. Wir zeichnen insbesondere die Gerade, auf der die Schnittpunkte entsprechender Seiten der beiden Dreiecke liegen sollen, als „unendlich ferne Gerade", wie man sagt, aus und bezeichnen den so entstehenden Satz nebst seiner Umkehrung schlechthin als Desarguesschen Satz; dieser Satz lautet wie folgt:

Satz 53 (Desarguesscher Satz). Wenn zwei Dreiecke in einer Ebene so gelegen sind, daß je zwei entsprechende Seiten einander parallel sind, so laufen die Verbindungslinien der entsprechenden Ecken durch ein und denselben Punkt oder sind einander parallel, und umgekehrt:

Wenn zwei Dreiecke in einer Ebene so gelegen sind, daß die Verbindungslinien der entsprechenden Ecken durch einen Punkt laufen oder einander parallel sind, und wenn ferner zwei Paare entsprechender Seiten der Dreiecke parallel sind, so sind auch die dritten Seiten der beiden Dreiecke einander parallel.

Wie bereits erwähnt, ist der Satz 53 eine Folge der Axiome I und IV*; dieser Tatsache gemäß ist die Gültigkeit des Desarguesschen Satzes in einer ebenen Geometrie jedenfalls eine notwendige Bedingung dafür, daß diese Geometrie sich als Teil einer räumlichen Geometrie auffassen läßt, in welcher die Axiome der Gruppen I, II, IV* sämtlich erfüllt sind.

Wir nehmen nun, wie im dritten und vierten Kapitel, eine ebene Geometrie an, in welcher die Axiome I 1—3 und II—IV gelten, und denken uns in derselben nach § 15 eine Streckenrechnung eingeführt: dann läßt sich, wie in § 17 dargelegt worden ist, jedem Punkte der Ebene ein Paar von Strecken (x, y) und jeder Geraden ein Verhältnis von drei Strecken $(u : v : w)$, wobei u, v nicht beide Null sind, derart zuordnen, daß die lineare Gleichung

$$u x + v y + w = 0$$

die Bedingung für die vereinigte Lage von Punkt und Gerade darstellt. Das System aller Strecken in unserer Geometrie bildet nach § 17 einen Zahlenbereich, für welchen die in § 13 aufgezählten Eigenschaften 1—16 bestehen, und wir können daher mittels dieses Zahlenbereiches, ähnlich wie es in § 9 oder § 12 mittels des Zahlensystems Ω bzw. $\Omega(t)$ geschehen ist, eine räumliche Geometrie konstruieren; wir setzen zu dem Zwecke fest, daß ein

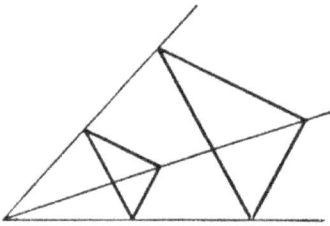

System von drei Strecken (x, y, z) einen Punkt, die Verhältnisse von vier Strecken $(u : v : w : r)$, in denen nicht u, v, w zugleich verschwinden, eine Ebene darstellen mögen, während die Geraden als Schnitte zweier Ebenen definiert sind; dabei drückt die lineare Gleichung

$$u x + v y + w z + r = 0$$

aus, daß der Punkt (x, y, z) auf der Ebene $(u : v : w : r)$ liegt. Was endlich die Anordnung der Punkte auf einer Geraden oder der Punkte einer Ebene in bezug auf eine Gerade in ihr oder endlich die Anordnung der Punkte in bezug auf eine Ebene im Raume anbetrifft, so wird diese in analoger Weise durch Ungleichungen zwischen Strecken bestimmt, wie dies in § 9 für die Ebene geschehen ist.

Da wir durch das Einsetzen des Wertes $z = 0$ die ursprüngliche ebene Geometrie wiedergewinnen, so erkennen wir, daß unsere ebene Geometrie als Teil einer räumlichen Geometrie betrachtet werden kann. Nun ist hierfür die Gültigkeit des Desarguesschen Satzes nach den obigen Ausführungen eine notwendige Bedingung, und daher folgt, daß in der angenommenen ebenen Geometrie auch der Desarguessche Satz gelten muß. Dieser ist also eine Folge der Axiome I 1—3, II—IV.

Wir bemerken, daß die eben gefundene Tatsache sich ohne Mühe auch direkt aus dem Satze 42 in der Lehre von den Proportionen oder aus dem Satze 61 ableiten läßt.

§ 23. Die Nichtbeweisbarkeit des Desarguesschen Satzes in der Ebene ohne Hilfe der Kongruenzaxiome.

Wir untersuchen nun die Frage, ob in der ebenen Geometrie auch ohne Hilfe der Kongruenzaxiome der Desarguessche Satz bewiesen werden kann, und gelangen dabei zu folgendem Resultate:

Satz 54. *Es gibt eine ebene Geometrie, in welcher die Axiome I 1—3, II, III 1—4, IV*, V, d. h. sämtliche linearen und ebenen Axiome mit Ausnahme des Kongruenzaxioms III 5 erfüllt sind,* *während der Desarguessche Satz* (Satz 53) *nicht gilt. Der Desarguessche Satz kann mithin aus den genannten Axiomen allein nicht gefolgert werden; es bedarf zu seinem Beweise notwendig entweder der räumlichen Axiome oder des Axioms III 5 über die Kongruenz der Dreiecke.*

B e w e i s.[1]) Wir ändern in der gewöhnlichen ebenen Cartesischen Geometrie, deren Möglichkeit bereits im zweiten Kapitel § 9 erkannt worden ist, die Definition der Geraden und der Winkel in folgender Weise ab. Wir wählen irgendeine Gerade der Cartesischen Geometrie als Achse und unterscheiden eine positive und eine negative Richtung auf dieser Achse sowie eine positive und eine negative Halbebene in bezug auf die Achse.

Als eine Gerade unserer neuen Geometrie bezeichnen wir nun die Achse und jede zu ihr parallele Gerade der Cartesischen Geometrie, ferner jede Gerade der Cartesischen Geometrie, deren in der positiven Halbebene gelegener Halbstrahl mit der positiven Richtung der Achse einen rechten oder stumpfen Winkel bildet, und endlich jedes System zweier Halbstrahlen *h, k* der Cartesischen Geometrie von folgender Beschaffenheit: der gemeinsame Scheitel von *h* und *k* liege auf der Achse; der in der positiven Halbebene gelegene Halbstrahl *h* bilde mit der positiven Richtung der Achse einen spitzen Winkel α, und die Verlängerung *k'* des in der negativen Halbebene gelegenen Halbstrahles *k* bilde mit der positiven Richtung der Achse einen Winkel β, so daß in der Cartesischen Geometrie die Beziehung gilt

$$\frac{tg\,\beta}{tg\,\alpha} = 2\,.$$

Die Anordnung von Punkten und die Länge von Strecken werde auch auf denjenigen Geraden, die sich in der Cartesischen Geometrie als ein System zweier Halbstrahlen darstellen, in

---

1) Statt der in früheren Auflagen dieses Buches an dieser Stelle angeführten ersten ,,Nicht-Desarguesschen Geometrie'' wird im folgenden eine etwas einfachere von M o u l t o n stammende Nicht-Desarguessche Geometrie erläutert. Vgl. F. R. Moulton, ,,A simple non-desarguesian plane geometry'', Trans. Math. Soc. 1902.

evidenter Weise wie üblich definiert. Wie man leicht erkennt, gelten in der so definierten Geometrie die Axiome I 1—3, II, III 1—3, IV*; z. B. ist unmittelbar ersichtlich, daß die durch einen Punkt gehenden Geraden die Ebene einfach überdecken. Übrigens gelten auch die Axiome V.

Alle Winkel, die nicht wenigstens e i n e n Schenkel haben, der von der Achse aus in die positive Halbebene geht und mit der positiven Richtung der Achse einen spitzen Winkel bildet, werden wie in der Cartesischen Geometrie üblich gemessen. Ist dagegen mindestens ein Schenkel eines Winkels ω ein Halbstrahl h mit den soeben genannten Eigenschaften, so definieren wir als Größe des Winkels ω in der neuen Geometrie die Größe desjenigen Winkels ω' der Cartesischen Geometrie, der statt h den zugehörigen Halbstrahl k' (s. vorige Seite) zum Schenkel hat. Die links stehende Figur deutet dieses Definitionsverfahren für zwei Paare von Nebenwinkeln an. Auf Grund unserer Winkeldefinition ist auch das Axiom III 4 gültig; insbesondere gilt für jeden Winkel $\sphericalangle (l, m)$:

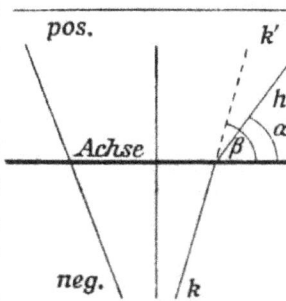

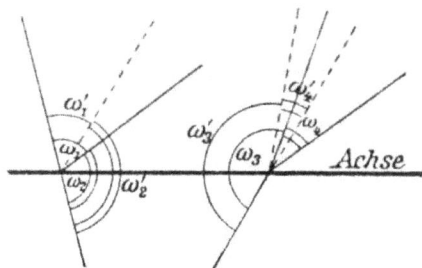

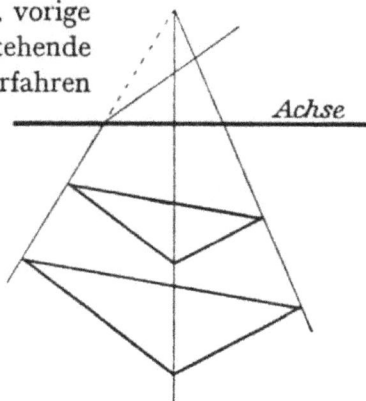

$$\sphericalangle (l, m) \equiv \sphericalangle (m, l).$$

Dagegen ist, wie die rechts stehende Figur unmittelbar zeigt und wie man leicht durch Rechnung bestätigt, der D e s a r g u e s sche Satz in der neuen ebenen Geometrie nicht gültig.

Ebenso leicht ist übrigens eine Figur zu zeichnen, welche zeigt, daß auch der Pascalsche Satz nicht gültig ist.

Die hier dargelegte ebene „Nicht-Desarguessche" Geometrie dient zugleich als Beispiel einer ebenen Geometrie, in welcher die Axiome I 1—3, II, III 1—4, IV*, V gültig sind, und die sich doch nicht als Teil einer räumlichen Geometrie auffassen läßt.[1])

§ 24. Einführung einer Streckenrechnung ohne Hilfe der Kongruenzaxiome auf Grund des Desarguesschen Satzes.[2])

Um die Bedeutung des Desarguesschen Satzes (Satz 53) vollständig zu erkennen, legen wir eine ebene Geometrie zugrunde, in welcher die Axiome I 1—3, II, IV*[3]), d. h. die sämtlichen linearen und ebenen Axiome außer den Kongruenz- und Stetigkeitsaxiomen, gültig sind, und führen in dieser Geometrie unabhängig von den Kongruenzaxiomen auf folgende Weise eine neue Streckenrechnung ein:

Wir nehmen in der Ebene zwei feste Geraden an, die sich in dem Punkte O schneiden mögen, und rechnen im folgenden nur mit solchen Strecken, deren Anfangspunkt O ist und deren Endpunkte auf einer dieser beiden festen Geraden beliebig liegen. Auch den Punkt O allein bezeichnen wir als Strecke o, in Zeichen:

$$OO = o \quad \text{oder} \quad o = OO.$$

---

1) Weitere interessante Beispiele von Nicht-Desarguesschen Liniensystemen gibt H. Mohrmann an. Festschrift David Hilbert, Berlin 1922 S. 181.

2) Eine an die Ideenbildungen der Geometrie der Lage sich anschließende Ableitung der Streckenrechnung gibt G. Hessenberg in seiner Arbeit „Über einen geometrischen Kalkül", Acta math. Bd. 29, 1904. Manche Teile der Ableitung ergeben sich leichter, wenn man zunächst die Vektorenaddition in der Ebene auf Grund des Desarguesschen Satzes entwickelt. Vgl. Hölder, „Streckenrechnung und projektive Geometrie", Leipz. Ber. 1911.

3) Auch ohne das Parallelenaxiom IV* ließe sich eine neue Streckenrechnung, unter projektiver Fassung des Desarguesschen Satzes, einführen. Betreffs der Entbehrlichkeit der Anordnungsaxiome vgl. Suppl. IV.

Es seien E und E' je ein bestimmter Punkt auf den festen Geraden durch O; dann bezeichnen wir
die beiden Strecken OE und OE'
als die Strecken 1, in Zeichen:

$$OE = OE' = 1$$

oder $\qquad 1 = OE = OE'$.

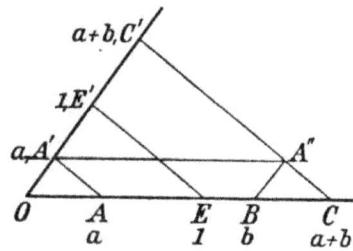

Die Gerade EE' nennen wir kurz die **Einheitsgerade**. Sind
ferner A und A' Punkte auf den Geraden OE bzw. OE' und läuft
die Verbindungsgerade AA' parallel zu EE', so nennen wir die
Strecken OA und OA' einander gleich, in Zeichen:

$$OA = OA' \qquad \text{oder} \qquad OA' = OA.$$

Um zunächst die **Summe** der auf OE gelegenen Strecken
$a = OA$ und $b = OB$ zu definieren, konstruiere man AA' parallel zur Einheitsgeraden EE' und ziehe sodann durch A' eine
Parallele zu OE und durch B eine Parallele zu OE'. Diese beiden
Parallelen schneiden sich in einem Punkte A''. Endlich ziehe man
durch A'' zur Einheitsgeraden EE' eine Parallele; diese trifft
die festen Geraden OE und OE' in je einem Punkte, C und C':
dann heiße $c = OC = OC'$ die *Summe* der Strecke $a = OA$ mit
der Strecke $b = OB$, in Zeichen:

$$c = a + b \qquad \text{oder} \qquad a + b = c.$$

Es sei hier vorausgeschickt, daß unter Voraussetzung der
Gültigkeit des Desarguesschen Satzes (Satz 53) die Summe zweier
Strecken auf eine allgemeinere Weise erhalten werden kann;
der Punkt C, der die Summe $a + b$ auf derjenigen Geraden, auf
der A und B liegen, festlegt, ist dann nämlich von der Wahl der
zugrunde gelegten Einheitsgeraden EE'
unabhängig, d. h. wir erhalten diesen
Punkt C auch durch die folgende Konstruktion:

Man wähle auf der Geraden OA'
irgendeinen Punkt $\bar{A}'$ und ziehe durch

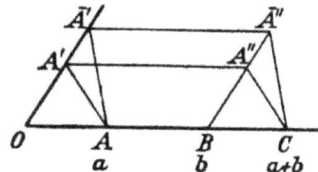

B die Parallele zu $O\bar{A}'$ und durch A' die Parallele zu OB. Diese beiden Parallelen treffen sich in einem Punkte $\bar{A}''$. Die nunmehr durch $\bar{A}''$ zu $A A'$ gezogene Parallele trifft die Gerade OA in dem Punkte C, der die Summe $a + b$ festlegt.

Zum Beweise nehmen wir an, es seien sowohl die Punkte A' und A'' als auch die Punkte $\bar{A}'$ und A'' in der angegebenen Weise erhalten und der Punkt C sei auf OA so bestimmt, daß CA'' zu $A A'$ parallel ist. Dann ist zu beweisen, daß auch CA'' zu $A\bar{A}'$ parallel ist. Die Dreiecke $A A'A'$ und $C A''A''$ liegen derart, daß die Verbindungslinien entsprechender Ecken parallel sind, und da überdies zwei Paare entsprechender Seiten, nämlich $A'A'$ und $A''A''$ sowie $A A'$ und $C A''$, parallel sind, so sind nach der zweiten Aussage des Desarguesschen Satzes in der Tat auch die dritten Seiten $A\bar{A}'$ und $C A''$ einander parallel.

Um das Produkt einer Strecke $a = OA$ in eine Strecke $b = OB$ zu definieren, bedienen wir uns genau der in § 15 angegebenen Konstruktion, nur daß an Stelle der Schenkel des rechten Winkels hier die beiden festen Geraden OE und OE' treten. Die Konstruktion ist demnach folgende: Man bestimme auf OE' den Punkt A', so daß $A A'$ parallel der Einheitsgeraden EE' wird, verbinde E mit A' und ziehe durch B eine Parallele zu EA'; diese Parallele trifft die feste Gerade OE' in einem Punkte C'; dann heißt $c = OC'$ das *Produkt* der Strecke $a = OA$ in die Strecke $b = OB$, in Zeichen:

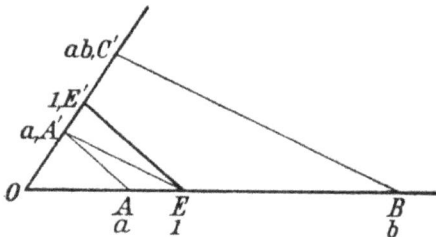

$$c = ab \quad \text{oder} \quad ab = c.$$

§ 25. Das kommutative und assoziative Gesetz der Addition in der neuen Streckenrechnung.

Wie man leicht erkennt, sind für unsere neue Streckenrechnung die in § 13 aufgestellten Sätze der Verknüpfung sämtlich gültig; wir untersuchen jetzt, welche von den dort aufgestellten Regeln der Rechnung für sie gültig sind, wenn wir eine ebene Geometrie zugrunde legen, in der die Axiome I 1—3, II, IV* erfüllt sind und überdies der Desarguessche Satz gilt.

Vor allem wollen wir beweisen, daß für die in § 24 definierte Addition der Strecken das kommutative Gesetz

$$a + b = b + a$$

gilt. Es sei

$$a = OA = OA',$$
$$b = OB = OB',$$

wobei unserer Festsetzung entsprechend AA' und BB' der Einheitsgeraden parallel sind. Nun konstruieren wir die Punkte A'' und B'', indem wir $A'A''$ sowie $B'B''$ parallel OA und ferner AB'' und BA'' parallel OA' ziehen; wie man sofort sieht, sagt dann unsere Behauptung aus, daß die Verbindungslinie $A''B''$ parallel mit AA' läuft. Die Richtigkeit dieser Behauptung erkennen wir auf Grund des Desarguesschen Satzes (Satz 53) wie folgt: Wir bezeichnen den Schnittpunkt von AB'' und $A'A''$ mit F und den Schnittpunkt von BA'' und $B'B''$ mit D; dann sind in den Dreiecken $AA'F$ und $BB'D$ die entsprechenden Seiten einander parallel. Mittels des Desarguesschen Satzes schließen wir hieraus, daß die drei Punkte O, F, D in einer Geraden liegen. Infolge dieses Umstandes liegen die beiden Dreiecke OAA' und $DB''A''$ derart, daß die Verbindungslinien entsprechender Ecken durch den nämlichen Punkt F laufen, und da überdies zwei Paare entsprechender Seiten, nämlich OA und DB'' sowie OA' und DA'' einander parallel sind, so laufen nach der zweiten Aussage des Desarguesschen Satzes (Satz 53) auch die dritten Seiten AA' und $B''A''$ einander parallel.

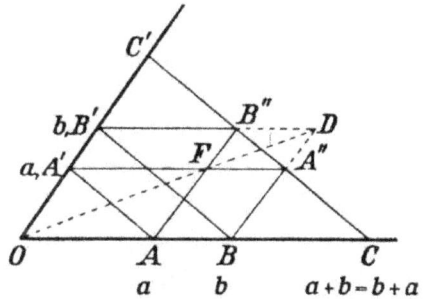

Aus diesem Beweise ergibt sich zugleich, daß es gleichgültig ist, von welcher der beiden festen Geraden man bei der Konstruktion der Summe zweier Strecken ausgeht.

Weiter gilt das **assoziative** Gesetz der Addition

$$a + (b + c) = (a + b) + c.$$

Auf der Geraden OE seien die Strecken

$$a = OA, \quad b = OB, \quad c = OC$$

gegeben. Auf Grund der im vorigen Paragraphen angegebenen allgemeinen Additionsvorschrift lassen sich die Summen

$$a + b = OG, \quad b + c = OB', \quad (a + b) + c = OG'$$

auf folgende Weise konstruieren: wir wählen einen Punkt D auf der Geraden OE' willkürlich und verbinden ihn mit A und B. Die durch D zu OA gezogene Parallele wird von den beiden Parallelen zu OD durch B und C in je einem Punkte, F bzw. D', getroffen. Die durch F zu AD bzw. durch D' zu BD gezogenen Parallelen treffen nun die Gerade OA in den oben genannten Punkten G bzw. B', und die durch D' zu GD gezogene Parallele trifft weiter die Gerade OA in dem ebenfalls erwähnten Punkte G'. Die Summe $a + (b + c)$ endlich wird erhalten, indem wir zunächst durch B' die Parallele zu OD ziehen, die von der Geraden DD' in einem Punkte F' getroffen wird, und indem wir durch F' die Parallele zu AD ziehen. Es kommt also darauf an, zu beweisen,

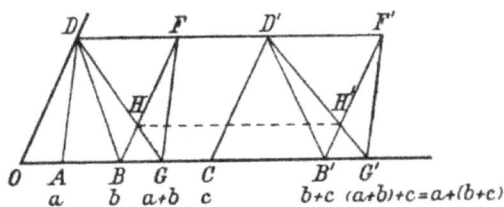

daß $G'F'$ zu AD parallel ist. Bezeichnen wir nun den Schnittpunkt der Geraden BF und GD mit H und den Schnittpunkt der Geraden $B'F'$ und $G'D'$ mit H', so sind in den Dreiecken BDH und $B'D'H'$ die entsprechenden Seiten einander parallel; und da weiter die beiden Geraden BB' und DD' einander parallel sind, so ist nach dem Desarguesschen Satze auch die Gerade HH' zu diesen beiden Geraden parallel. Wir können somit die zweite Aussage des Desarguesschen Satzes auf die Dreiecke GFH und $G'F'H'$ anwenden und erkennen hieraus, daß $G'F'$ zu GF, also in der Tat auch zu AD, parallel ist.

§ 26. Das assoziative Gesetz der Multiplikation und die beiden distributiven Gesetze in der neuen Streckenrechnung.

Bei unseren Annahmen gilt auch für die Multiplikation der Strecken das assoziative Gesetz

$$a(bc) = (ab)c.$$

Es seien auf der ersteren der beiden festen Geraden durch O die Strecken

$$1 = OA, \quad b = OC,$$

$$c = OA'$$

und auf der anderen Geraden die Strecken

$$a = OG \quad \text{und} \quad b = OB$$

gegeben. Um gemäß der Vorschrift in § 24 der Reihe nach die Strecken

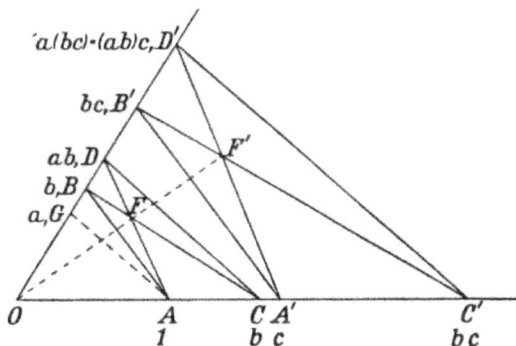

$$bc = OB' \quad \text{und} \quad bc = OC',$$

$$ab = OD$$

$$(ab)c = OD'$$

zu konstruieren, ziehen wir $A'B'$ parallel AB, $B'C'$ parallel BC, CD parallel AG sowie $A'D'$ parallel AD; wie wir sofort erkennen, läuft dann unsere Behauptung darauf hinaus, daß auch CD parallel $C'D'$ sein muß. Bezeichnen wir nun den Schnittpunkt der Geraden AD und BC mit F und den Schnittpunkt der Geraden $A'D'$ und $B'C'$ mit F', so sind in den Dreiecken ABF und $A'B'F'$ die entsprechenden Seiten einander parallel; nach dem Desarguesschen Satze liegen daher die drei Punkte O, F, F' auf einer Geraden. Wegen dieses Umstandes können wir die zweite Aussage des Desarguesschen Satzes auf die beiden Dreiecke CDF und $C'D'F'$ anwenden und erkennen hieraus, daß in der Tat CD parallel $C'D'$ ist.

Wir beweisen endlich in unserer Streckenrechnung auf Grund des Desarguesschen Satzes die beiden distributiven Gesetze

$$a(b + c) = ab + ac$$

und $$(b + c)a = ba + ca.$$

Zum Beweise des ersten distributiven Gesetzes

$$a(b + c) = ab + ac$$

nehmen wir an: auf der ersten der beiden festen Geraden seien die Strecken

$$1 = OE, \quad b = OB, \quad c = OC$$

und auf der anderen Geraden die Strecke

$$a = OA \quad \text{gegeben.}$$

Die zur Geraden EA durch B und C gezogenen Parallelen treffen die Gerade OA in je einem Punkte, D bzw. F. Dann ist auf Grund der Multiplikationsvorschrift in § 24

$$OD = ab, \quad OF = ac.$$

Gemäß der allgemeineren Additionsvorschrift in § 24 erhalten wir die Summe

$$OH = b + c,$$

indem wir durch C zu OD und durch D zu OC die Parallelen ziehen und weiter durch den Schnittpunkt G dieser beiden

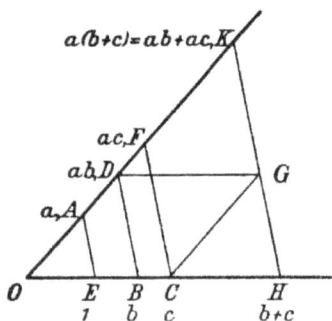

Geraden die Parallele zu BD ziehen, die OC im genannten Punkte H und OD in einem Punkte K trifft. Da $OH = b + c$ ist, gilt auf Grund der Multiplikationsvorschrift

$$OK = a(b + c).$$

Gemäß der allgemeineren Additionsvorschrift und der auf Seite 91 bewiesenen Vertauschbarkeit der festen Geraden OE, OE' bei Konstruktion der Summe läßt sich schließlich die Summe $ac + ab$ auf folgende Weise konstruieren: Wir ziehen durch irgendeinen Punkt von OE, etwa durch C, die Parallele CG zu OD, weiter durch D die Parallele DG zu OC und endlich durch G die Parallele GK zu CF.

Es gilt also $\qquad OK = ac + ab,$

und hieraus folgt mit Hilfe des kommutativen Gesetzes der Addition das erste distributive Gesetz.

Um schließlich das z w e i t e   d i s t r i b u t i v e   G e s e t z zu beweisen, nehmen wir an: auf der ersten der beiden festen Geraden seien die Strecken $\qquad 1 = OE, \quad a = OA$

und auf der anderen Geraden die Strecken

$$b = OB, \quad c = OC$$

gegeben. Durch die Parallelen AB' zu EB bzw. AC' zu EC sind die Strecken $\qquad OB' = ba, \quad OC' = ca$

bestimmt. Wir konstruieren die Strecken

$$OF = b + c, \quad OF' = ba + ca$$

wiederum auf der festen Geraden OB gemäß der allgemeineren Additionsvorschrift wie folgt: wir ziehen durch C zu OE und durch E zu OC die Parallele. Diese treffen sich in einem Punkte D, durch den wir die Parallele zu EB ziehen, die von OA im oben genannten Punkte F getroffen wird. Ebenso ziehen wir durch A zu OC' und durch C' zu OA die Parallele. Diese treffen sich in einem Punkte D', durch den wir die Parallele zu AB' ziehen, die von OA im genannten Punkte F' getroffen wird.

Gemäß der Multiplikationsvorschrift ist das zweite distributive Gesetz bewiesen, wenn gezeigt ist, daß AF' zu EF parallel ist.

In den Dreiecken ECD und $AC'D'$ sind die entsprechenden Seiten einander parallel; nach dem Desarguesschen Satze liegen daher die drei Punkte O, D, D' auf einer Geraden. Wir können mithin die zweite Aussage des Desarguesschen Satzes auf die beiden Dreiecke EDF und $AD'F'$ anwenden und erkennen, daß in der Tat AF' zu EF parallel ist.

§ 27. Die Gleichung der Geraden auf Grund der neuen Streckenrechnung.

Wir haben in § 24 bis § 26 mittels der in § 24 angeführten Axiome und unter Voraussetzung der Gültigkeit des Desarguesschen Satzes in der Ebene eine Streckenrechnung eingeführt, in welcher außer den in § 13 aufgestellten Sätzen der Verknüpfung das kommutative Gesetz der Addition, die assoziativen Gesetze der Addition und Multiplikation sowie die beiden distributiven Gesetze gültig sind. Daß das kommutative Gesetz der Multiplikation nicht notwendig gilt, werden wir in § 33 erkennen. Wir wollen in diesem Paragraphen zeigen, in welcher Weise auf Grund dieser Streckenrechnung eine analytische Darstellung der Punkte und Geraden in der Ebene möglich ist.

Erklärung. Wir bezeichnen in der Ebene die beiden angenommenen festen Geraden durch den Punkt O als die X- und Y-Achse und denken uns irgendeinen Punkt P der Ebene durch die Strecken x, y bestimmt, die man auf der X- bzw. Y-Achse erhält, wenn man durch P zu diesen Achsen Parallelen zieht. Diese Strecken x, y heißen die *Koordinaten* des Punktes P.

Auf Grund der neuen Streckenrechnung und mit Hilfe des Desarguesschen Satzes gelangen wir zu der folgenden Tatsache:

Satz 55. *Die Koordinaten x, y der Punkte auf einer beliebigen Geraden erfüllen stets eine Streckengleichung von der Gestalt*

$$a x + b y + c = 0;$$

in dieser Gleichung stehen die Strecken a, b notwendig linksseitig

*von den Koordinaten x, y; die Strecken a, b sind niemals beide
Null, und c ist eine beliebige Strecke.*

*Umgekehrt: jede Streckengleichung der beschriebenen Art stellt
stets eine Gerade in der zugrunde gelegten ebenen Geometrie dar.*

Beweis. Die Abszisse x eines jeden Punktes P der Y-Achse
oder einer zu ihr parallelen Geraden hängt von der Wahl des
Punktes P auf der betreffenden Geraden nicht ab, d. h. eine
solche Gerade ist in der Form

$$x = \bar{c}$$

darstellbar. Zu $\bar{c}$ gibt es eine Strecke c derart, daß

$$\bar{c} + c = 0$$

ist, und mithin gilt $x + c = 0.$

Diese Gleichung ist von der verlangten Art.

Sei nun l eine Gerade, die die Y-Achse in einem Punkte S
schneidet. Wir ziehen durch einen belie-
bigen Punkt P dieser Geraden die Parallele zur Y-Achse, die von der X-Achse
in einem Punkte Q getroffen wird. Die
Strecke $OQ = x$ ist die Abszisse von P.
Die Parallele durch Q zu l schneidet auf
der Y-Achse eine Strecke OR ab, und
nach Definition der Multiplikation gilt

$$OR = ax,$$

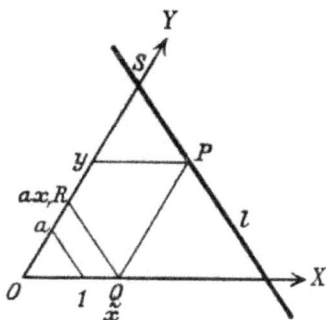

wo a eine Strecke ist, die nur von der Lage von l, nicht aber
von der Wahl von P auf l abhängt. Die Ordinate von P heiße y.
Gemäß der auf S. 89—90 angegebenen erweiterten Definition der
Summe und wegen der bereits auf S. 91 bewiesenen Möglichkeit,
eine Summe auch von der Y-Achse ausgehend zu konstruieren,
gibt nun die Strecke OS die Summe $ax + y$ an. Die Strecke $OS = \bar{c}$
ist eine allein durch die Lage von l bestimmte Strecke. Aus der
Gleichung $$ax + y = \bar{c}$$

folgt $$ax + y + c = 0.$$

wo wiederum c die durch die Gleichung $\bar{c} + c = 0$ bestimmte Strecke ist. Die letztgenannte Geradengleichung ist von der verlangten Art.

Man erkennt leicht, daß die Koordinaten eines nicht auf l gelegenen Punktes diese Gleichung nicht erfüllen.

Ebenso ist die Gültigkeit der zweiten Aussage des Satzes 55 leicht zu beweisen. Wenn nämlich eine Streckengleichung

$$a'x + b'y + c' = 0$$

vorgelegt ist, in der nicht a' und b' beide verschwinden, so multiplizieren wir im Falle $b' = 0$ die Gleichung von links mit der durch die Beziehung $aa' = 1$ bestimmten Strecke a, im Falle $b' \neq 0$ mit der durch die Beziehung $bb' = 1$ bestimmten Strecke b. Wir erhalten dann auf Grund der Rechnungsregeln eine der soeben abgeleiteten Geradengleichungen und können leicht in der zugrunde gelegten ebenen Geometrie eine Gerade konstruieren, die dieser Gleichung genügt.

Es sei noch ausdrücklich bemerkt, daß bei unseren Annahmen eine Streckengleichung von der Gestalt

$$xa + yb + c = 0,$$

in der die Strecken a, b rechtsseitig von den Koordinaten x, y stehen, im allgemeinen nicht eine Gerade darstellt.

Wir werden in § 30 eine wichtige Anwendung von dem Satze 55 machen.

§ 28. Der Inbegriff der Strecken aufgefaßt als komplexes Zahlensystem.

Wir erwähnten bereits, daß für unsere neue in § 24 begründete Streckenrechnung die Sätze 1—6 in § 13 erfüllt sind.

Ferner haben wir in § 25 und § 26 mit Hilfe des Desarguesschen Satzes erkannt, daß für diese Streckenrechnung die Rechnungsgesetze 7—11 in § 13 gültig sind; es bestehen somit sämtliche Sätze der Verknüpfung und Regeln der Rechnung, abgesehen vom kommutativen Gesetze der Multiplikation.

Um endlich eine Anordnung der Strecken zu ermöglichen, treffen wir folgende Festsetzung: Es seien A, B irgend zwei verschiedene Punkte der Geraden OE; dann bringen wir gemäß Satz 5 die vier Punkte O, E, A, B in eine Reihenfolge, in der E hinter O steht. Steht in dieser Reihenfolge auch B hinter A, so nennen wir die Strecke $a = OA$ *kleiner* als die Strecke $b = OB$, in Zeichen:

$$a < b;$$

steht dagegen in der genannten Reihenfolge A hinter B, so nennen wir die Strecke $a = OA$ *größer* als die Strecke $b = OB$, in Zeichen:

$$a > b.$$

Wir erkennen leicht, daß nunmehr in unserer Streckenrechnung auf Grund der Axiome II die Rechnungsgesetze 13—16 in § 13 erfüllt sind; somit bildet die Gesamtheit aller verschiedenen Strecken ein komplexes Zahlensystem, für welches die Gesetze 1—11, 13—16 in § 13, d. h. die sämtlichen Vorschriften abgesehen von dem kommutativen Gesetze der Multiplikation und den Sätzen von der Stetigkeit gültig sind; wir bezeichnen ein solches Zahlensystem im folgenden kurz als ein *Desarguessches Zahlensystem*.

§ 29. Aufbau einer räumlichen Geometrie mit Hilfe eines Desarguesschen Zahlensystems.

Es sei nun irgendein Desarguessches Zahlensystem D vorgelegt; dasselbe ermöglicht uns den Aufbau einer räumlichen Geometrie, in der die Axiome I, II, IV* sämtlich erfüllt sind.

Um dies einzusehen, denken wir uns das System von irgend drei Zahlen (x, y, z) des Desarguesschen Zahlensystems D als einen Punkt und das System von irgend vier Zahlen $(u : v : w : r)$ in D, von denen die ersten drei Zahlen nicht zugleich o sind, als eine Ebene; doch sollen die Systeme $(u : v : w : r)$ und $(au : av : aw : ar)$, wo a irgendeine von o verschiedene Zahl in

D bedeutet, die nämliche Ebene darstellen. Das Bestehen der Gleichung

$$u\,x + v\,y + w\,z + r = 0$$

möge ausdrücken, daß der Punkt (x, y, z) in der Ebene $(u : v : w : r)$ liegt. Die Gerade endlich definieren wir mit Hilfe eines Systems zweier Ebenen $(u' : v' : w' : r')$ und $(u'' : v'' : w'' : r'')$, wenn es nicht möglich ist, eine von o verschiedene Zahl a in D zu finden, so daß gleichzeitig

$$a\,u' = u'', \quad a\,v' = v'', \quad a\,w' = w''$$

wird. Ein Punkt (x, y, z) heißt auf dieser Geraden

$$[(u' : v' : w' : r'), \quad (u'' : v'' : w'' : r'')]$$

gelegen, wenn er den beiden Ebenen $(u' : v' : w' : r')$ und $(u'' : v'' : w'' : r'')$ gemeinsam ist. Zwei Gerade, welche dieselben Punkte enthalten, gelten als nicht verschieden.

Indem wir die Rechnungsgesetze 1—11 in § 13 anwenden, die nach Voraussetzung für die Zahlen in D gelten sollen, gelangen wir ohne Schwierigkeit zu dem Resultate, daß in der soeben aufgestellten räumlichen Geometrie die Axiome I und IV* sämtlich erfüllt sind.

Damit auch den Axiomen II der Anordnung Genüge geschehe, treffen wir folgende Festsetzungen. Es seien

$$(x_1, y_1, z_1), \quad (x_2, y_2, z_2), \quad (x_3, y_3, z_3)$$

irgend drei Punkte einer Geraden

$$[(u' : v' : w' : r'), \quad (u'' : v'' : w'' : r'')];$$

dann heiße der Punkt (x_2, y_2, z_2) zwischen den beiden anderen gelegen, wenn wenigstens eines der sechs Paare von Ungleichungen

(1) $\qquad x_1 < x_2 < x_3, \quad x_1 > x_2 > x_3,$

(2) $\qquad y_1 < y_2 < y_3, \quad y_1 > y_2 > y_3,$

(3) $\qquad z_1 < z_2 < z_3, \quad z_1 > z_2 > z_3$

erfüllt ist. Besteht nun etwa eine der beiden Doppelungleichungen

(1), so schließen wir leicht, daß entweder $y_1 = y_2 = y_3$ oder notwendig eine der beiden Doppelungleichungen (2) und ebenso daß entweder $z_1 = z_2 = z_3$ oder eine der Doppelungleichungen (3) gelten muß. In der Tat, aus den Gleichungen

$$u'x_i + v'y_i + w'z_i + r' = 0,$$
$$u''x_i + v''y_i + w''z_i + r'' = 0,$$
$$(i = 1, 2, 3)$$

leiten wir durch linksseitige Multiplikation derselben mit geeigneten Zahlen aus D, die $\neq 0$ sind, und durch nachherige Addition der entstehenden Gleichungen ein Gleichungssystem von der Gestalt

(4) $$u'''x_i + v'''y_i + r''' = 0$$
$$(i = 1, 2, 3)$$

ab. Hierin ist der Koeffizient v''' sicher nicht 0, da sonst die Gleichheit der drei Zahlen x_1, x_2, x_3 folgen würde. Falls $u''' = 0$ ist, so ergibt sich

$$y_1 = y_2 = y_3 .$$

Ist aber $u''' \neq 0$, so schließen wir aus

$$x_1 \lessgtr x_2 \lessgtr x_3$$

die weitere Doppelungleichung

$$u''' \, x_1 \lessgtr u''' \, x_2 \lessgtr u''' \, x_3$$

und mithin wegen (4)

$$v''' \, y_1 + r''' \lessgtr v''' \, y_2 + r''' \lessgtr v''' \, y_3 + r'''$$

und daher $$v''' \, y_1 \lessgtr v''' \, y_2 \lessgtr v''' \, y_3 ,$$

und da v''' nicht 0 ist, so haben wir

$$y_1 \lessgtr y_2 \lessgtr y_3 ;$$

in jeder dieser Doppelungleichungen soll stets entweder durchweg das obere oder durchweg das untere Zeichen gelten.

Die angestellten Überlegungen lassen erkennen, daß in unserer Geometrie die linearen Axiome II 1—3 der Anordnung zutreffen. Es bleibt noch zu zeigen übrig, daß in unserer Geometrie auch das ebene Axiom II 4 gültig ist.

Zu dem Zwecke sei eine Ebene $(u : v : w : r)$ und in ihr eine Gerade $[(u : v : w : r), (u' : v' : w' : r')]$ gegeben. Wir setzen fest, daß alle in der Ebene $(u : v : w : r)$ gelegenen Punkte (x, y, z), für die der Ausdruck $u'x + v'y + w'z + r'$ kleiner oder größer als o ausfällt, auf der einen bzw. auf der anderen Seite von jener Geraden gelegen sein sollen, und haben dann zu beweisen, daß diese Festsetzung eindeutig ist und sich mit derjenigen auf S. 9 in Übereinstimmung befindet, was leicht geschehen kann.

Somit haben wir erkannt, daß die Axiome I, II, IV* in derjenigen räumlichen Geometrie sämtlich erfüllt sind, die in der oben geschilderten Weise aus dem Desarguesschen Zahlensystem D entspringt.

Da der Desarguessche Satz eine Folge der Axiome I, 1—8 und IV* ist, so erkennen wir:

Auf einem Desarguesschen Zahlensystem D läßt sich in der geschilderten Weise eine ebene Geometrie aufbauen, in der die Zahlen des Systems D die Elemente einer gemäß § 24 eingeführten Streckenrechnung bilden und in der die Axiome I 1—3, II, IV erfüllt sind; in einer solchen ebenen Geometrie gilt dann stets auch der Desarguessche Satz.*

Diese Tatsache ist die Umkehrung des Ergebnisses, zu dem wir in § 28 gelangten und das wir wie folgt zusammenfassen können:

In einer ebenen Geometrie, in der außer den Axiomen I 1—3, II, IV auch der Desarguessche Satz gültig ist, läßt sich gemäß § 24 eine Streckenrechnung einführen; die Elemente dieser Streckenrechnung bilden dann bei geeigneter Festsetzung der Anordnung stets ein Desarguessches Zahlensystem.*

§ 30. Die Bedeutung des Desarguesschen Satzes.

Wenn in einer ebenen Geometrie die Axiome I 1—3, II, IV* erfüllt sind und überdies der Desarguessche Satz gilt, so ist es nach dem letzten Satze in dieser Geometrie stets möglich, eine

Streckenrechnung einzuführen, für welche die Regeln 1—11, 13—16 in § 13 gültig sind. Wir betrachten nun weiter den Inbegriff dieser Strecken als ein komplexes Zahlensystem und bauen aus denselben gemäß den Entwicklungen in § 29 eine räumliche Geometrie auf, in der sämtliche Axiome I, II, IV* gültig sind.

Fassen wir in dieser räumlichen Geometrie lediglich die Punkte $(x, y, 0)$ und diejenigen Geraden ins Auge, auf denen nur solche Punkte liegen, so entsteht eine ebene Geometrie, und wenn wir den in § 27 abgeleiteten Satz 55 berücksichtigen, so leuchtet ein, daß diese ebene Geometrie mit der zu Anfang vorgelegten ebenen Geometrie übereinstimmen muß, d. h. die Elemente der beiden Geometrien lassen sich unter Aufrechterhaltung der Verknüpfung und Anordnung einander umkehrbar eindeutig zuordnen. Damit gewinnen wir folgenden Satz, der als das Endziel der gesamten Entwicklungen dieses Kapitels anzusehen ist:

Satz 56. *Es seien in einer ebenen Geometrie die Axiome I 1—3, II, IV* erfüllt: dann ist die Gültigkeit des Desarguesschen Satzes die notwendige und hinreichende Bedingung dafür, daß diese ebene Geometrie sich auffassen läßt als ein Teil einer räumlichen Geometrie, in welcher die sämtlichen Axiome I, II, IV* erfüllt sind.*

Der Desarguessche Satz kennzeichnet sich so gewissermaßen für die ebene Geometrie als das Resultat der Elimination der räumlichen Axiome.

Die gefundenen Resultate setzen uns auch in den Stand, zu erkennen, daß jede räumliche Geometrie, in der die Axiome I, II, IV* sämtlich erfüllt sind, sich stets als ein Teil einer „Geometrie von beliebig vielen Dimensionen" auffassen läßt; dabei ist unter einer Geometrie von beliebig vielen Dimensionen eine Gesamtheit von Punkten, Geraden, Ebenen und noch weiteren Elementen zu verstehen, für welche die entsprechend erweiterten Axiome der Verknüpfung, die der Anordnung sowie das Parallelenaxiom erfüllt sind.

Sechstes Kapitel.

Der Pascalsche Satz.

§ 31. Zwei Sätze über die Beweisbarkeit des Pascalschen Satzes.

Der Desarguessche Satz (Satz 53) läßt sich, wie bereits bemerkt wurde, aus den Axiomen I, II, IV*, d. h. unter wesentlicher Benutzung der räumlichen Axiome, aber ohne Hinzuziehung der Kongruenzaxiome, beweisen; in § 23 habe ich gezeigt, daß sein Beweis ohne die räumlichen Axiome der Gruppe I und ohne die Kongruenzaxiome III nicht möglich ist, selbst wenn die Benutzung der Stetigkeitsaxiome gestattet wird.

In § 14 ist der Pascalsche Satz (Satz 40) und in § 22 auch der Desarguessche Satz aus den Axiomen I 1—3, II—IV, also mit Ausschluß der räumlichen Axiome und unter wesentlicher Benutzung der Kongruenzaxiome, abgeleitet worden. Es entsteht die Frage, ob auch der Pascalsche Satz bei Hinzuziehung der räumlichen Verknüpfungsaxiome ohne Benutzung der Kongruenzaxiome bewiesen werden kann. Unsere Untersuchung wird zeigen, daß in dieser Hinsicht der Pascalsche Satz sich völlig anders als der Desarguessche Satz verhält, indem bei dem Beweise des Pascalschen Satzes die Zulassung oder Ausschließung des Archimedischen Axioms von entscheidendem Einflusse für seine Gültigkeit ist. Da in diesem Kapitel die Kongruenzaxiome im allgemeinen nicht vorausgesetzt werden, so muß in ihm das Archimedische Axiom in folgender Fassung zugrunde gelegt werden:

V 1*. (Archimedisches Axiom der Streckenrechnung.) Auf *einer Geraden g seien eine Strecke a und zwei Punkte A und B ge-*

geben. *Dann läßt sich stets eine Anzahl von Punkten $A_1, A_2, \ldots,$ A_{n-1}, A_n finden, so daß B zwischen A und A_n liegt und die Strecken $A A_1, A_1 A_2, \ldots, A_{n-1} A_n$ gleich der Strecke a sind im Sinne der Streckenrechnung, die gemäß § 24 auf Grund der Axiome I, II, IV* und des Desarguesschen Satzes auf g eingeführt werden kann.*

Die wesentlichen Ergebnisse unserer Untersuchung fassen wir in den folgenden zwei Sätzen zusammen:

Satz 57. *Der Pascalsche Satz (Satz 40) ist beweisbar auf Grund der Axiome I, II, IV*, V 1*, d. h. unter Ausschließung der Kongruenzaxiome mit Zuhilfenahme des Archimedischen Axioms.*

Satz 58. *Der Pascalsche Satz (Satz 40) ist nicht beweisbar auf Grund der Axiome I, II, IV*, d. h. unter Ausschließung der Kongruenzaxiome sowie des Archimedischen Axioms.*

In der Fassung dieser beiden Sätze können nach dem allgemeinen Satze 56 die räumlichen Axiome I 4—8 auch durch die Forderung der ebenen Geometrie ersetzt werden, daß der Desarguessche Satz (Satz 53) gelten soll.

§ 32. Das kommutative Gesetz der Multiplikation im Archimedischen Zahlensystem.

Die Beweise der Sätze 57 und 58 beruhen wesentlich auf gewissen gegenseitigen Beziehungen, welche für die Rechnungsregeln und Grundtatsachen der Arithmetik bestehen und deren Kenntnis auch an sich von Interesse erscheint. Wir stellen die folgenden beiden Sätze auf:

Satz 59. *Für ein Archimedisches Zahlensystem ist das kommutative Gesetz der Multiplikation eine notwendige Folge der übrigen Rechnungsgesetze; d. h. wenn ein Zahlensystem die in § 13 aufgezählten Eigenschaften 1—11, 13—17, besitzt, so folgt notwendig, das dasselbe auch der Formel 12 genügt.*

Beweis. Zunächst bemerken wir: Wenn a eine beliebige Zahl des Zahlensystems und

$$n = 1 + 1 + \cdots + 1$$

eine positive ganze rationale Zahl ist, so gilt für a und n stets das kommutative Gesetz der Multiplikation; es ist nämlich

$$an = a(\mathrm{I} + \mathrm{I} + \cdots + \mathrm{I}) = a \cdot \mathrm{I} + a \cdot \mathrm{I} + \cdots + a \cdot \mathrm{I}$$
$$= a + a + \cdots + a$$

und ebenso

$$na = (\mathrm{I} + \mathrm{I} + \cdots + \mathrm{I})a = \mathrm{I} \cdot a + \mathrm{I} \cdot a + \cdots + \mathrm{I} \cdot a$$
$$= a + a + \cdots + a.$$

Es seien nun im Gegensatz zu unserer Behauptung a, b zwei Zahlen des Zahlensystems, für welche das kommutative Gesetz der Multiplikation nicht gültig ist. Wir dürfen dann, wie leicht ersichtlich ist, die Annahmen

$$a > 0, \; b > 0, \quad ab - ba > 0$$

machen. Wegen der Forderung 5 in § 13 gibt es eine Zahl $c \, (> 0)$, so daß

$$(a + b + \mathrm{I})c = ab - ba$$

ist. Endlich wählen wir eine Zahl d, die zugleich den Ungleichungen

$$d > 0, \; d < \mathrm{I}, \; d < c$$

genügt, und bezeichnen mit m und n diejenigen beiden ganzen rationalen Zahlen $\geqq 0$, für die

$$md < a \leqq (m + \mathrm{I})d$$

bzw.

$$nd < b \leqq (n + \mathrm{I})d$$

wird. Das Vorhandensein dieser Zahlen m, n ist eine unmittelbare Folgerung des Archimedischen Satzes (Satz 17 in § 13). Mit Rücksicht auf die Bemerkung zu Anfang dieses Beweises erhalten wir aus den letzteren Ungleichungen durch Multiplikation

$$ab \leqq mnd^2 + (m + n + \mathrm{I})d^2,$$
$$ba > mnd^2,$$

also durch Subtraktion

$$ab - ba < (m + n + \mathrm{I})d^2.$$

Nun ist $\qquad md < a, \quad nd < b, \quad d < 1$

und folglich $\qquad (m + n + 1)d < a + b + 1,$

d. h. $\qquad\qquad ab - ba < (a + b + 1)d$

oder wegen $d < c \quad ab - ba < (a + b + 1)c.$

Diese Ungleichung widerspricht der Bestimmung der Zahl c, und damit ist der Beweis für den Satz 59 erbracht.

§ 33. Das kommutative Gesetz der Multiplikation im Nicht-Archimedischen Zahlensystem.

Satz 60. *Für ein Nicht-Archimedisches Zahlensystem ist das kommutative Gesetz der Multiplikation **nicht** eine notwendige Folge der übrigen Rechnungsgesetze; d. h. es gibt ein Zahlensystem, das die in § 13 aufgezählten Eigenschaften 1—11, 13—16 besitzt — ein Desarguessches Zahlensystem nach § 28—, in welchem **nicht** das kommutative Gesetz (12) der Multiplikation besteht.*

Beweis. Es sei t ein Parameter und T irgendein Ausdruck mit einer endlichen oder unendlichen Gliederzahl von der Gestalt

$$T = r_0 t^n + r_1 t^{n+1} + r_2 t^{n+2} + r_3 t^{n+3} + \cdots;$$

darin mögen $r_0 (\neq 0), r_1, r_2, \ldots$ beliebige rationale Zahlen bedeuten und n sei eine beliebige ganze rationale Zahl $\lessgtr 0$. Zum Bereiche dieser Ausdrücke T nehmen wir die Zahl 0 hinzu. Zwei Ausdrücke der Gestalt T heißen dann gleich, wenn die sämtlichen Zahlen $n, r_0, r_1, r_2, \ldots$ in ihnen paarweise übereinstimmen. Ferner sei s ein anderer Parameter und S irgendein Ausdruck mit einer endlichen oder unendlichen Gliederzahl von der Gestalt

$$S = s^m T_0 + s^{m+1} T_1 + s^{m+2} T_2 + \cdots;$$

darin mögen $T_0 (\neq 0), T_1, T_2, \ldots$ beliebige Ausdrücke von der Gestalt T bezeichnen, und m sei wiederum eine beliebige ganze rationale Zahl $\gtrless 0$. Die Gesamtheit aller Ausdrücke von der

Gestalt S, zu der wir wieder noch die Zahl o hinzunehmen, sehen wir als ein komplexes Zahlensystem $\Omega(s, t)$ an, in dem wir folgende Rechnungsregeln festsetzen:

Zunächst rechne man mit den Parametern s und t selbst nach den Regeln 7—11 in § 13, während man an Stelle der Regel 12 stets die Formel

(1) $$ts = 2st$$

anwende. Man überlegt sich leicht, daß diese Festsetzung widerspruchsfrei ist.

Sind nun S', S'' irgend zwei Ausdrücke von der Gestalt S:

$$S' = s^{m'} T_0' + s^{m'+1} T_1' + s^{m'+2} T_2' + \cdots,$$

$$S'' = s^{m''} T_0'' + s^{m''+1} T_1'' + s^{m''+2} T_2'' + \cdots,$$

so kann man offenbar durch gliedweise Addition einen neuen Ausdruck $S' + S''$ bilden, der wiederum von der Gestalt S und zugleich eindeutig bestimmt ist; dieser Ausdruck $S' + S''$ heißt die Summe der durch S', S'' dargestellten Zahlen.

Durch die übliche formale gliedweise Multiplikation der beiden Ausdrücke S', S'' gelangen wir zunächst zu einem Ausdruck von der Gestalt

$$S'S'' = s^{m'} T_0' s^{m''} T_0'' + (s^{m'} T_0' s^{m''+1} T_1'' + s^{m'+1} T_1' s^{m''} T_0'')$$
$$+ (s^{m'} T_0' s^{m''+2} T_2'' + s^{m'+1} T_1' s^{m''+1} T_1'' + s^{m'+2} T_2' s^{m''} T_0'')$$
$$+ \cdots.$$

Dieser Ausdruck wird bei Benutzung der Formel (1) offenbar ein eindeutig bestimmter Ausdruck von der Gestalt S; der letztere heiße das Produkt der durch S' dargestellten Zahl in die durch S'' dargestellte Zahl.

Bei der so festgesetzten Rechnungsweise leuchtet die Gültigkeit der Rechnungsregeln 1—4 und 6—11 in § 13 unmittelbar ein. Auch die Gültigkeit der Vorschrift 5 in § 13 ist nicht schwer einzusehen. Zu dem Zwecke nehmen wir an, es seien etwa

$$S' = s^{m'} T_0' + s^{m'+1} T_1' + s^{m'+2} T_2' + \cdots$$

und $\quad S'''' = s^{m''''} T_0'''' + s^{m''''+1} T_1'''' + s^{m''''+2} T_2'''' + \cdots$

gegebene Ausdrücke von der Gestalt S, und bedenken, daß unseren Festsetzungen entsprechend der erste Koeffizient r_0' aus T_0' von o verschieden sein muß. Indem wir nun die nämlichen Potenzen von s auf beiden Seiten einer Gleichung

$$(2) \qquad S'S'' = S''''$$

vergleichen, finden wir in eindeutig bestimmter Weise zunächst eine ganze Zahl m'' als Exponenten und sodann der Reihe nach gewisse Ausdrücke
$$T_0'', \; T_1'', \; T_2'', \ldots$$
derart, daß der Ausdruck

$$S'' = s^{m''} T_0'' + s^{m''+1} T_1'' + s^{m''+2} T_2'' + \cdots$$

bei Benutzung der Formel (1) der Gleichung (2) genügt; das Entsprechende gilt für eine Gleichung

$$S'''S' = S''''.$$

Hiermit ist der erwünschte Nachweis erbracht.

Um endlich die Anordnung der Zahlen unseres Zahlensystems $\Omega(s, t)$ zu ermöglichen, treffen wir folgende Festsetzungen: Eine Zahl des Systems heiße $<$ oder $>$ o, je nachdem in dem Ausdrucke S, der sie darstellt, der erste Koeffizient r_0 von T_0 $<$ oder $>$ o ausfällt. Sind irgend zwei Zahlen a und b des komplexen Zahlensystems vorgelegt, so heiße $a < b$ bzw. $a > b$, je nachdem $a - b < $ o oder $>$ o wird. Es leuchtet unmittelbar ein, daß bei diesen Festsetzungen auch die Regeln 13—16 in § 13 gültig sind, d. h. $\Omega(s, t)$ ist ein Desarguessches Zahlensystem (vgl. § 28).

Die Vorschrift 12 in § 13 ist, wie Gleichung (1) zeigt, für unser komplexes Zahlensystem $\Omega(s, t)$ nicht erfüllt, und damit ist die Richtigkeit des Satzes 60 vollständig erkannt.

In Übereinstimmung mit Satz 59 gilt der Archimedische Satz (Satz 17 in § 13) für das soeben aufgestellte Zahlensystem $\Omega(s, t)$ nicht.

§ 34. Beweis der beiden Sätze über den Pascalschen Satz. (Nicht-Pascalsche Geometrie.)

Wenn in einer räumlichen Geometrie die sämtlichen Axiome I, II, IV* erfüllt sind, so gilt auch der Desarguessche Satz (Satz 53), und mithin ist nach dem letzten Satze in § 28 in dieser Geometrie auf jedem Paar sich schneidender Geraden die Einführung einer Streckenrechnung möglich, für welche die Vorschriften 1—11, 13—16 in § 13 gültig sind. Setzen wir nun das Archimedische Axiom V 1* in unserer Geometrie voraus, so gilt offenbar für die Streckenrechnung der Archimedische Satz (Satz 17 in § 13) und mithin nach Satz 59 auch das kommutative Gesetz der Multiplikation. An Hand der nebenstehenden Figur ist unmittelbar ersichtlich, daß das kommutative Gesetz der Multiplikation nichts anderes als den Pascalschen Satz für die beiden Achsen bedeutet. Damit ist die Richtigkeit des Satzes 57 erkannt.

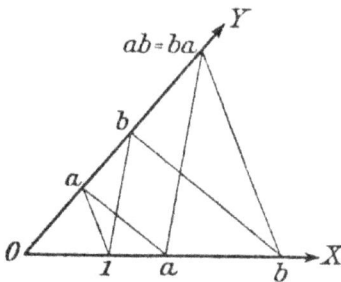

Um den Satz 58 zu beweisen, fassen wir das in § 33 aufgestellte Desarguessche Zahlensystem $\Omega(s, t)$ ins Auge und konstruieren mit Hilfe desselben auf die in § 29 beschriebene Art eine räumliche Geometrie, in der die sämtlichen Axiome I, II, IV* erfüllt sind. Trotzdem gilt der Pascalsche Satz in dieser Geometrie nicht, da das kommutative Gesetz der Multiplikation in dem Desarguesschen Zahlensystem $\Omega(s, t)$ nicht besteht. Die so aufgebaute „*Nicht-Pascalsche*" *Geometrie* ist, in Übereinstimmung mit dem vorhin bewiesenen Satz 57, notwendig zugleich auch eine „*Nicht-Archimedische*" *Geometrie*.

Es ist offenbar, daß der Pascalsche Satz sich bei unseren Annahmen auch dann nicht beweisen läßt, wenn man die räumliche Geometrie als einen Teil einer Geometrie von beliebig vielen Dimensionen auffaßt, in welcher neben den Punkten, Geraden und Ebenen noch weitere Elemente vorhanden sind und für

diese ein entsprechendes System von Axiomen der Verknüpfung und Anordnung sowie das Parallelenaxiom zugrunde gelegt sind.

§ 35. Beweis eines beliebigen Schnittpunktsatzes mittels des Pascalschen Satzes.

Zunächst beweisen wir die wichtige Tatsache:

Satz 61. *Der Desarguessche Satz* (Satz 53) *ist allein mit Hilfe der Axiome I 1—3, II, IV*, also ohne Benutzung der Kongruenz- und Stetigkeitsaxiome, aus dem Pascalschen Satze* (Satz 40) *beweisbar.*

Beweis.[1]) Offensichtlich folgen die beiden Teilaussagen, aus denen Satz 53 besteht, unmittelbar auseinander. Es genügt also z. B., die zweite Aussage des Satzes 53 zu beweisen. Wir führen den Beweis zunächst unter gewissen Nebenvoraussetzungen.

Es seien zwei Dreiecke ABC und $A'B'C'$ so gelegen, daß die Verbindungslinien entsprechender Ecken durch einen Punkt O laufen und daß ferner AB parallel $A'B'$ und AC parallel $A'C'$ ist. Wir

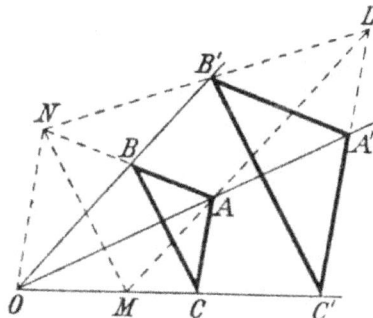

nehmen weiter an, daß weder die Geraden OB' und $A'C'$ noch die Geraden OC' und $A'B'$ einander parallel seien. Wir ziehen nun die Parallele zu OB' durch A, die von der Geraden $A'C'$ in einem Punkte L und von der Geraden OC' in einem Punkte M getroffen wird. Die Gerade LB' sei ferner weder zu OA noch zu OC parallel. Die Geraden AB und LB' sind gewiß nicht parallel, d. h. sie treffen sich in einem Punkte N, den wir mit M und mit O verbinden.

---

1) Satz 61 wurde von G. Hessenberg („Beweis des Desarguesschen Satzes aus dem Pascalschen", Math. Ann. Bd. 61) auf die im folgenden angedeutete Art bewiesen.

Gemäß der Konstruktion ist auf die Konfiguration $ONALA'B'$ der Pascalsche Satz anwendbar und läßt erkennen, daß ON parallel $A'L$ und somit auch parallel CA ist. Nunmehr ist die Anwendung des Pascalschen Satzes auch auf die Konfigurationen $ONMACB$ und $ONMLC'B'$ möglich und ergibt, daß MN sowohl parallel CB als auch parallel $C'B'$ ist. Also sind in der Tat die Seiten CB und $C'B'$ einander parallel.

Die beim Beweise gemachten Nebenvoraussetzungen lassen sich nun der Reihe nach beseitigen. Der Beweis dieser Zurückführungen sei hier übergangen.

Es sei nunmehr eine ebene Geometrie vorgelegt, in der außer den Axiomen I 1—3, II, IV* der Pascalsche Satz gilt. Satz 61 lehrt uns, daß in dieser Geometrie auch der Desarguessche Satz gültig ist. Wir können daher in derselben eine Streckenrechnung gemäß § 24 einführen, und in dieser Streckenrechnung gilt nach § 34 mit dem Pascalschen Satze auch das kommutative Gesetz der Multiplikation, d. h. es gelten in ihr alle Rechnungsgesetze 1—12 des § 13.

Bezeichnen wir eine Figur, die dem Inhalt des Pascalschen bzw. des Desarguesschen Satzes entspricht, als Pascalsche bzw. Desarguessche Konfiguration, so läßt sich das Ergebnis der §§ 24—26 und 34 wie folgt zusammenfassen: Jede Anwendung von Rechnungsgesetzen (Satz 1—12 in § 13) in unserer Streckenrechnung stellt sich heraus als eine Kombination von endlich vielen Pascalschen und Desarguesschen Konfigurationen, und da die Desarguessche Konfiguration gemäß dem Beweise von Satz 61 durch Konstruktion geeigneter Hilfspunkte und Hilfsgeraden als eine Kombination von Pascalschen Konfigurationen dargestellt werden kann, so stellt sich jede Anwendung der genannten Rechnungsgesetze in unserer Streckenrechnung als eine Kombination von endlich vielen Pascalschen Konfigurationen heraus.

Nach § 27 und auf Grund des kommutativen Gesetzes der Multiplikation ist in dieser Streckenrechnung ein Punkt durch ein Paar reeller Zahlen (x, y) und eine Gerade durch ein Verhältnis dreier reeller Zahlen $(u : v : w)$, von denen die beiden ersten nicht gleichzeitig verschwinden, dargestellt. Die vereinigte Lage von Punkt und Gerade ist durch die Gleichung

$$u x + v y + w = 0$$

und die Parallelität zweier Geraden $(u : v : w)$ und $(u' : v' : w')$ durch die Proportion

$$u : v = u' : v' \qquad \text{gekennzeichnet.}$$

In der so gegebenen Geometrie sei nun ein reiner Schnittpunktsatz vorgelegt. Unter einem reinen Schnittpunktsatz verstehen wir hier einen Satz, der eine Aussage über die vereinigte Lage von Punkten und Geraden und über die Parallelität von Geraden enthält, ohne weitere Beziehungen, wie etwa Kongruenz oder Senkrechtstehen, zu benutzen. Jeder solche reine Schnittpunktsatz einer ebenen Geometrie läßt sich auf die folgende Form bringen:

Man wähle zunächst ein System von endlich vielen Punkten und Geraden willkürlich, sodann ziehe man in vorgeschriebener Weise zu gewissen dieser Geraden beliebige Parallelen, wähle auf gewissen der Geraden beliebige Punkte und lege durch gewisse der Punkte beliebige Geraden; wenn man dann in vorgeschriebener Weise Verbindungsgerade, Schnittpunkte sowie Parallelen durch bereits vorhandene Punkte konstruiert, so gelangt man schließlich zu einem bestimmten System von endlich vielen Geraden, von denen der Satz aussagt, daß sie durch den nämlichen Punkt hindurchlaufen bzw. parallel sind.

Die Koordinaten der zunächst ganz willkürlich gewählten Punkte und Geraden betrachten wir als Parameter $p_1, \ldots, p_n$; von den sodann mit beschränkter Willkür gewählten Punkten und Geraden werden einige Koordinaten als weitere Parameter $p_{n+1}, \ldots, p_r$ betrachtet werden können, die übrigen werden durch die Parameter $p_1, \ldots, p_r$ festgelegt sein. Die Koordinaten aller Verbindungsgeraden, Schnittpunkte und Parallelen, die nun weiter konstruiert werden, werden dann rational von diesen Parametern abhängige Ausdrücke $A (p_1, \ldots, p_r)$ sein, und die Aussage des vorgelegten Schnittpunktsatzes wird dargestellt durch die Behauptung, daß gewisse solche Ausdrücke für übereinstimmende Parameterwerte übereinstimmende Werte ergeben; d. h. der Schnittpunktsatz wird aussagen, daß bestimmte, von gewissen Parametern $p_1, \ldots, p_r$ rational abhängige Ausdrücke $R(p_1, \ldots, p_r)$ stets verschwinden, sobald wir für diese Parameter irgendwelche Elemente der in der vorgelegten Geometrie eingeführten Streckenrechnung einsetzen. Da der Bereich dieser Elemente unendlich ist, so schließen wir nach einem bekannten Satze der Algebra, daß die Ausdrücke $R(p_1, \ldots, p_r)$ identisch auf Grund der Rechnungsgesetze 1—12 in § 13 verschwinden müssen. Um aber in unserer Streckenrechnung das identische Verschwinden der Ausdrücke $R(p_1, \ldots, p_r)$ nachzuweisen, genügt nach dem, was wir oben für die Anwendung der Rechnungsgesetze bewiesen, die Anwendung des Pascalschen Satzes, und wir erkennen:

Satz 62. *Jeder reine Schnittpunktsatz, der in einer ebenen Geometrie gilt, in der die Axiome* I 1—3, II, IV* *und der Pascalsche Satz gültig sind, stellt sich durch Konstruktion geeigneter Hilfspunkte und Hilfsgeraden als eine Kombination endlich vieler Pascalscher Konfigurationen heraus.*

Zum Nachweise der Richtigkeit des Schnittpunktsatzes brauchen wir also bei Benutzung des Pascalschen Satzes nicht weiter auf die Kongruenz- und Stetigkeitsaxiome zurückzugreifen.

Siebentes Kapitel.

Die geometrischen Konstruktionen auf Grund der Axiome I—IV.

§ 36. Die geometrischen Konstruktionen mittels Lineals und Eichmaßes.

Es sei eine räumliche Geometrie vorgelegt, in der die sämtlichen Axiome I—IV gelten; wir fassen der Einfachheit wegen in diesem Kapitel nur eine e b e n e Geometrie ins Auge, die in dieser räumlichen Geometrie enthalten ist, und untersuchen dann die Frage, welche elementaren Konstruktionsaufgaben (geeignete praktische Hilfsmittel vorausgesetzt) in einer solchen Geometrie notwendig ausführbar sind.

Auf Grund der Axiome I, II, IV ist die folgende Aufgabe stets lösbar:

A u f g a b e 1. Zwei Punkte durch eine Gerade zu verbinden und den Schnittpunkt zweier Geraden zu finden, falls die Geraden nicht parallel sind.

Auf Grund der Kongruenzaxiome III ist das Abtragen von Strecken und Winkeln möglich, d. h. es lassen sich in der vorgelegten Geometrie folgende Aufgaben lösen:

A u f g a b e 2. Eine gegebene Strecke auf einer gegebenen Geraden von einem Punkte aus nach einer gegebenen Seite abzutragen.

A u f g a b e 3. Einen gegebenen Winkel an eine gegebene Gerade in einem gegebenen Punkte nach einer gegebenen Seite anzutragen oder eine Gerade zu konstruieren, die eine gegebene Gerade in einem gegebenen Punkte unter einem gegebenen Winkel schneidet.

Wir erkennen, daß unter Zugrundelegung der Axiome I—IV nur diejenigen Konstruktionsaufgaben lösbar sind, die sich auf die ebengenannten Aufgaben 1—3 zurückführen lassen.

Wir fügen den fundamentalen Aufgaben 1—3 noch die folgenden beiden hinzu:

Aufgabe 4. Durch einen gegebenen Punkt zu einer Geraden eine Parallele zu ziehen.

Aufgabe 5. Zu einer gegebenen Geraden eine Senkrechte zu ziehen.

Wir erkennen unmittelbar, daß diese beiden Aufgaben auf verschiedene Arten durch die Aufgaben 1—3 gelöst werden können.

Zur Ausführung der Aufgabe 1 bedürfen wir des Lineals. Um die Aufgaben 2—5 auszuführen, genügt es, wie im folgenden gezeigt wird, neben dem Lineal das Eichmaß anzuwenden, ein Instrument, welches das Abtragen einer einzigen[1]) bestimmten Strecke, etwa der Einheitsstrecke, ermöglicht. Wir gelangen damit zu folgendem Resultat:

Satz 63. *Diejenigen geometrischen Konstruktionsaufgaben, die unter Zugrundelegung der Axiome I—IV lösbar sind, lassen sich notwendig mittels Lineals und Eichmaßes ausführen.*

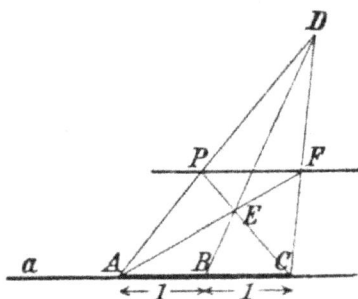

Beweis. Um die Aufgabe 4 auszuführen, verbinden wir den gegebenen Punkt P mit irgendeinem Punkte A der gegebenen Geraden a und tragen von A aus auf a zweimal hintereinander mittels des Eichmaßes die Einheitsstrecke ab, etwa bis B und C. Es sei nun D irgendein Punkt auf AP, der von A und P verschieden ist und für den nicht BD zu PC parallel ist. Dann treffen sich CP und BD in einem Punkte E und AE und CD in einem Punkte F. PF ist nach Steiner die gesuchte Parallele zu a.

---

1) Daß hier die Forderung des Abtragens für eine einzige Strecke genügt, ist von J. Kürschák bemerkt worden; vgl. dessen Note „Das Streckenabtragen", Math. Ann. Bd. 55, 1902.

Die Aufgabe 5 lösen wir auf folgende Weise: Es sei A ein beliebiger Punkt der gegebenen Geraden; dann tragen wir von A aus auf dieser Geraden nach beiden Seiten hin mittels des Eichmaßes die Einheitsstrecken AB und AC ab und bestimmen dann auf zwei beliebigen anderen durch A gehenden Geraden die Punkte E und D so, daß auch die Strecken AD und AE gleich der Einheitsstrecke werden. Die Geraden BD und CE schneiden sich in einem Punkte F, die Geraden BE und CD in einem Punkte H, und FH ist die gesuchte Senkrechte. In der Tat: die Winkel $\sphericalangle BDC$ und $\sphericalangle BEC$ sind als Winkel im Halbkreise über BC Rechte, und daher steht nach dem Satze vom Höhenschnittpunkt eines Dreiecks, den wir auf das Dreieck BCF anwenden, auch FH auf BC senkrecht.

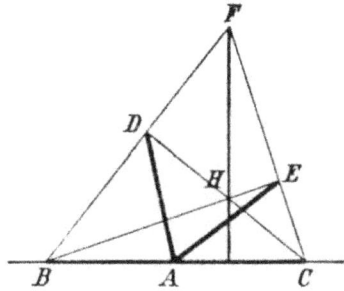

Auf Grund der Aufgaben 4 und 5 ist es stets möglich, auf eine gegebene Gerade a von einem nicht auf ihr gelegenen Punkte D ein Lot zu fällen oder auf ihr in einem auf ihr liegenden Punkte A das Lot zu errichten.

Wir können nunmehr leicht auch die Aufgabe 3 allein mittels Lineals und Eichmaßes lösen; wir schlagen etwa folgendes Verfahren ein, welches nur das Ziehen von Parallelen und das Fällen von Loten erfordert: Es sei β der anzutragende Winkel und A der Scheitel dieses Winkels. Wir ziehen die Gerade l durch A parallel zu der gegebenen Geraden, an welche der gegebene Winkel β angetragen werden soll. Von einem beliebigen Punkte B eines Schenkels von β fällen wir Lote auf den anderen Schenkel des Winkels β und auf l. Die Fußpunkte dieser Lote seien D und C. C und D sind voneinander verschieden, und A liegt nicht auf CD. Wir können mithin von A eine Senkrechte auf CD fällen; ihr Fußpunkt sei E. Nach dem auf S. 55 ausgeführten Beweise ist $\sphericalangle CAE = \beta$.

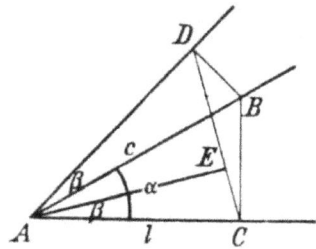

Wenn wir B auf dem andern Schenkel des gegebenen Winkels wählen, fällt E auf die andere Seite von l. Zu AE ziehen wir durch den auf der gegebenen Geraden gegebenen Punkt die Parallele; die Aufgabe 3 ist somit gelöst.

Um endlich die Aufgabe 2 auszuführen, benutzen wir die folgende einfache, von J. Kürschák angegebene Konstruktion: es sei AB die abzutragende Strecke und P der gegebene Punkt auf der gegebenen Geraden l. Man ziehe durch P die Parallele zu AB und trage auf derselben mittels des Eichmaßes von P aus nach derjenigen Seite von AP, auf der B liegt, die Einheitsstrecke ab, etwa bis C; ferner trage man auf l von P aus nach der gegebenen Seite die Einheitsstrecke bis D ab. Die zu AP durch B gezogene Parallele treffe PC in Q und die durch Q zu CD gezogene Parallele treffe l in E: dann ist $PE = AB$. Falls l mit PQ zusammenfällt und Q nicht auf der gegebenen Seite liegt, ist die Konstruktion in einfacher Weise zu erweitern.

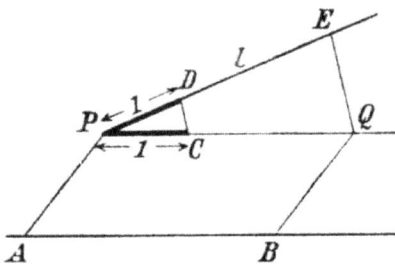

Damit ist gezeigt, daß die Aufgaben 1—5 sämtlich durch Lineal und Eichmaß lösbar sind, und folglich der Satz 63 vollständig bewiesen.

§ 37. Kriterium für die Ausführbarkeit geometrischer Konstruktionen mittels Lineals und Eichmaßes.

Außer den in § 36 behandelten elementargeometrischen Aufgaben gibt es noch eine große Reihe weiterer Aufgaben, zu deren Lösung man lediglich das Ziehen von Geraden und das Abtragen von Strecken nötig hat. Um den Bereich aller auf diese Weise lösbaren Aufgaben überblicken zu können, legen wir bei der weiteren Betrachtung ein rechtwinkliges Koordinatensystem zugrunde und denken uns die Koordinaten der Punkte in der üblichen Weise als reelle Zahlen oder Funktionen von gewissen willkürlichen Parametern. Um die Frage nach der Gesamtheit aller konstruierbaren Punkte zu beantworten, stellen wir folgende Überlegung an:

Es sei ein System von bestimmten Punkten gegeben; wir setzen aus den Koordinaten dieser Punkte einen Rationalitätsbereich R zusammen; derselbe enthält gewisse reelle Zahlen und gewisse willkürliche Parameter p. Nunmehr denken wir uns die Gesamtheit aller derjenigen Punkte, die durch Ziehen von Geraden und Abtragen von Strecken aus dem vorgelegten System von Punkten konstruierbar sind. Der Bereich, der von den Koordinaten dieser Punkte gebildet wird, heiße $\Omega(R)$; derselbe enthält gewisse reelle Zahlen und Funktionen der willkürlichen Parameter p.

Unsere Betrachtungen in § 17 zeigen, daß das Ziehen von Geraden und Parallelen analytisch auf die Anwendung der Addition, Multiplikation, Subtraktion, Division von Strecken hinausläuft; ferner lehrt die bekannte, in § 9 aufgestellte Formel für die Drehung, daß das Abtragen von Strecken auf einer beliebigen Geraden keine andere analytische Operation erfordert, als die Quadratwurzel zu ziehen aus einer Summe von zwei Quadraten, deren Basen man bereits konstruiert hat. Umgekehrt kann man auf Grund des Pythagoreischen Lehrsatzes mit Hilfe eines rechtwinkligen Dreiecks die Quadratwurzel aus der Summe zweier Streckenquadrate durch Abtragen von Strecken stets konstruieren.

Aus diesen Betrachtungen geht hervor, daß der Bereich $\Omega(R)$ alle diejenigen und nur solche reellen Zahlen und Funktionen der Parameter p enthält, die aus den Zahlen und Parametern in R vermöge einer endlichen Anzahl von Anwendungen von fünf Rechnungsoperationen hervorgehen, nämlich der vier elementaren Rechnungsoperationen und einer fünften Operation, als die man das Ziehen der Quadratwurzel aus einer Summe zweier Quadrate betrachtet. Wir sprechen dieses Resultat wie folgt aus:

Satz 64. Eine geometrische Konstruktionsaufgabe ist dann und nur dann durch Ziehen von Geraden und Abtragen von Strecken, d. h. mittels Lineals und Eichmaßes lösbar, wenn bei der analytischen Behandlung der Aufgabe die Koordinaten der gesuchten Punkte solche Funktionen der Koordinaten der gegebenen Punkte sind, deren Herstellung nur rationale Operationen und die Operation des Ziehens der Quadratwurzel aus der Summe zweier Quadrate — und zwar nur eine endliche Anzahl von Anwendungen dieser fünf Operationen — erfordert.

Wir können aus diesem Satze sofort erkennen, daß nicht jede mittels Zirkels lösbare Aufgabe auch allein mittels Lineals und Eichmaßes gelöst werden kann. Zu dem Zwecke legen wir diejenige Geometrie zugrunde, die in § 9 mit Hilfe des algebraischen Zahlenbereiches Ω aufgebaut worden ist; in dieser Geometrie gibt es lediglich solche Strecken, die mittels Lineals und Eichmaßes konstruierbar sind, nämlich die durch Zahlen des Bereiches Ω bestimmten Strecken.

Ist nun ω irgendeine Zahl in Ω, so erkennen wir aus der Definition des Bereiches Ω leicht, daß auch jede zu ω konjugierte algebraische Zahl in Ω liegen muß, und da die Zahlen des Bereiches Ω offenbar sämtlich reell sind, so folgt hieraus, daß der Bereich Ω nur solche reelle algebraische Zahlen enthalten kann, deren Konjugierte ebenfalls reell sind, d. h. die Zahlen des Bereiches Ω sind total reell.

Wir stellen jetzt die Aufgabe, ein rechtwinkliges Dreieck mit der Hypotenuse 1 und einer Kathete $|\sqrt{2}|-1$ zu konstruieren. Nun kommt die algebraische Zahl $\sqrt{2|\sqrt{2}|-2}$, die den Zahlenwert der anderen Kathete ausdrückt, im Zahlenbereich Ω nicht vor, da die zu ihr konjugierte Zahl $\sqrt{-2|\sqrt{2}|-2}$ imaginär ausfällt. Die gestellte Aufgabe ist mithin in der zugrunde gelegten Geometrie nicht lösbar und kann daher überhaupt nicht mittels Lineals und Eichmaßes lösbar sein, obwohl die Konstruktion mittels des Zirkels sofort ausführbar ist.

Unsere Betrachtung läßt sich auch umkehren, d. h. es gilt der Satz:

Jede total reelle Zahl liegt im Bereich Ω. Hiernach ist jede durch eine total reelle Zahl bestimmte Strecke mittels Lineals und Eichmaßes konstruierbar. Den Beweis dieses Satzes gewin-

nen wir aus einer allgemeineren Betrachtung. Es gelingt nämlich, ein Kriterium aufzufinden, welches für eine geometrische
Konstruktionsaufgabe, die mittels Lineals und Zirkels lösbar ist,
unmittelbar aus der analytischen Natur der Aufgabe und ihrer
Lösungen beurteilen läßt, ob die Konstruktion auch allein mittels
Lineals und Eichmaßes ausführbar ist. Dieses wird durch den
folgenden Satz geliefert:

Satz 65. *Es sei eine geometrische Konstruktionsaufgabe vor-*
gelegt von der Art, daß man bei analytischer Behandlung derselben
die Koordinaten der gesuchten Punkte aus den Koordinaten der
gegebenen Punkte lediglich durch rationale Operationen und durch
Ziehen von Quadratwurzeln finden kann; es sei n die kleinste An-
zahl der Quadratwurzeln, die hierbei zur Berechnung der Koordi-
naten der Punkte ausreichen; soll dann die vorgelegte Konstruktions-
aufgabe sich auch allein durch Ziehen von Geraden und Abtragen
von Strecken ausführen lassen, so ist dafür notwendig und hin-
reichend, daß die geometrische Aufgabe bei Einbeziehung des Un-
endlichfernen genau 2^n reelle Lösungen besitzt[1]), und zwar für alle
Lagen der gegebenen Punkte, d. h. für alle Werte der in den Ko-
ordinaten der gegebenen Punkte auftretenden willkürlichen Parameter.

Auf Grund der zu Anfang dieses Paragraphen angestellten
Betrachtungen leuchtet die Notwendigkeit des aufgestellten Kri-
teriums unmittelbar ein. Die Behauptung, daß das Kriterium
auch hinreicht, läuft auf den folgenden Satz hinaus:

Satz 66. *Es sei eine Funktion $f(p_1, \ldots, p_n)$ der Parameter*
$p_1, \ldots, p_n$ *durch rationale Operationen und Quadratwurzelziehen*
gebildet. Wenn diese für jedes reelle Wertsystem der Parameter
eine total reelle Zahl darstellt, so gehört sie dem Bereiche $\Omega(R)$
an, den man von $1, p_1, \ldots, p_n$ ausgehend durch die elementaren
Rechenoperationen und das Quadratwurzelziehen aus einer Summe
zweier Quadrate erhält.

Wir schicken die Bemerkung voraus, daß sich in der Definition
des Bereiches $\Omega(R)$ die Beschränkung auf eine zweigliedrige
Quadratsumme beseitigen läßt. In der Tat zeigen die Formeln

---

1) Hierzu s. Suppl. IV 2.

$$\sqrt{a^2 + b^2 + c^2} = \sqrt{(\sqrt{a^2 + b^2})^2 + c^2},$$

$$\sqrt{a^2 + b^2 + c^2 + d^2} = \sqrt{(\sqrt{a^2 + b^2 + c^2})^2 + d^2},$$

. . . . ,

daß allgemein das Ziehen der Quadratwurzel aus einer Summe von beliebig vielen Quadraten sich stets zurückführen läßt auf wiederholtes Ziehen der Quadratwurzel aus der Summe zweier Quadrate.

Demgemäß genügt es, bei Betrachtung der Rationalitätsbereiche, die durch schrittweise Adjunktion der beim Aufbau der Funktion $f(p_1, \ldots, p_n)$ jeweils zu innerst stehenden Quadratwurzeln nacheinander entstehen, zu beweisen, daß der Radikand jeder dieser Quadratwurzeln sich in dem vorhergehenden Rationalitätsbereich als eine Quadratsumme darstellt. Für diesen Nachweis stützen wir uns auf den folgenden algebraischen Satz:

Satz 67. *Jede rationale Funktion $\varrho(p_1, \ldots, p_n)$ mit rationalen Koeffizienten, welche für reelle Werte der Parameter niemals negative Werte annimmt, läßt sich als Summe von Quadraten rationaler Funktionen der Variabeln $p_1, \ldots, p_n$ mit rationalen Koeffizienten darstellen.*[1])

Diesem Satze geben wir die folgende Fassung:

Satz 68. *In dem durch $1, p_1, \ldots, p_n$ bestimmten Rationalitätsbereich ist jede niemals, d. h. für kein reelles Wertsystem der Variabeln, negative Funktion eine Quadratsumme.*

Es sei nun eine Funktion $f(p_1, \ldots, p_n)$ mit den im Satze 66 genannten Eigenschaften vorgelegt. Wir dehnen dann die letzte Behauptung auf diejenigen Bereiche aus, die man durch schrittweise Adjunktion derjenigen Quadratwurzeln erhält, welche man zum Aufbau der Funktion f benötigt. Für diese Bereiche gilt, daß jede samt ihren Konjugierten niemals negative Funk-

---

1) Für e i n e Variable ist das Problem zuerst von mir behandelt worden, worauf E. L a n d a u den Beweis des Satzes für eine Variable vollständig und mit Benutzung sehr einfacher und elementarer Hilfsmittel erbracht hat, Math. Ann. Bd. 57, 1903. Der vollständige Beweis gelang kürzlich A r t i n, Hamburger Abhandlungen Bd. 5, 1927.

tion sich als eine Quadratsumme aus Funktionen des betreffenden Bereiches darstellen läßt.

Den Beweis führen wir durch eine vollständige Induktion. Wir betrachten zunächst einen Bereich, der aus R durch Adjunktion einer in der Funktion zu innerst stehenden Quadratwurzel entsteht. Der Radikand dieser Quadratwurzel ist eine rationale Funktion $f_1(p_1, \ldots, p_n)$. $f_2(p_1, \ldots, p_n)$ sei eine Funktion aus dem durch die Adjunktion entstandenen Bereiche $(R, \sqrt{f_1})$, die samt ihrer Konjugierten niemals negative Werte annimmt und auch nicht identisch verschwindet; diese hat die Form $a + b\sqrt{f_1}$, wo a und b so wie f_1 rationale Funktionen sind. Aus den über f_2 gemachten Voraussetzungen folgt, daß die Summe φ und das Produkt ψ der Funktionen $a + b\sqrt{f_1}$, $a - b\sqrt{f_1}$ niemals negative Werte annehmen. Die Funktionen

$$\varphi = 2a, \quad \psi = a^2 - b^2 f_1$$

sind überdies rational, stellen sich also nach Satz 68 als Quadratsummen von Funktionen aus R dar. φ kann außerdem nicht identisch verschwinden.

Aus der für f_2 geltenden Gleichung

$$f_2^2 - \varphi f_2 + \psi = 0$$

erhalten wir $\quad f_2 = \dfrac{f_2^2 + \psi}{\varphi} = \left(\dfrac{f_2}{\varphi}\right)^2 \cdot \varphi + \dfrac{\varphi\psi}{\varphi^2}.$

Nach dem über φ und ψ Gesagten stellt sich also f_2 als eine Quadratsumme von Funktionen des Bereiches $(R, \sqrt{f_1})$ dar. Das hiermit für den Bereich $(R, \sqrt{f_1})$ erhaltene Ergebnis entspricht dem für den Bereich R geltenden Satz 68. Indem wir das soeben angewandte Verfahren für die weiteren Adjunktionen wiederholen, gelangen wir schließlich zu dem Resultat, daß in jedem der Bereiche, zu denen wir beim Aufbau der Funktion f gelangen, jede samt ihren Konjugierten niemals negative Funktion eine Quadratsumme von Funktionen des betreffenden Bereiches ist. Wir betrachten nun irgendeine in f vorkommende Quadratwurzel. Diese ist jedenfalls samt ihren Konjugierten reell, und ihr Radikand ist daher in dem Bereiche, in dem er sich darstellt, eine samt ihren Konjugierten niemals negative Funktion und stellt sich somit in diesem Bereiche als eine Quadratsumme dar. Somit ist Satz 66 bewiesen; das in Satz 65 angegebene Kriterium ist also auch hinreichend.

Als Beispiel für die Anwendung des Satzes 65 mögen die regulären mittels Zirkels konstruierbaren Polygone dienen; in diesem Falle kommt ein willkürlicher Parameter p nicht vor; die zu konstruierenden Ausdrücke stellen vielmehr sämtlich algebraische Zahlen dar. Man sieht leicht, daß das Kriterium des Satzes 65 erfüllt ist, und somit ergibt sich, daß man jene regulären Polygone auch allein mittels Ziehens von Geraden und Abtragens von Strecken konstruieren kann — ein Resultat, welches sich auch aus der Theorie der Kreisteilung direkt entnehmen läßt.

Was weitere aus der Elementargeometrie bekannte Konstruktionsaufgaben anbetrifft, so sei hier nur erwähnt, daß das Malfattische Problem, nicht aber die Apollonische Berührungsaufgabe allein mittels Lineals und Eichmaßes gelöst werden kann.[1])

Schlußwort.

Die vorstehende Abhandlung ist eine kritische Untersuchung der Prinzipien der Geometrie; in dieser Untersuchung leitete uns der Grundsatz, eine jede sich darbietende Frage in der Weise zu erörtern, daß wir zugleich prüften, ob ihre Beantwortung auf einem vorgeschriebenen Wege mit gewissen eingeschränkten Hilfsmitteln möglich ist. Dieser Grundsatz scheint mir eine allgemeine und naturgemäße Vorschrift zu enthalten; in der Tat wird, wenn wir bei unseren mathematischen Betrachtungen einem Probleme begegnen oder einen Satz vermuten, unser Erkenntnis-

---

1) Betreffs weiterer geometrischer Konstruktionen mittels Lineals und Eichmaßes vgl. M. Feldblum, „Über elementargeometrische Konstruktionen", Inauguraldissertation, Göttingen 1899.

trieb erst dann befriedigt, wenn uns entweder die völlige Lösung jenes Problems und der strenge Beweis dieses Satzes gelingt oder wenn der Grund für die Unmöglichkeit des Gelingens und damit zugleich die Notwendigkeit des Mißlingens von uns klar erkannt worden ist.

So spielt denn in der neueren Mathematik die Frage nach der Unmöglichkeit gewisser Lösungen oder Aufgaben eine hervorragende Rolle, und das Bestreben, eine Frage solcher Art zu beantworten, war oftmals der Anlaß zur Entdeckung neuer und fruchtbarer Forschungsgebiete. Wir erinnern nur an Abels Beweis für die Unmöglichkeit der Auflösung der Gleichungen fünften Grades durch Wurzelziehen, ferner an die Erkenntnis der Unbeweisbarkeit des Parallelenaxioms und an Hermites und Lindemanns Sätze von der Unmöglichkeit, die Zahlen e und π auf algebraischem Wege zu konstruieren.

Der Grundsatz, demzufolge man überall die Prinzipien der Möglichkeit der Beweise erörtern soll, hängt auch aufs engste mit der Forderung der ,,Reinheit'' der Beweismethoden zusammen, die von mehreren Mathematikern mit Nachdruck erhoben worden ist. Diese Forderung ist im Grunde nichts anderes als eine subjektive Fassung des hier befolgten Grundsatzes. In der Tat sucht die vorstehende geometrische Untersuchung allgemein darüber Aufschluß zu geben, welche Axiome, Voraussetzungen oder Hilfsmittel zum Beweise einer elementargeometrischen Wahrheit nötig sind, und es bleibt dann dem jedesmaligen Ermessen anheimgestellt, welche Beweismethode von dem gerade eingenommenen Standpunkte aus zu bevorzugen ist.

Anhang I.

Über die gerade Linie als kürzeste Verbindung zweier Punkte.[1])

[Abgedruckt aus Math. Ann. Bd. 46.]

(Aus einem an Herrn F. Klein gerichteten Briefe.)

Nehmen wir die Punkte, die Geraden und die Ebenen als Elemente, so können zur Begründung der Geometrie die folgenden Axiome dienen:

1. Die Axiome, welche die Verknüpfung dieser Elemente untereinander betreffen; kurz zusammengefaßt, lauten dieselben wie folgt:

Irgend zwei Punkte A und B bestimmen stets eine Gerade a. — Irgend drei nicht auf einer Geraden gelegene Punkt A, B, C bestimmen eine Ebene α. — Wenn zwei Punkte A, B einer Geraden a in einer Ebene α liegen, so liegt die Gerade a vollständig in der Ebene α. — Wenn zwei Ebenen α, β einen Punkt A gemein haben, so haben sie wenigstens noch einen weiteren Punkt B gemein. — Auf jeder Geraden gibt es wenigstens zwei Punkte, in jeder Ebene wenigstens drei nicht auf einer Geraden gelegene Punkte, und im Raume gibt es wenigstens vier nicht in einer Ebene gelegene Punkte. —

2. Die Axiome, durch welche der Begriff der Strecke und der Begriff der Reihenfolge von Punkten einer

---

1) Betreffs allgemeinerer Formulierung dieses Problems vergleiche meinen auf dem internationalen Mathematiker-Kongreß in Paris 1900 gehaltenen Vortrag: Mathematische Probleme, Göttinger Nachr. 1900, Nr. 4, sowie G. Hamel, Inaugural-Dissertation, Göttingen 1901, und dessen Abhandlung: „Über die Geometrien, in denen die Geraden die Kürzesten sind", Math. Ann. Bd. 57, 1903.

Geraden eingeführt wird. Diese Axiome sind von M. Pasch[1]) zuerst aufgestellt und systematisch untersucht worden; dieselben sind im wesentlichen folgende:

Zwischen zwei Punkten A, B einer Geraden gibt es stets wenigstens einen dritten Punkt C der Geraden. — Unter drei Punkten einer Geraden gibt es stets einen und nur einen, welcher zwischen den beiden anderen liegt. — Wenn A, B auf der Geraden a liegen, so gibt es stets einen Punkt C der nämlichen Geraden a, so daß B zwischen A und C liegt. — Irgend vier Punkte A_1, A_2, A_3, A_4 einer Geraden a können stets in der Weise angeordnet werden, daß allgemein A_i zwischen A_h und A_k liegt, sobald der Index h kleiner und k größer als i ist. — Jede Gerade a, welche in einer Ebene α liegt, trennt die Punkte dieser Ebene α in zwei Gebiete von folgender Beschaffenheit: ein jeder Punkt A des einen Gebietes bestimmt mit jedem Punkt A' des anderen Gebietes zusammen eine Strecke A A', innerhalb welcher ein Punkt der Geraden a liegt; dagegen bestimmen irgend zwei Punkte A und B des nämlichen Gebietes eine Strecke A B, welche keinen Punkt der Geraden a enthält.

3. Das Axiom der Stetigkeit, welchem ich folgende Fassung gebe:

Wenn A_1, A_2, A_3, . . . eine unendliche Reihe von Punkten einer Geraden a sind und B ein weiterer Punkt auf a ist, von der Art, daß allgemein A_i zwischen A_h und B liegt, sobald der Index h kleiner als i ist, so gibt es einen Punkt C, welcher folgende Eigenschaft besitzt: sämtliche Punkte der unendlichen Reihe A_2, A_3, A_4, . . . liegen zwischen A_1 und C, und ist C' ein anderer Punkt, für welchen dies ebenfalls zutrifft, so liegt C zwischen A_1 und C'.

Auf diese Axiome läßt sich in vollkommener Strenge die Theorie der harmonischen Punkte gründen, und wenn wir uns derselben in ähnlicher Weise bedienen, wie dies F. Lindemann[2]) tut, so gelangen wir zu folgendem Satze:

Jedem Punkte kann man drei endliche reelle Zahlen x, y, z

---

1) Vgl. „Vorlesungen über neuere Geometrie", Teubner 1882.
2) Vgl. Clebsch-Lindemann, „Vorlesungen über Geometrie" Bd. II, Teil 1; S. 433f.

und jeder Ebene eine lineare Relation zwischen diesen drei
Zahlen x, y, z zuordnen, derart, daß alle Punkte, für welche die
drei Zahlen x, y, z die lineare Relation erfüllen, in der betreffenden Ebene liegen und daß umgekehrt allen in dieser Ebene gelegenen Punkten Zahlen x, y, z entsprechen, welche der linearen
Relation genügen. Werden ferner x, y, z als die rechtwinkligen
Koordinaten eines Punktes im gewöhnlichen Euklidischen Raume
gedeutet, so entsprechen den Punkten des ursprünglichen Raumes Punkte im Innern eines gewissen nirgends konkaven Körpers
des Euklidischen Raumes, und umgekehrt entsprechen allen
Punkten im Innern des nirgends konkaven Körpers Punkte unseres
ursprünglichen Raumes: *unser ursprünglicher Raum ist mithin auf
das Innere eines nirgends konkaven Körpers des Raumes abgebildet.*

Hierbei ist unter einem nirgends konkaven Körper ein Körper
von der Beschaffenheit verstanden, daß, wenn man zwei im Innern des Körpers gelegene Punkte miteinander durch eine Gerade
verbindet, der zwischen diesen beiden Punkten gelegene Teil der
Geraden ganz in das Innere des Körpers fällt. Ich erlaube mir,
Sie darauf aufmerksam zu machen, daß diesen hier auftretenden,
nirgends konkaven Körpern auch in den zahlentheoretischen
Untersuchungen von H. Minkowski[1]) eine wichtige Rolle zukommt und daß H. Minkowski für dieselben eine einfache
analytische Definition gefunden hat.

Wenn umgekehrt im Euklidischen Raume ein beliebiger nirgends konkaver Körper gegeben ist, so definiert derselbe eine bestimmte Geometrie, in welcher die genannten Axiome sämtlich
gültig sind: jedem Punkt im Innern des nirgends konkaven
Körpers entspricht ein Punkt in jener Geometrie; jeder durch
das Innere des Körpers gehenden Geraden und Ebene des
Euklidischen Raumes entspricht eine Gerade bzw. Ebene der
allgemeinen Geometrie; den auf der Grenze oder außerhalb des
nirgends konkaven Körpers gelegenen Punkten und den ganz
außerhalb des Körpers verlaufenden Geraden und Ebenen des

---

1) Vgl. ,,Geometrie der Zahlen'', Teubner 1896 und 1910.

Euklidischen Raumes entsprechen keine Elemente der allgemeinen Geometrie.

Der obige Satz über die Abbildung der Punkte der allgemeinen Geometrie auf das Innere des nirgends konkaven Körpers im Euklidischen Raume drückt somit eine Eigenschaft der Elemente der allgemeinen Geometrie aus, welche inhaltlich mit den anfangs aufgestellten Axiomen vollkommen gleichbedeutend ist.

Wir definieren nun den Begriff der Länge einer Strecke AB in unserer allgemeinen Geometrie und bezeichnen zu dem Zwecke diejenigen beiden Punkte des Euklidischen Raumes, welche den Punkten A und B des ursprünglichen Raumes entsprechen, ebenfalls mit A und B; wir verlängern dann die Gerade AB im Euklidischen Raume über A und B hinaus, bis dieselbe die Begrenzung des nirgends konkaven Körpers in den Punkten X bzw. Y trifft, und bezeichnen allgemein die Euklidische Entfernung zwischen irgend zwei Punkten P und Q des Euklidischen Raumes kurz mit $\overline{PQ}$; dann heiße der reelle Wert

$$\widehat{AB} = \log \left\{ \frac{\overline{YA}}{\overline{YB}} \cdot \frac{\overline{XB}}{\overline{XA}} \right\}$$

die *Länge* der Strecke AB in unserer allgemeinen Geometrie. Wegen

$$\frac{\overline{YA}}{\overline{YB}} > 1, \quad \frac{\overline{XB}}{\overline{XA}} > 1$$

ist die Länge stets eine positive Größe.

Es lassen sich leicht die Eigenschaften des Begriffes der Länge aufzählen, welche mit Notwendigkeit auf einen Ausdruck der angegebenen Art für $\widehat{AB}$ führen; doch unterlasse ich dies, damit ich durch diesen Brief nicht allzu sehr Ihre Aufmerksamkeit ermüde.

Die aufgestellte Formel für $\widehat{AB}$ lehrt zugleich, in welcher Weise diese Größe von der Gestalt des nirgends konkaven Körpers abhängt. Halten wir nämlich die Punkte A und B im Inneren des Körpers fest und ändern nur die Begrenzung des Körpers derart, daß der Grenzpunkt X sich nach A hin bewegt und Y sich dem Punkte B nähert, so ist klar, daß jeder der beiden Quotienten

$$\frac{\overline{YA}}{\overline{YB}}, \qquad \frac{\overline{XB}}{\overline{XA}}$$

und folglich auch der Wert von $\overparen{A\,B}$ sich vergrößert.

Es sei jetzt im Inneren des nirgends konkaven Körpers ein Dreieck $A\,B\,C$ gegeben. Die Ebene α desselben schneidet aus dem Körper ein nirgends konkaves Oval aus. Wir denken uns ferner jede der drei Seiten $A\,B$, $A\,C$, $B\,C$ des Dreieckes über beide Endpunkte hinaus verlängert, bis sie die Begrenzung des Ovals in den Punkten X und Y, U und V, T und Z schneiden; dann konstruieren wir die geraden Verbindungslinien UZ und TV und verlängern dieselben bis zu ihrem Durchschnitt W; ihre Schnittpunkte mit der Geraden XY bezeichnen wir mit X' bzw. Y'. Wir legen nunmehr statt des ursprünglichen nirgends konkaven Ovals in der Ebene α das Dreieck $U\,W\,T$ zugrunde und erkennen leicht, daß in der durch dieses Dreieck bestimmten ebenen Geometrie die Längen $\overparen{A\,C}$ und $\overparen{B\,C}$ die gleichen sind wie in der ursprünglichen Geometrie, während die Länge der Seite $A\,B$ durch die vorgenommene Änderung vergrößert worden ist. Wir bezeichnen die neue Länge der Seite $A\,B$ zum Unterschiede von der ursprünglichen Länge $\overparen{A\,B}$ mit $\overparen{\overparen{A\,B}}$; dann ist $\overparen{\overparen{A\,B}} > \overparen{A\,B}$.

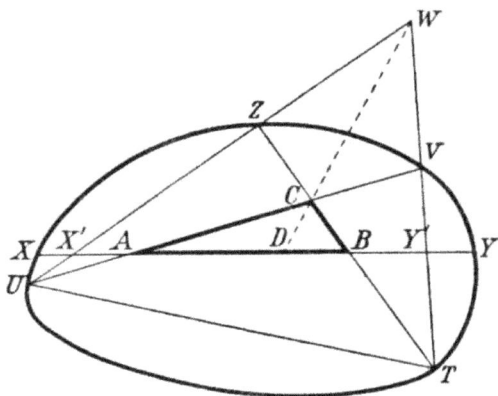

Es gilt nun für die Längen der Seiten des Dreieckes ABC die einfache Beziehung

$$\overset{\frown}{AB} = \overset{\frown}{AC} + \overset{\frown}{BC}.$$

Zum Beweise verbinden wir W mit C und verlängern diese Gerade bis zum Durchschnitt D mit AB. Nach dem bekannten Satze vom Doppelverhältnis ist dann wegen der perspektiven Lage der beiden Punktreihen X', A, D, Y' und U, A, C, V

$$\frac{\overline{Y'A}}{\overline{Y'D}} \frac{\overline{X'D}}{\overline{X'A}} = \frac{\overline{VA}}{\overline{VC}} \frac{\overline{UC}}{\overline{UA}},$$

und wegen der perspektiven Lage der beiden Punktreihen Y', B, D, X' und T, B, C, Z ist

$$\frac{\overline{X'B}}{\overline{X'D}} \frac{\overline{Y'D}}{\overline{Y'B}} = \frac{\overline{ZB}}{\overline{ZC}} \frac{\overline{TC}}{\overline{TB}}.$$

Die Multiplikation beider Gleichungen ergibt

$$\frac{\overline{Y'A}}{\overline{Y'B}} \frac{\overline{X'B}}{\overline{X'A}} = \frac{\overline{VA}}{\overline{VC}} \frac{\overline{UC}}{\overline{UA}} \cdot \frac{\overline{ZB}}{\overline{ZC}} \frac{\overline{TC}}{\overline{TB}},$$

und diese neue Gleichung beweist meine Behauptung.

Aus obiger Untersuchung erkennen Sie, daß lediglich auf Grund der zu Anfang meines Briefes aufgezählten Axiome und der aus den einfachsten Eigenschaften des Längenbegriffes sich mit Notwendigkeit ergebenden Definition der Länge der allgemeine Satz gilt:

In jedem Dreieck ist die Summe zweier Seiten größer oder gleich der dritten Seite.

Zugleich ist klar, daß der Fall der Gleichheit dann und nur dann vorkommt, wenn die Ebene α aus der Begrenzung des nirgends konkaven Körpers zwei ge r a d e Linienstücke UZ und TV ausschneidet. Die letztere Bedingung läßt sich auch ohne Zuhilfenahme des nirgends konkaven Körpers ausdrücken. Sind

nämlich irgend zwei in einer Ebene α gelegene und in irgendeinem
Punkte C sich schneidende Geraden a und b der ursprünglichen Geometrie gegeben, so werden im allgemeinen in jedem
der vier in α um C herum entstehenden ebenen Winkelräume
solche gerade Linien vorhanden sein, welche keine der beiden
Geraden a und b schneiden; sind jedoch insbesondere in zwei
sich gegenüberliegenden ebenen Winkelräumen keine solchen
geraden Linien vorhanden, so ist die fragliche Bedingung erfüllt, und *es gibt dann stets Dreiecke, für welche die Summe zweier
Seiten gleich der dritten ist.* In dem betrachteten Falle ist also
zwischen gewissen Punkten A und B ein aus zwei geradlinigen
Stücken zusammengesetzter Weg möglich, dessen Gesamtlänge
gleich der direkten Entfernung der beiden Punkte A und B ist;
es läßt sich ohne Schwierigkeit zeigen, daß *alle Wege zwischen den
beiden Punkten A und B von derselben Eigenschaft sich aus den
konstruierten Wegen zusammensetzen lassen und daß die übrigen
Verbindungswege von größerer Gesamtlänge sind.* Die nähere Untersuchung dieser Frage nach den kürzesten Wegen ist leicht ausführbar und bietet ein besonderes Interesse in dem Falle, daß für
die Begrenzung des nirgends konkaven Körpers ein Tetraeder zugrunde gelegt wird.

Zum Schluß erlaube ich mir, darauf hinzuweisen, daß ich bei
der vorstehenden Entwickelung stets den nirgends konkaven
Körper als ganz im Endlichen gelegen angenommen habe. Wenn
jedoch in der durch die ursprünglichen Axiome definierten Geometrie eine Gerade und ein Punkt vorhanden ist von der Eigenschaft, daß durch diesen Punkt zu der Geraden nur eine einzige
Parallele möglich ist, so ist jene Annahme nicht gerechtfertigt.
Es wird leicht erkannt, welche Abänderungen meine Betrachtung
dann zu erfahren hat.

Kleinteich bei Ostseebad Rauschen, den 14. Aug. 1894.

Anhang II.

Über den Satz von der Gleichheit der Basiswinkel im gleichschenkligen Dreieck.

Der vorliegende Anhang, der eine Umarbeitung meiner Abhandlung „Über den Satz von der Gleichheit der Basiswinkel im gleichschenkligen Dreieck"[1]) darstellt, betrifft die Stellung dieses Satzes in der ebenen Euklidischen Geometrie.

Wir legen hier die folgenden Axiome zugrunde:

I. Die ebenen Axiome der Verknüpfung, d. h. die Axiome I 1—3 (S. 3);

II. Die Axiome der Anordnung (S. 4—5);

III. Die folgenden Axiome der Kongruenz:

Die Axiome III 1—4 (S. 11—13) in unveränderter Fassung, das Dreieckskongruenzaxiom III 5 jedoch in einer engeren Fassung, indem wir die Aussage desselben zunächst nur für Dreiecke mit gleichem Umlaufsinn als gültig hinstellen. Auf S. 75 wurde der Umlaufsinn eines Dreiecks in einer ebenen Geometrie auf Grund der Unterscheidung von „rechts" und „links" definiert. Die Definition der rechten und linken Seite einer Geraden läßt unmittelbar erkennen, daß von den Schenkeln irgendeines Winkels in eindeutig bestimmter Weise stets der eine als der rechte Schenkel und der andere als der linke zu bezeichnen sein wird, nämlich so, daß der rechte Schenkel auf der rechten Seite derjenigen Geraden liegt, die durch den andern Schenkel nach Lage und Richtung bestimmt ist, während der linke Schenkel links von derjenigen Geraden liegt, die durch den andern Schenkel

---

1) Proceedings of the London Math. Soc., Vol. XXXV.

nach Lage und Richtung bestimmt ist. Die rechten Schenkel zweier Winkel nennen wir *gleichliegend* in bezug auf diese Winkel, ebenso die beiden linken Schenkel.

Die engere Fassung des Dreieckskongruenzaxioms wird nun lauten:

III 5*. *Wenn für zwei Dreiecke* ABC *und* $A'B'C'$ *die Kongruenzen*

$$AB \equiv A'B', \ AC \equiv A'C' \quad und \quad \sphericalangle\, BAC \equiv B'A'C'$$

gelten, so ist stets auch die Kongruenz

$$\sphericalangle\, ABC \equiv \sphericalangle\, A'B'C'$$

erfüllt, vorausgesetzt, daß AB *und* $A'B'$ *gleichliegende Schenkel der Winkel* $\sphericalangle\, BAC$ *bzw.* $\sphericalangle\, B'A'C'$ *sind.*

Aus der weiteren Fassung III 5 dieses Axioms und dem zweiten Teile des Axioms III 4 folgt unmittelbar der „Basiswinkelsatz" Satz 11 (s. S. 15). Umgekehrt läßt sich die weitere Fassung III 5 beweisen mit Hilfe der hier angeführten Axiome I, II, III 1—4, III 5*, des Basiswinkelsatzes und der folgenden beiden Axiome:

III 6. *Wenn sowohl der Winkel* $\sphericalangle\, (h', k')$ *als der Winkel* $\sphericalangle\, (h'', k'')$ *dem Winkel* $\sphericalangle\, (h, k)$ *kongruent ist, so ist auch der Winkel* $\sphericalangle\, (h', k')$ *dem Winkel* $\sphericalangle\, (h'', k'')$ *kongruent.*

Die Aussage dieses Axioms wurde auf S. 21 als Satz 19 mit Hilfe der weiteren Fassung III 5 des Dreieckskongruenzaxioms bewiesen.

III 7. *Liegen zwei Halbstrahlen* c *und* d, *die vom Scheitel eines Winkels* $\sphericalangle\, (a, b)$ *ausgehen, im Innern dieses Winkels, so ist der Winkel* $\sphericalangle\, (a, b)$ *dem Winkel* $\sphericalangle\, (c, d)$ *nicht kongruent.*

Der Beweis des Axioms III 5 mit Hilfe der genannten Axiome und des Basiswinkelsatzes sei hier übergangen[1]).

IV. Das Parallelenaxiom darf hier in der schwächeren Fassung IV (S. 28) zugrunde gelegt werden.

V. Die folgenden Axiome der Stetigkeit:

Das Archimedische Axiom V 1 (S. 30).

(Das Vollständigkeitsaxiom V 2 wird hier **nicht** benutzt.)

---

1) Die Bemerkung, daß in diesem Beweise anstelle eines früher benutzten weitergehenden Axioms von W. Zabel das hier angeführte Axiom III 7 ausreicht, rührt von P. Bernays her. Vgl. Fußnote S. 265.

V 3 (Axiom der Nachbarschaft). *Ist irgendeine Strecke A B vorgelegt, so gibt es stets ein Dreieck, in dessen Innerem sich keine zu A B kongruente Strecke finden läßt.*

Dieses Axiom ist mit Hilfe der weiteren Fassung III 5 des Dreieckskongruenzaxioms beweisbar. Der Beweis beruht auf dem aus den Sätzen 11 und 23 folgenden Satze: Die Summe zweier Seiten eines Dreiecks ist größer als die dritte Seite.

Nun besteht die folgende Tatsache, deren Beweis hier berügangen sei[1]):

Aus den sämtlichen unter I—V angeführten Axiomen läßt sich der Basiswinkelsatz (Satz 11) und somit auch die weitere Fassung III 5 des Axioms der Dreieckskongruenz beweisen.

Es entsteht die Frage, *ob auch ohne die Axiome der Stetigkeit V 1, 3 die weitere Fassung des Axioms der Dreieckskongruenz aus der engeren Fassung beweisbar ist. Die nachfolgende Untersuchung wird zeigen, daß weder das Archimedische Axiom zu entbehren ist, selbst dann nicht, wenn man noch die Sätze der Proportionenlehre als gültig voraussetzt, noch das Axiom der Nachbarschaft fehlen darf.* Die Geometrien, welche ich zu diesem Zwecke im folgenden konstruiere, verbreiten zugleich, wie ich glaube, über den logischen Zusammenhang des Satzes vom gleichschenkligen Dreieck mit den anderen in Betracht kommenden elementaren Sätzen der ebenen Geometrie, insbesondere mit der Lehre von den Flächeninhalten, neues Licht.

Es sei t ein Parameter und a irgendein Ausdruck mit einer endlichen oder unendlichen Gliederzahl von der Gestalt

$$a = a_0 t^n + a_1 t^{n+1} + a_2 t^{n+2} + \ldots;$$

darin mögen $a_0 (\neq 0)$, a_1, a_2, ... beliebige reelle Zahlen bedeuten,

---

1) Der Beweis ist ausgeführt in der Abhandlung von Arnold Schmidt „Die Herleitung der Spiegelung aus der ebenen Bewegung", Math. Annalen, Bd. 109, 1934; s. da Satz 9 (S. 561—562) und in der Zusammenstellung am Schluß das System 6.

und n sei eine beliebige ganze rationale Zahl $\left(\gtreqless 0\right)$. Die Gesamtheit aller Ausdrücke von dieser Gestalt α, zu der noch die 0 zugefügt sei, sehen wir als ein komplexes Zahlensystem T im Sinne des § 13 an, indem wir folgende Festsetzungen treffen: Man addiere, subtrahiere, multipliziere, dividiere irgendwelche Zahlen des Systems T, als wären sie gewöhnliche absolut konvergente Potenzreihen, die nach steigenden Potenzen der Variabeln t fortschreiten. Die entstehenden Summen, Differenzen, Produkte und Quotienten sind dann wiederum Ausdrücke von der Gestalt α und mithin Zahlen des komplexen Zahlensystems T. Eine Zahl α in T heiße $<$ oder > 0, je nachdem in dem betreffenden Ausdrucke α der erste Koeffizient $a_0 <$ oder > 0 ausfällt. Sind irgend zwei Zahlen α, β des komplexen Systems T vorgelegt, so heiße $\alpha < \beta$ bzw. $\alpha > \beta$, je nachdem $\alpha - \beta < 0$ oder > 0 ausfällt. Es leuchtet ein, daß bei diesen Festsetzungen die Regeln 1—16 in § 13 gültig sind; dagegen gilt für unser System T das Archimedische Axiom, Regel 17 in § 13, nicht, da ja, wie groß auch die positive reelle Zahl A gewählt sei, stets $A t < 1$ bleibt; unser komplexes Zahlensystem T ist ein Nicht-Archimedisches System.

Ist τ ein Ausdruck von der Gestalt

$$\tau = a_0 t^n + a_1 t^{n+1} + a_2 t^{n+2} + \cdots,$$

wo $a_0 (\neq 0)$, a_1, a_2, ... reelle Zahlen bedeuten und der Exponent n der niedrigsten Potenz von t positiv ausfällt, so heiße τ *eine unendlich kleine Zahl des komplexen Systems T*.

Irgendeine Potenzreihe der Form

$$\varphi(\tau) = c_0 + c_1 \tau + c_2 \tau^2 + \cdots,$$

in der c_0, c_1, c_2, ... beliebige reelle Zahlen und τ eine unendlich kleine Zahl des Systems T bedeuten, ist wieder eine Zahl des Systems T; sie läßt sich nämlich nach steigenden Potenzen des Parameters t ordnen, wobei jeder Koeffizient durch eine endliche Rechnung als reelle Zahl erhalten wird.

Sind ferner α und β irgend zwei Zahlen des Systems T, so heiße

$$\alpha + i\beta$$

eine imaginäre Zahl zum komplexen System T, wo i die imaginäre Einheit ist, d. h. es sei $i^2 = -1$, und $\alpha + i\beta = \alpha' + i\beta'$ bedeute $\alpha = \alpha'$, $\beta = \beta'$.

Wenn wir dann die Funktionen $\sin \tau$, $\cos \tau$, e^τ, $e^{i\tau}$ einer unendlich kleinen Zahl τ durch ihre Potenzreihen definieren, so sind die Funktionswerte wiederum Zahlen des Systems T bzw. imaginäre Zahlen zu diesem System. Nun können wir, wenn ϑ eine beliebige reelle Zahl ist, die Funktionen $\sin(\vartheta + \tau)$, $\cos(\vartheta + \tau)$, $e^{i(\vartheta+\tau)}$, $e^{i\vartheta + (1+i)\tau}$ im System T definieren durch die Formeln

$$\sin(\vartheta + \tau) = \sin\vartheta \cos\tau + \cos\vartheta \sin\tau,$$

$$\cos(\vartheta + \tau) = \cos\vartheta \cos\tau - \sin\vartheta \sin\tau,$$

$$e^{i(\vartheta+\tau)} = e^{i\vartheta} e^{i\tau}$$

$$e^{i\vartheta + (1+i)\tau} = e^\tau e^{i(\vartheta+\tau)}.$$

Aus diesen Definitionen ergeben sich die bekannten Beziehungen

$$\cos^2(\vartheta + \tau) + \sin^2(\vartheta + \tau) = 1$$

$$\cos(\vartheta + \tau) \pm i\sin(\vartheta + \tau) = e^{\pm i(\vartheta+\tau)}.$$

Nunmehr konstruieren wir mit Hilfe des komplexen Zahlensystems T eine ebene Geometrie wie folgt:

Wir denken uns ein Paar von Zahlen (x, y) des Systems T als einen Punkt und die Verhältnisse von irgend drei Zahlen $(u:v:w)$ aus T, falls u, v nicht beide 0 sind, als eine Gerade; ferner möge das Bestehen der Gleichung

$$ux + vy + w = 0$$

ausdrücken, daß der Punkt (x, y) auf der Geraden $(u : v : w)$ liegt.

Eine ebene Geometrie, die in der angegebenen Weise auf einem Zahlensystem aufgebaut ist, in dem die Regeln 1—16 in § 13 gelten, erfüllt stets die Axiome I 1—3 und IV, wie schon in § 9 erwähnt wurde.

Man erkennt leicht, daß eine Gerade auch durch einen ihrer Punkte (x_0, y_0) und das Verhältnis zweier Zahlen α, β, die nicht beide verschwinden, gegeben ist. Die Gleichung

$$x + iy = x_0 + iy_0 + (\alpha + i\beta)s; \quad (\alpha + i\beta \neq 0),$$

in der s irgendeine Zahl des Systems T bedeutet, kennzeichnet das Zusammengehören des Punktes (x, y) mit der genannten Geraden. Wir ordnen die Punkte einer Geraden nach der Größe des Parameters s. Ein vom Punkte (x_0, y_0) ausgehender Halbstrahl der angegebenen Geraden ist dann durch die Zusatzbedingung $s > 0$ bzw. $s < 0$ festgelegt. Gehören zu zwei Punkten A und B einer Geraden die Parameterwerte s_a und s_b $(> s_a)$, so ist die Strecke AB durch die Gleichung der Geraden und die Zusatzbedingung $s_a \leqq s \leqq s_b$ dargestellt. Nun sind auch die Axiome II 1—3 erfüllt; um ferner einzusehen, daß auch das Axiom der Anordnung II 4 erfüllt ist, machen wir die folgende Festsetzung: ein Punkt (x_3, y_3), soll auf der einen bzw. auf der anderen Seite der durch die Punkte (x_1, y_1) und (x_2, y_2) bestimmten Geraden liegen, je nachdem das Vorzeichen der Determinante

$$\begin{vmatrix} x_2 - x_1 & y_2 - y_1 \\ x_3 - x_1 & y_3 - y_1 \end{vmatrix}$$

positiv oder negativ ausfällt. Man überzeugt sich, daß die hierdurch gelieferte Definition der Seite in bezug auf eine Gerade nicht von der Wahl der Punkte (x_1, y_1) und (x_2, y_2) auf der Geraden abhängt und mit der auf S. 9 gegebenen Definition der Seite übereinstimmt.

Den Definitionen der Kongruenz legen wir die Transformationen der Gestalt

$$x' + iy' = e^{i\vartheta + (1+i)\tau} (x + iy) + \lambda + i\mu,$$

die kurz in der Form

$$x' + iy' = [\vartheta, \tau; \lambda + i\mu] (x + iy)$$

geschrieben werden mögen, zugrunde, wobei ϑ eine beliebige reelle Zahl, τ eine unendlich kleine Zahl des Systems T und λ, μ

zwei beliebige Zahlen des Systems T bedeuten. Eine Transformation dieser Gestalt bezeichnen wir als *kongruente Abbildung*. Eine kongruente Abbildung mit verschwindenden λ, μ wird als Drehung um den Punkt (o, o) zu bezeichnen sein.

Die Gesamtheit dieser kongruenten Abbildungen bildet eine Gruppe; d. h. sie besitzt die folgenden vier Eigenschaften:

1. Es gibt eine kongruente Abbildung, die alle Punkte festläßt:

$$[o, o; o] (x + iy) = x + iy.$$

2. Werden zwei kongruente Abbildungen nacheinander ausgeführt, so stellt das Ergebnis wieder eine kongruente Abbildung dar:

$$[\vartheta_2, \tau_2; \lambda_2 + i\mu_2]\{[\vartheta_1, \tau_1; \lambda_1 + i\mu_1] (x + iy)\}$$
$$= [\vartheta_2 + \vartheta_1, \tau_2 + \tau_1; \lambda_2 + i\mu_2 + e^{i\vartheta_2 + (1+i)\tau_2} (\lambda_1 + i\mu_1)] (x + iy).$$

Zu jeder kongruenten Abbildung gibt es die inverse:

$$[-\vartheta, -\tau; -(\lambda + i\mu) e^{-i\vartheta - (1+i)\tau}]\{[\vartheta, \tau; \lambda + i\mu] (x + iy)\}$$
$$= x + iy.$$

Diese Eigenschaft ist eine Folge der Eigenschaften 1., 2., 4., 5.

Die Ausübung der kongruenten Abbildung ist assoziativ, d. h. wenn wir drei kongruente Abbildungen mit K_1, K_2, K_3 und die aus K_1, K_2 nach 2. entstehende kongruente Abbildung mit $K_2 K_1$ bezeichnen, so gilt stets

$$K_3(K_2 K_1) = (K_3 K_2) K_1.$$

Außer diesen Eigenschaften seien die folgenden Eigenschaften der kongruenten Abbildung hervorgehoben:

3. Ein Punkt wird stets wieder in einen Punkt unserer Geometrie übergeführt.

Das Zahlenpaar x', y', das sich bei einer kongruenten Abbildung aus einem Zahlenpaar x, y aus T ergibt, gehört nämlich stets wieder zum System T.

4. Eine Gerade wird anordnungstreu wieder in eine Gerade übergeführt.

Man errechnet nämlich leicht die Beziehung

$$[\vartheta, \tau; \lambda + i\mu]\{x_0 + iy_0 + (\alpha + i\beta)s\} = x_0' + iy_0' + (\alpha' + i\beta')s,$$

in welcher, weil die Exponentialfunktion nicht verschwindet, aus $\alpha + i\beta \neq 0$ stets $\alpha' + i\beta' \neq 0$ folgt.

Als unmittelbare Folge ergibt sich: Zwei verschiedene Punkte werden stets wieder in zwei verschiedene Punkte übergeführt.

5. Es gibt genau eine kongruente Abbildung, die einen gegebenen Halbstrahl h in einen gegebenen Halbstrahl h' überführt.

Es sei h durch die Gleichung

$$x + iy = x_0 + iy_0 + (\alpha + i\beta)s, \quad \alpha + i\beta \neq 0, s > 0$$

und h' durch die Gleichung

$$x' + iy' = x_0' + iy_0' + (\alpha' + i\beta')s', \quad \alpha' + i\beta' \neq 0, \quad s' > 0$$

gegeben. Eine kongruente Abbildung $[\vartheta, \tau; \lambda + i\mu]$, die h in h' überführt, muß zunächst den Punkt, von dem h ausgeht, in den Punkt, von dem h' ausgeht, überführen:

$$(1) \qquad x_0' + iy_0' = e^{i\vartheta + (1+i)\tau}(x_0 + iy_0) + \lambda + i\mu.$$

Weiterhin muß es zu jedem positiven Werte von s einen positiven Wert von s' geben, so daß

$$x_0' + iy_0' + (\alpha' + i\beta')s' = [\vartheta, \tau; \lambda + i\mu]\{x_0 + iy_0 + (\alpha + i\beta)s\}$$

und somit

$$(2) \qquad (\alpha' + i\beta')s' = e^{i\vartheta + (1+i)\tau}(\alpha + i\beta)s \quad \text{gilt.}$$

Umgekehrt führt jede kongruente Abbildung, die die Gleichungen (1) und (2) erfüllt, h in h' über.

Wir dividieren die letzte Gleichung durch die konjugiert imaginäre Gleichung

$$(3) \qquad \frac{\alpha' + i\beta'}{\alpha' - i\beta'} = e^{2i(\vartheta + \tau)}\frac{\alpha + i\beta}{\alpha - i\beta}.$$

Setzen wir $\qquad \dfrac{a' + i\beta'}{a' - i\beta'} \cdot \dfrac{a - i\beta}{a + i\beta} = \xi + i\eta \,,$

so ergibt sich $\quad (\xi + i\eta)\,(\xi - i\eta) = \xi^2 + \eta^2 = 1.$

ξ und η sind als Zahlen aus T Potenzreihen mit dem Parameter t; wir entnehmen aus der letzten Gleichung durch Koeffizientenvergleichung, daß in ihnen keine negativen Potenzen des Parameters t auftreten können, daß sie vielmehr in der Form

$$\xi = a + \xi', \quad \eta = b + \eta'$$

darstellbar sind, in der a, b gewöhnliche reelle Zahlen und ξ', η' unendlich kleine Zahlen aus T bedeuten, und daß die Beziehungen

$$a^2 + b^2 = 1,$$

(4)

$$2\,(a\xi' + b\eta') + \xi'^2 + \eta'^2 = 0 \quad \text{gelten.}$$

Die Gleichung (3) $\quad e^{\,2i\,(\vartheta + \tau)} = \xi + i\eta$

kann nun gemäß unseren Definitionen der trigonometrischen Funktionen auf die Form gebracht werden:

$$\cos 2\,(\vartheta + \tau) = \cos 2\vartheta \cos 2\tau - \sin 2\vartheta \sin 2\tau = \xi$$
$$= a + \xi',$$

(5)

$$\sin 2\,(\vartheta + \tau) = \sin 2\vartheta \cos 2\tau + \cos 2\vartheta \sin 2\tau = \eta$$
$$= b + \eta'.$$

Diese Gleichungen führen durch Koeffizientenvergleichung auf die Gleichungen $\quad \cos 2\vartheta = a, \quad \sin 2\vartheta = b,$

aus denen auf Grund der Gültigkeit der Gleichung $a^2 + b^2 = 1$ die reelle Zahl ϑ bis auf ganze Vielfache von π eindeutig bestimmt werden kann. Die Einsetzung der Werte $\cos 2\vartheta = a$, $\sin 2\vartheta = b$ in die Gleichungen (5) läßt die Beziehungen

$$\cos 2\tau = 1 + a\xi' + b\eta', \quad \sin 2\tau = a\eta' - b\xi'$$

errechnen; und da auf Grund der Gleichungen (4) die Quadratsumme der rechten Seiten 1 ist, ist die unendlich kleine Zahl τ
somit eindeutig bestimmt. Sie läßt sich durch Koeffizientenvergleichung aus einer der beiden letzten Gleichungen berechnen.

Da ϑ nur bis auf ganze Vielfache von π bestimmt wurde, ist
der Faktor $e^{i\vartheta + (1+i)\tau}$ nur bis aufs Vorzeichen bestimmt. Nur
eines der beiden Vorzeichen liefert, wie man leicht erkennt, in
der Gleichung (2) zu positivem s ein positives s'. Somit ist die
reelle Zahl ϑ bis auf ganze Vielfache von 2π bestimmt. Die
Einsetzung des Wertepaares ϑ, τ in die Gleichung (1) ergibt auch
die Zahlen λ und μ in T in eindeutiger Weise. Man überlegt
sich schließlich, daß die Gleichungen (1) und (3) und mithin
die gefundenen Werte ϑ, τ, λ, μ von der Art der Darstellung der
Halbstrahlen h und h' nicht abhängen.

6. Zu zwei Punkten A, B gibt es stets eine kongruente Abbildung, die A in B und B in A überführt.

Wenn die Punkte A, B die Koordinaten x_1, y_1 bzw. x_2, y_2 besitzen, so leistet die kongruente Abbildung

$$[\pi, 0; \; x_1 + x_2 + i(y_1 + y_2)]$$

das Gewünschte.

7. Wenn eine kongruente Abbildung einen Halbstrahl h in einen Halbstrahl h' und einen Punkt P
rechts bzw. links von h in einen Punkt P' überführt,
so liegt auch P' rechts bzw. links von h'; kurz: P
und P' sind in bezug auf h bzw. h' gleichliegend.

Wir zeigen zunächst: die Determinanten

$$\begin{vmatrix} x_2 - x_1 & y_2 - y_1 \\ x_3 - x_1 & y_3 - y_1 \end{vmatrix}, \quad \begin{vmatrix} x_2' - x_1' & y_2' - y_1' \\ x_3' - x_1' & y_3' - y_1' \end{vmatrix}$$

haben dann und nur dann das gleiche Vorzeichen, wenn die
Punkte (x_3, y_3) bzw. (x_3', y_3') in bezug auf die gerichteten Geraden, die durch die Punkte (x_1, y_1) und (x_2, y_2) bzw. (x_1', y_1') und

(x_2', y_2') bestimmt sind, gleichliegende Punkte (vgl. S. 134) sind. Zunächst entnimmt man aus der auf S. 75 gegebenen Definition von „rechts" und „links", daß die Punkte (x_3, y_3) bzw. (x_2, y_2) in bezug auf die gerichteten Geraden, welche durch die Punkte (x_1, y_1) und (x_2, y_2) bzw. (x_1, y_1) und (x_3, y_3) bestimmt sind, nicht gleichliegende Punkte sind. Die zugehörigen Determinanten unterscheiden sich nun in der Tat durch ihre Vorzeichen. Die behauptete Tatsache folgt nunmehr allgemein aus dem Umstande, daß die Definition der Seite einer Geraden mit Hilfe des Vorzeichens der angegebenen Determinante die auf S. 9 dargelegten Eigenschaften einer Seite erfüllt.

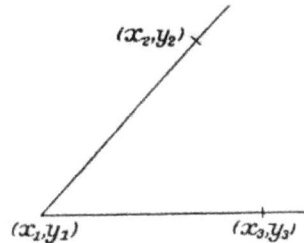

Die Eigenschaft 7. wird mithin bewiesen sein, wenn gezeigt ist, daß das Vorzeichen der Determinante

$$\begin{vmatrix} x_2 - x_1 & y_2 - y_1 \\ x_3 - x_1 & y_3 - y_1 \end{vmatrix}$$

bei einer kongruenten Abbildung erhalten bleibt. Die Determinante unterscheidet sich aber nur durch einen positiven Faktor von dem Imaginärteil des Quotienten

$$\frac{(x_3 + i\,y_3) - (x_1 + i\,y_1)}{(x_2 + i\,y_2) - (x_1 + i\,y_1)},$$

und es ist unmittelbar ersichtlich, daß dieser Quotient invariant gegenüber einer kongruenten Abbildung ist.

Wir setzen nun fest: Eine Strecke soll dann und nur dann einer anderen Strecke kongruent heißen, wenn es eine kongruente Abbildung gibt, die die erste in die zweite überführt, und ein Winkel soll dann und nur dann einem anderen Winkel kongruent heißen, wenn es eine Abbildung gibt, die den ersten in den zweiten überführt.

Wir zeigen:

Die genannte Definition der Kongruenz von Strecken und Winkeln genügt den Axiomen III 1—6, sobald

die zugrunde gelegte kongruente Abbildung die
Eigenschaften 1. bis 7. besitzt.

Die Gültigkeit des Axioms III 1 ist eine unmittelbare Folge
der Eigenschaft 5.

Die Gültigkeit des Axioms III 2 ergibt sich auf folgende
Weise. Die kongruenten Abbildungen K_1 und K_2 mögen die
Strecken $A'B'$ bzw. $A''B''$ in die Strecke AB überführen. Aus
den Eigenschaften 1., 2., 4., 5. ergibt sich, daß es zu einer kongruenten Abbildung K_2 stets die inverse kongruente Abbildung
K_2^{-1} gibt. Die gemäß der Eigenschaft 2. existierende Abbildung
$K_2^{-1} K_1$ führt nun die Strecke $A'B'$ in $A''B''$ über.

Entsprechend wird die Gültigkeit des Axioms III 6 bewiesen.

Wir zeigen nun: Wenn eine Strecke AB einer Strecke $A'B'$
kongruent ist, so führt die kongruente Abbildung K, die den
Halbstrahl AB in den Halbstrahl $A'B'$ überführt, auch B in B'
über. Die Kongruenz der Strecken AB und $A'B'$ möge durch
eine kongruente Abbildung K_1 vermittelt sein. Falls K_1 den
Punkt A in A' überführt, so führt die kongruente Abbildung
KK_1^{-1} gemäß der Eigenschaft 4. den Halbstrahl $A'B'$ in sich
über, muß also nach den Eigenschaften 1. und 5. die Identität
sein. Falls K_1 aber A in B' überführt, so nehmen wir die nach
Eigenschaft 6. existierende kongruente Abbildung K_2, die A
in B und B in A überführt, zu Hilfe. Nun führt die kongruente Abbildung $K(K_2 K_1^{-1})$ den Halbstrahl $A'B'$ in sich über, ist
also die Identität.

Aus der hiermit bewiesenen Tatsache und aus den Eigenschaften 4. und 5. folgt unmittelbar die Gültigkeit des Axioms
III 3, und ebenso unmittelbar folgt aus der genannten Tatsache
und den Eigenschaften 4., 5. und 7. das Axiom III 5*.

Endlich ergibt sich die Gültigkeit des Axioms III 4 in folgender
Weise: Wenn ein Winkel $\sphericalangle (a, b)$ und ein Halbstrahl c gegeben
sind, so gibt es auf Grund der Eigenschaft 5. genau eine kongruente Abbildung K_1, die a in c überführt, und genau eine
kongruente Abbildung K_2, die b in c überführt. K_1 führt b in
einen von c verschiedenen Halbstrahl b' über, wie man auf Grund

der Eigenschaft 4 bei Be-
trachtung der kongruenten
Abbildung K_1^{-1} erkennt, und
ebenso führt K_2 den Halbstrahl a in einen von c verschiedenen Halbstrahl a'
über. Die kongruente Ab-
bildung $K_2 K_1^{-1}$ führt c in a' und b' in c über. Aus der Eigenschaft 7. folgt nun, daß a' und b' auf verschiedenen Seiten von c
liegen. Der erste Teil des Axioms III 4 ist daher erfüllt. Der
zweite Teil ist eine unmittelbare Folge der Eigenschaft 1.

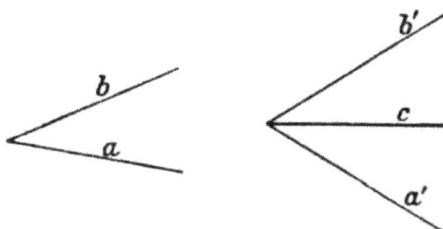

Die Gültigkeit des Axioms III 7 erhellt aus der folgenden Betrachtung. Ein vom Punkte (0, 0), den wir O nennen wollen, ausgehender Halbstrahl kann stets durch eine Gleichung der Form

$$x + iy = e^{i(\vartheta + \tau)} s \; ; \; s > 0$$

dargestellt werden und geht aus der positiven x-Halbachse durch
die Drehung $[\vartheta, \tau; 0]$ hervor. Von zwei von O aus in die Halbebene positiver y führenden Halbstrahlen liegt, wie man leicht
beweist, derjenige zwischen dem anderen und der positiven
x-Halbachse, der modulo 2π die kleinere Summe $\vartheta + \tau$ besitzt.

Nun falle der rechte Schenkel h eines Winkels mit der positiven
x-Halbachse zusammen; der linke Schenkel k sei durch die
Gleichung

$$x + iy = e^{i(\vartheta_1 + \tau_1)} s \; ; \; s > 0$$

dargestellt. Ins Innere dieses Winkels führe ein von O ausgehender Halbstrahl h'. Dann gibt es genau eine kongruente Abbildung, die h in h' überführt, nämlich eine Drehung $[\vartheta_2, \tau_2; 0]$;
diese führt k in den Halbstrahl k' mit der Gleichung

$$x + iy = e^{i(\vartheta_1 + \vartheta_2 + \tau_1 + \tau_2)} s; s > 0$$

über. Es gilt

$$\vartheta_1 + \vartheta_2 + \tau_1 + \tau_2 > \vartheta_1 + \tau_1 \qquad \text{mod } 2\pi;$$

k' liegt mithin nicht im Winkel $\sphericalangle (h, k)$.

Die Gültigkeit des Axioms der Nachbarschaft V3 läßt sich auf folgende Art beweisen. Man zeigt leicht mit Hilfe des zweiten Kongruenzsatzes und des Axioms IV, daß zu einer im Innern eines Dreiecks gelegenen Strecke stets eine kongruente Strecke gefunden werden kann, die von einer Ecke ausgehend auf einer Seite oder im Innern verläuft.

Auf Grund des Axioms III 1 gibt es zu einer gegebenen Strecke AB genau eine vom Punkte O aus in die positive x-Halbachse weisende Strecke OB', zu der die Strecke AB kongruent ist. Wir bezeichnen die Abszisse β von B' als die *Länge* der Strecke AB:

$$\overline{AB} = \beta.$$

Wir betrachten nun das Dreieck mit den Ecken $O\,(0,0)$, $C\left(\dfrac{\beta}{2}, 0\right)$, $D\left(\dfrac{\beta}{4}, \dfrac{\beta}{4}\sqrt{3}\right)$. Dieses Dreieck ist gleichseitig und gleichwinklig, wie die kongruente Abbildung $\left[\dfrac{2\pi}{3}, 0; \dfrac{\beta}{2}\right]$, die O in C, C in D und D in O überführt, lehrt. Der freie Endpunkt F einer Strecke, die von O aus auf einem Schenkel oder im Innern des Winkels $\sphericalangle\,COD$ verläuft und zu AB kongruent ist, läßt sich in der Form

$$[\vartheta, \tau; 0]\beta, \quad 0 \leq \vartheta + \tau \leq \frac{\pi}{3}$$

darstellen. Alle in dieser Form dargestellten Punkte liegen aber auf derjenigen Seite der Geraden CD, auf der O nicht liegt, wie man durch Einsetzung der Koordinaten von O und von F in die gemäß S. 138 zu CD gehörige Determinante

$$\begin{vmatrix} 1 & -\sqrt{3} \\ x_3 - \dfrac{\beta}{2} & y_3 \end{vmatrix}$$

erkennt. Hiermit ist gezeigt, daß sich im Innern des Dreiecks OCD keine zu AB kongruente Strecke finden läßt.

Wir fassen zusammen:

In unserer Geometrie gelten die sämtlichen oben aufgestellten Axiome der gewöhnlichen ebenen Geo-

metrie mit Ausnahme des Archimedischen Axioms
V 1; dabei ist das Axiom der Dreieckskongruenz in
der engeren Fassung III 5* zu verstehen.

Ferner gilt der Satz:

Jeder Winkel ist halbierbar, und es gibt einen rechten Winkel.

Es genügt zu zeigen, daß jeder vom Punkte O ausgehende
Winkel halbierbar ist. Sei $[\vartheta, 0; 0]$ die Drehung, die den rechten
Schenkel in den linken überführt; die Drehung $\left[\dfrac{\vartheta}{2}, \dfrac{\tau}{2}; 0\right]$ führt
den rechten Schenkel in die Winkelhalbierende über.

Die Existenz des rechten Winkels wird durch Betrachtung
der Drehung $\left[\dfrac{\pi}{2}, 0; 0\right]$ erkannt.

Wir führen nun den Begriff der *Spiegelung* an einer Geraden a
wie folgt ein: Fällen wir von irgendeinem Punkte A auf irgendeine
Gerade a das Lot und verlängern dieses um sich selbst über den
Fußpunkt B hinaus bis A', so heiße A'
der Spiegelpunkt von A. Wir spiegeln zunächst einen Punkt A mit den Koordi-
naten $\alpha > 0$, $\beta > 0$ an der x-Achse. Der
Winkel $\sphericalangle A O B$ zwischen dem Halbstrahl
$O A$ und der positiven x-Halbachse sei
$\vartheta + \tau$, und zwar möge der Punkt $x = \gamma$
auf der x-Achse bei der Drehung um den
Winkel $\vartheta + \tau$ in den Punkt A übergehen,
so daß
$$e^{i\vartheta + (1+i)\tau}\, \gamma = \alpha + i\beta$$

wird. Der Spiegelpunkt A' des Punktes A in bezug auf die
x-Achse hat die Koordinaten α, $-\beta$. Führen wir mithin die Drehung um den Winkel $\vartheta + \tau$ aus, so entsteht aus dem Punkte A'
ein Punkt, der durch die imaginäre Zahl

$$e^{i\vartheta + (1+i)\tau}(\alpha - i\beta) = \frac{\alpha + i\beta}{\gamma}\,(\alpha - i\beta) = \frac{\alpha^2 + \beta^2}{\gamma}$$

dargestellt wird, d. h. der betreffende Punkt liegt auf der
positiven x-Halbachse; folglich ist der Winkel $\sphericalangle A'OB$ eben-

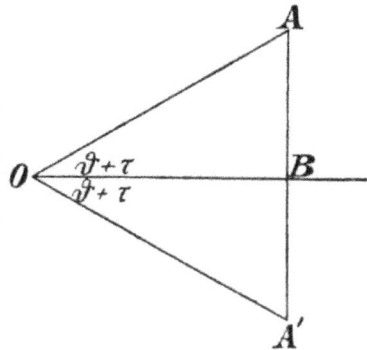

falls gleich $\vartheta + \tau$ und stimmt mithin mit dem Winkel $\sphericalangle AOB$ überein. Wir sprechen dies Resultat wie folgt aus:

Wenn in zwei symmetrisch liegenden rechtwinkligen Dreiecken die beiden Katheten übereinstimmen, so sind auch die entsprechenden Winkel an der Hypotenuse einander gleich.

Wir folgern hieraus zugleich den allgemeineren Satz:

Im Spiegelbilde einer Figur stimmen die Winkel stets mit den entsprechenden Winkeln der ursprünglichen Figur überein.

Aus dem Umstande, daß in unserer Geometrie die Geraden durch lineare Gleichungen definiert sind, läßt sich ohne Schwierigkeit der Fundamentalsatz der Proportionenlehre (Satz 42) sowie der Pascalsche Satz (Satz 40) ableiten. Wir erkennen daraus die Tatsache:

In unserer Geometrie ist die Proportionenlehre gültig und ferner gelten in ihr alle Sätze der affinen Geometrie (vgl. § 35).

Aus der Gültigkeit des Axioms III 7 läßt sich zeigen, daß die Winkel unserer Geometrie in eindeutiger Weise auf ihre Größe hin vergleichbar sind.

Mit Hilfe dieser Tatsache läßt sich der Satz vom Außenwinkel (Satz 22) beweisen, und zwar läßt sich, da in unserer Geometrie Scheitelwinkel stets gleich sind, der auf S. 24—25 gegebene Beweis übertragen. Aus der Tatsache, daß sich in unserer Geometrie die Summe zweier Winkel eindeutig definieren läßt, ergibt sich mit Hilfe des Axioms IV der Satz von der Winkelsumme im Dreieck (Satz 31).

Wir kommen nunmehr zu der wesentlichsten Frage, ob in unserer Geometrie der Satz von der Gleichheit der Basiswinkel des gleichschenkligen Dreiecks (Satz 11) gilt.

Aus diesem Satze und dem Außenwinkelsatze ergibt sich nun einerseits durch einen indirekten Beweis unmittelbar die Umkehrung des Basiswinkelsatzes (Satz 24) und andererseits mit Hilfe eines bekannten Beweises von Euklid der Satz:

In jedem Dreieck ist die Summe zweier Seiten größer als die dritte. Keiner dieser beiden Sätze ist aber, wie wir zeigen werden, in unserer Geometrie erfüllt; und damit wird zugleich gezeigt sein, daß der Basiswinkelsatz in ihr nicht gilt.

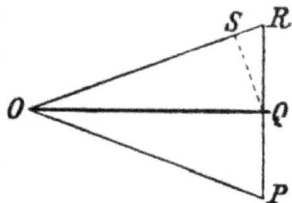

Wir betrachten das Dreieck OQP, dessen Ecken die Koordinaten $0, 0$; $\cos t, 0$; $\cos t, -\sin t$ haben. Die Länge (s. S. 146) der Strecken OP und QP wird ermittelt durch die kongruenten Abbildungen $[0, t; 0]$ bzw. $\left[\dfrac{\pi}{2}, 0; -\cos t \cdot e^{i\frac{\pi}{2}}\right]$. Es ergibt sich

$$\overline{OP} = e^t = 1 + t + \frac{t^2}{2} + \cdots,$$

$$\overline{QP} = \sin t = t - \frac{t^3}{6} + - \cdots,$$

$$\overline{OQ} = \cos t = 1 - \frac{t^2}{2} + - \cdots.$$

Man erkennt auf Grund der Anordnungsdefinition der Zahlen des Systems T, daß

$$\overline{OQ} + \overline{QP} < \overline{OP} \qquad \text{ausfällt.}$$

Der Satz, wonach die Summe zweier Seiten in jedem Dreieck größer als die dritte ist, gilt also nicht in unserer Geometrie.

Wir erkennen hieraus die wesentliche Abhängigkeit dieses Satzes von dem Axiom über die Dreieckskongruenz im weiteren Sinne.

Aus diesem Ergebnis folgt zugleich:

In unserer Geometrie gilt nicht der Satz vom gleichschenkligen Dreieck, also auch nicht das Axiom von der Kongruenz der Dreiecke im weiteren Sinne.

Daß auch die Umkehrung des Basiswinkelsatzes nicht gültig ist, erkennen wir unmittelbar am Beispiel des Dreiecks OPR, wo R der Spiegelpunkt von P in bezug auf die Gerade OQ ist, d. h. die Koordinaten $\cos t, \sin t$ besitzt. Es ist dann nach einem oben bewiesenen Satze (S. 148)

$$\sphericalangle OPR \equiv \sphericalangle ORP.$$

Trotzdem sind die Seiten OP und OR einander nicht kongruent.
Die Länge der Strecke OR, die durch die Drehung $[0, -t; 0]$
ermittelt wird, ist nämlich

$$\overline{OR} = e^{-t} \neq \overline{OP} = e^{t}.$$

Wir ersehen hieraus, daß im allgemeinen in zwei symmetrisch liegenden rechtwinkligen Dreiecken mit
übereinstimmenden Katheten die Hypotenusen voneinander verschieden ausfallen und mithin bei der
Spiegelung an einer Geraden die Strecken im Spiegelbilde denjenigen in der ursprünglichen Figur nicht
notwendig gleich sind.

Auch gilt in unserer Geometrie, wie W. Rose-
mann[1]) zeigte, der dritte Kongruenzsatz (Satz 18) nicht
einmal in einer engeren, auf gleichliegende Dreiecke
beschränkten Fassung. Um dies einzusehen, überlegt man
zunächst, daß die Punkte $A = 0$, $B = t$, $C = te^{i\frac{\pi}{3}}$ ein gleich-
seitiges Dreieck bilden. Betrachten wir weiter den Punkt

$$D = \frac{t}{1 - e^{(1+i)t}},$$

so erkennen wir, daß $AD \equiv BD$ ist, denn die kongruente Abbildung $[0, t; t]$ führt D in sich selbst
und A in B über. Man berechnet nun
noch, daß die Punkte A und B auf der
gleichen Seite der Geraden CD liegen.
Daraus geht erstens hervor, daß die in
allen Seiten übereinstimmenden Dreiecke ACD und BCD gleichliegende Dreiecke sind, und zweitens, daß sie nicht in
allen Winkeln übereinstimmen können.

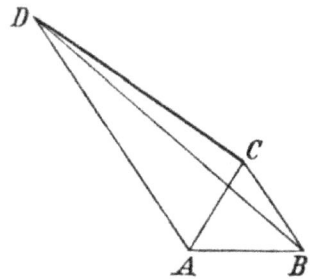

---

1) „Der Aufbau der ebenen Geometrie ohne das Symmetrieaxiom",
Dissertation Göttingen 1922, Math. Ann. Bd. 90. Dort ist auch die Abhängigkeit der Gültigkeit der Axiome III 1—6 von gewissen Eigenschaften der kongruenten Abbildung erstmalig aufgezeigt worden.

Wir erörtern noch in unserer Geometrie die Euklidische Lehre vom Flächeninhalt der Polygone. Diese Lehre wurde in § 20 auf dem Begriff des *Inhaltsmaßes* eines Dreiecks aufgebaut. Der Nachweis, daß dieses Inhaltsmaß, das halbe Produkt aus Grundlinie und Höhe, unabhängig davon ist, welche Seite des Dreiecks man als Grundlinie betrachtet, wurde unter Anwendung des Axioms der Dreieckskongruenz auf symmetrisch liegende Dreiecke geführt. Daß er ohne diese weitere Fassung des Axioms nicht bewiesen werden kann, erkennen wir am Beispiel des Dreiecks OQR auf S. 149. QR ist die Höhe auf OQ. Durch die kongruente Abbildung $\left[-\dfrac{\pi}{2}, 0; -\cos t \cdot e^{-i\frac{\pi}{2}} \right]$ wird die Länge

$$\overline{QR} = \sin t$$

ermittelt; und da $\overline{OQ} = \cos t$ ist, müßte das Inhaltsmaß einerseits

$$J = \frac{\cos t \cdot \sin t}{2}$$

sein. Andererseits berechnen wir den Fußpunkt S des von Q auf OR gefällten Lotes:

$$S = \cos t + ie^{it} \sin t \cos t.$$

Nun wird durch die kongruente Abbildung

$$\left[-\frac{\pi}{2}, -t; -\cos t \cdot e^{-i\frac{\pi}{2}-(1+i)t} \right]$$

die Länge $\overline{QS} = e^{-t} \sin t \cos t$

ermittelt; und da $\overline{OR} = e^{-t}$ ist, würden wir für das Inhaltsmaß den Wert

$$J = \frac{e^{-t} \cdot e^{-t} \cos t \sin t}{2}$$

erhalten, der sicher kleiner als der Wert

$$\frac{\cos t \sin t}{2}$$

ist. Während der Begriff des Inhaltsmaßes ohne die weitere Fassung III 5 des Axioms der Dreieckskongruenz seinen Sinn verliert, können die Begriffe der *Zerlegungsgleichheit* und der *Ergänzungsgleichheit* von Polygonen genau wie in § 18 definiert werden. Man erhält dann genau wie in § 19 den Satz 46, der die Ergänzungsgleichheit zweier Dreiecke mit gleicher Grundlinie und Höhe ausspricht.

Man erkennt weiter, daß sich auch auf Grund des engeren Axioms III 5* [1]) über jeder Strecke ein Quadrat, d. h. ein Rechteck mit gleichen Seiten errichten läßt. In unserer Geometrie gilt nun auch der pythagoreische Lehrsatz, demzufolge die beiden Quadrate über den Katheten irgendeines rechtwinkligen Dreieckes zusammen ergänzungsgleich dem Quadrate über der Hypotenuse sind. Denn in dem Euklidischen Beweise des pythagoreischen Lehrsatzes wird durchweg nur die Kongruenz von gleichliegenden Dreiecken und mithin nur das Axiom über die Dreieckskongruenz im engeren Sinne benutzt[2]).

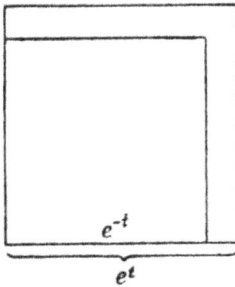

Die Anwendung des pythagoreischen Lehrsatzes auf die Dreiecke OQP und OQR auf S. 149 ergibt mit Hilfe des Satzes 43, daß die über den Strecken OP und OR errichteten Quadrate ergänzungsgleich sind, obwohl diese Strecken, wie oben berechnet, einander nicht gleich sind.

e^{-t}

e^t

Der Zusammenhang dieses Umstandes mit Satz 52 leuchtet ein[2]), und man erkennt daraus: Der fundamentale Satz Euklids, wonach zwei ergänzungsgleiche Dreiecke mit gleicher Grundlinie stets von gleicher Höhe sind, hat in unserer Geometrie ebenfalls keine Gültigkeit.

In der Tat wurde dieser Satz 48 in §§ 20, 21 unter wesentlicher Benutzung des Begriffs des Inhaltsmaßes bewiesen.

---

1) Erfordert wird noch das Parallelenaxiom und die Existenz des rechten Winkels.

2) Siehe hierzu Supplement V 1.

Unsere Geometrie führt uns mithin zu der Erkenntnis:

Es ist unmöglich, auf dem Axiom der Dreieckskongruenz im engeren Sinne die Euklidische Lehre vom Flächeninhalt zu begründen, selbst wenn man die Gültigkeit der Proportionenlehre als Voraussetzung hinzunimmt.

Da in unserer Geometrie die bekannte Beziehung zwischen der Hypotenuse und den Katheten eines rechtwinkligen Dreiecks, welche in der gewöhnlichen Geometrie aus dem pythagoreischen Lehrsatz geschlossen wird, nicht gilt, so möchte ich unsere Geometrie eine *Nicht-Pythagoreische Geometrie* nennen.

Wir fassen die hauptsächlichsten Resultate unserer Nicht-Pythagoreischen Geometrie wie folgt zusammen:

Verstehen wir das Axiom über die Dreieckskongruenz im engeren Sinne und nehmen wir von den Stetigkeitsaxiomen nur das Axiom der Nachbarschaft als gültig an, dann ist der Satz von der Gleichheit der Basiswinkel im gleichschenkligen Dreieck nicht beweisbar, selbst dann nicht, wenn wir die Lehre von den Proportionen als gültig voraussetzen. Ebensowenig folgt die Euklidische Lehre von den Flächeninhalten; auch der Satz, wonach die Summe zweier Seiten im Dreieck größer als die dritte ausfällt, und der dritte Kongruenzsatz für gleichliegende Dreiecke sind keine notwendigen Folgen der gemachten Annahmen.

Wir wollen noch eine andere Nicht-Pythagoreische Geometrie konstruieren, die sich von der eben behandelten dadurch unterscheidet, daß in ihr das Archimedische Axiom V 1, dagegen nicht das Axiom der Nachbarschaft V 3 gültig ist.

Dieser Geometrie werde derjenige Teilbereich Ω der reellen Zahlen zugrunde gelegt, der aus allen Zahlen besteht, welche aus den beiden Zahlen 1 und $\tau = \text{tg } 1$ hervorgehen, wenn wir endlich oft die Rechenoperationen Addition $\omega_1 + \omega_2$, Subtraktion $\omega_1 - \omega_2$, Multiplikation $\omega_1 \cdot \omega_2$, Division $\omega_1 : \omega_2$ (falls $\omega_2 \neq 0$) und Potenzierung $\omega_1^{\omega_1}$ anwenden[1]). Hierbei sollen die ω_1, ω_2 Zah-

---

[1]) Potenzierung nur für positives ω_1. Anstatt $\omega_1^{\omega_1}$ genügt übrigens $\omega_1^{\frac{1}{k}}$ (k eine natürliche Zahl).

len bedeuten, die bereits vermöge der fünf Operationen aus den Zahlen 1 und τ gewonnen worden sind. Um ausgehend von 1 und τ die Zahl ω zu erhalten, seien die fünf Operationen n_1-mal bzw. n_2-mal, ..., n_5-mal angewandt. Die Zahlen ω des Bereiches Ω lassen sich dann nach wachsender Summe $n_1 + n_2 + \cdots + n_5$ abzählen.

Auf diesem Zahlensystem bauen wir durch die gleichen Festsetzungen, durch die wir die erste Nicht-Pythagoreische Geometrie auf S. 137 auf dem Zahlensystem T aufbauten, eine ebene Geometrie auf; und wir erkennen wie dort aus der Tatsache, daß in Ω bei naturgemäßer Anordnungsdefinition alle Rechnungsgesetze 1—16 des § 13 gelten, die Gültigkeit der Axiome I 1—3, II, IV in unserer Geometrie.

Zu jeder Zahl ω des um die Zahl ∞ erweiterten Bereichs Ω gibt es unendlich viele Zahlen ϑ, die die Gleichung

$$\vartheta = \text{arctg } \omega$$

erfüllen. Die Gesamtheit aller auf Grund dieser Gleichung aus Ω erhaltenen Zahlen ϑ bilden einen Bereich Θ, der nicht mit Ω übereinstimmt, der aber zugleich mit Ω abzählbar ist. Wir legen irgendeine Abzählung von Θ zugrunde. In dieser gibt es eine erste Zahl, die kein rationales Vielfaches von π ist; sie heiße ϑ_{k_1}. Die erste Zahl aus Θ, die nicht in der Form $\vartheta = r\pi + r_1\vartheta_{k_1}$ darstellbar ist, wobei r, r_1 irgendwelche rationalen Zahlen sind, nennen wir, falls sie überhaupt existiert, ϑ_{k_2}. In dieser Weise fortfahrend, nennen wir die erste Zahl ϑ aus Θ, die sich nicht in der Form

$$\vartheta = r\pi + r_1\vartheta_{k_1} + r_2\vartheta_{k_2} + \cdots + r_n\vartheta_{k_n}$$

darstellen läßt, falls es eine solche Zahl überhaupt gibt, $\vartheta_{k_{n+1}}$. Hiermit ist eine Reihe $\vartheta_{k_1}, \vartheta_{k_2}, \vartheta_{k_3}, \ldots$ definiert, die sicher ein Glied, vielleicht unendlich viele, enthält. Jede Zahl ϑ aus Θ läßt sich nun in eindeutiger Weise in der Form

$$\vartheta = r\pi + r_1\vartheta_{k_1} + r_2\vartheta_{k_2} + \ldots + r_n\vartheta_{k_n}$$

darstellen, wobei $\vartheta_{k_1}, \vartheta_{k_2}, \ldots, \vartheta_{k_n}$ die n ersten Glieder der soeben definierten Reihe und $r, r_1, r_2, \ldots, r_n$ irgendwelche rationalen Zahlen sind.

Wir definieren nun genau wie in der ersten Nicht-Pythagoreischen Geometrie auf S. 143 die Kongruenz von Strecken und Winkeln mit Hilfe einer kongruenten Abbildung. Als kongruente Abbildung bezeichnen wir hier jede Transformation der Gestalt

$$x' + iy' = 2^{r_1} e^{i\vartheta} (x + iy) + \lambda + i\mu,$$

wobei ϑ eine Zahl aus Θ, r_1 die in der obigen Darstellung für ϑ auftretende rationale Zahl und λ, μ beliebige Zahlen aus Ω sind.

Die kongruenten Abbildungen bilden, wie man sich leicht überlegt, eine Gruppe, sie besitzen also die auf S. 139 angeführten Eigenschaften 1. und 2. Die Eigenschaft 3. ergibt sich aus der Tatsache, daß die Zahlen

$$2^{r_1}, \quad \cos \vartheta = \frac{1}{\sqrt{1 + \mathrm{tg}^2 \vartheta}}, \quad \sin \vartheta = \frac{\mathrm{tg}\,\vartheta}{\sqrt{1 + \mathrm{tg}^2 \vartheta}}$$

Zahlen des Bereichs Ω sind. Die Eigenschaft 5. ergibt sich auf folgende Weise:

Der Beweis wird ähnlich wie auf S. 140 zurückgeführt auf die bis auf ganze Vielfache von 2π eindeutige Bestimmung eines ϑ des Bereichs Θ aus der Gleichung

$$2^{r_1} e^{i\vartheta} = \frac{a' + i\beta'}{a + i\beta} \cdot \frac{s'}{s}.$$

Wir dividieren den imaginären Teil durch den reellen:

$$\mathrm{tg}\,\vartheta = \frac{a\beta' - \beta a'}{aa' + \beta\beta'}.$$

Durch diese Gleichung ist ϑ im Zahlensystem Θ bis auf ganze Vielfache von π bestimmt. Die Festlegung bis auf ganze Vielfache von 2π geschieht wie in der ersten Nicht-Pythagoreischen Geometrie (vgl. S. 142). Genau wie dort verlaufen weiter die Beweise der Eigenschaften 4., 6. und 7.

Aus den somit bewiesenen sieben Eigenschaften der kongruenten Abbildung folgt auf Grund des auf S. 144 gegebenen allgemeinen Beweises, daß die Axiome III 1—6 in unserer Geometrie erfüllt sind. Die Gültigkeit des Axioms III 7 folgt in evidenter Weise ähnlich wie in der ersten Nicht-Pythagoreischen Geometrie.

Mit Hilfe der Definitionen der Anordnung und der Kongruenz folgt die Gültigkeit des Archimedischen Axioms V 1 aus dem Umstande, daß der Bereich Ω ein Teilbereich des Bereichs der reellen Zahlen ist.

Daß dagegen das Axiom der Nachbarschaft V 3 nicht erfüllt ist, ergibt sich auf folgende Weise. Zu jedem Dreieck läßt sich ein kongruentes Dreieck $O\,A\,B$ mit den Ecken $O = (0,0)$, $A = (\alpha,0)$, $B = (\beta,\gamma)$ finden, wo α und γ positive Zahlen bedeuten. Es genügt daher zu zeigen, daß in jedem solchen Dreieck eine Strecke etwa der Länge 1 liegt. Der Halbstrahl $O\,B$ läßt sich, einerlei ob β verschwindet oder nicht, in der Form

$$x + iy = e^{\,i\,\mathrm{arctg}\,\frac{\gamma}{\beta}} \cdot s$$

darstellen, wobei wir mit s einen positiven Parameter in Ω bezeichnen. Wir können nun, da $\alpha\gamma$ und $|\alpha - \beta| + \gamma$ positiv sind, eine ganze, nicht notwendig positive, Zahl r_1 finden, die der Ungleichung

$$(1) \qquad 2^{r_1} < \frac{\alpha\gamma}{|\beta - \alpha| + \gamma}$$

genügt. Es gibt nun zu den gegebenen Zahlen r_1, ϑ_{k_1}, arctg $\frac{\gamma}{\beta} > 0$ sicher zwei ganze Zahlen a und b, die der Ungleichung

$$(2) \qquad 0 < \frac{a}{2^b}\pi + r_1\vartheta_{k_1} < \mathrm{arctg}\,\frac{\gamma}{\beta}$$

genügen. Aus der Formel

$$\mathrm{tg}\,\frac{\vartheta}{2} = \frac{-1 \pm \sqrt{1 + \mathrm{tg}^2\,\vartheta}}{\mathrm{tg}\,\vartheta}$$

erkennen wir, daß $\frac{\pi}{2^b}$ und mithin auf Grund des Additionstheorems der Tangensfunktion auch

$$\vartheta = a\,\frac{\pi}{2^b} + r_1\vartheta_{k_1}$$

Zahlen des Bereiches Θ sind. Aus der Ungleichung (2) folgt, daß
der Halbstrahl

$$x + i\,y = e^{i\,\vartheta} \cdot s, \quad s > 0$$

im Innern des Winkels $\sphericalangle AOB$ liegt. Der freie Endpunkt C
einer von O aus auf diesem Halbstrahl verlaufenden Strecke von
der Länge 1 läßt sich in der Form

$$x + i\,y = 2^{r_1} \cdot e^{i\,\vartheta}$$

darstellen. Die Punkte O und C
liegen auf der gleichen Seite der
Geraden AB, da die Determinanten

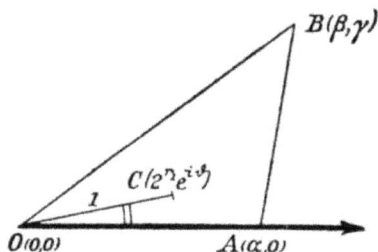

$$\begin{vmatrix} \beta - \alpha & \gamma \\ -\alpha & 0 \end{vmatrix} = \alpha\gamma,$$

$$\begin{vmatrix} \beta - \alpha & \gamma \\ 2^{r_1}\cos\vartheta - \alpha & 2^{r_1}\sin\vartheta \end{vmatrix} > -2^{r_1}|\beta - \alpha| - 2^{r_1}\gamma + \alpha\gamma$$

beide positiv sind, letztere auf Grund der Ungleichung (1). C
liegt somit im Innern des Dreiecks OAB; d. h. es gibt im Innern
dieses Dreiecks eine Strecke der Länge 1.

Genau wie in der ersten Nicht-Pythagoreischen Geometrie ergibt sich die Halbierbarkeit der Winkel und die Existenz rechter
Winkel; ebenso erweisen sich die auf S. 148 und S. 150 angeführten Sätze über Spiegelbilder sowie alle Sätze der Proportionenlehre und der affinen Geometrie als gültig. Alle Winkel
unserer Geometrie kommen auch in der Euklidischen Geometrie
vor, und die Größenanordnung ist die gleiche wie dort. Daraus
ergibt sich weiter die Gültigkeit des Satzes vom Außenwinkel
(Satz 22) und des Satzes von der Winkelsumme im Dreieck
(Satz 31). Dagegen gilt nicht der Satz von der Gleichheit der
Basiswinkel im gleichschenkligen Dreieck. Aus diesem Satze
folgt nämlich mit Hilfe des Außenwinkelsatzes, wie bereits auf
S. 148 erwähnt wurde, unmittelbar seine Umkehrung. Daß

aber diese Umkehrung in unserer Geometrie nicht erfüllt ist, erkennt man z. B. durch Betrachtung des Dreiecks OPR mit den Ecken $O = (0, 0)$, $P = (\cos\vartheta_{k_1}, -\sin\vartheta_{k_1})$, $R = (\cos\vartheta_{k_1}, +\sin\vartheta_{k_1})$, das bei P und R gleiche Winkel besitzt, obwohl die Längen $\overline{OP} = 2$ und $\overline{OR} = 2^{-1}$ nicht übereinstimmen.

Auch die Euklidische Lehre vom Flächeninhalt gilt nicht. Ebenfalls ist der Satz, daß die Summe zweier Seiten eines Dreiecks größer als die dritte ist, nicht gültig; denn aus diesem Satze würde unmittelbar folgen, daß jede im Innern eines Dreiecks gelegene Strecke kleiner als der Umfang sei, und somit würde das Axiom der Nachbarschaft V 3 gelten.

Die betrachteten Nicht-Pythagoreischen Geometrien führen uns zu der Erkenntnis:

Zum Nachweis der Gültigkeit des Satzes von der Gleichheit der Basiswinkel im gleichschenkligen Dreieck ist weder das Archimedische Axiom V 1 noch das Nachbarschaftsaxiom V 3 entbehrlich.

Ergänzungen zu diesem Anhang finden sich in Supplement V 1 und 2.

Anhang III.

Neue Begründung der Bolyai-Lobatschefskyschen Geometrie.

[Abgedruckt aus Math. Ann. Bd. 57.]

In meiner Festschrift „Grundlagen der Geometrie" Kap. I (S. 2—32)[1]) habe ich ein System von Axiomen für die Euklidische Geometrie aufgestellt und dann gezeigt, daß lediglich auf Grund der die Ebene betreffenden Bestandteile dieser Axiome der Aufbau der ebenen Euklidischen Geometrie möglich ist, selbst wenn man die Anwendung der Stetigkeitsaxiome vermeidet. In der folgenden Untersuchung ersetze ich das Parallelenaxiom durch eine der Bolyai-Lobatschefskyschen Geometrie entsprechende Forderung und zeige dann ebenfalls, *daß ausschließlich auf Grund der ebenen Axiome ohne Anwendung von Stetigkeitsaxiomen die Begründung der Bolyai-Lobatschefskyschen Geometrie in der Ebene möglich ist.*[2])

---

1) Vergleiche auch meine Abhandlung „Über den Satz von der Gleichheit der Basiswinkel im gleichschenkligen Dreieck". Proceedings of the London Mathematical Society, Bd. 35, 1903 (Anhang II dieses Buches).

2) Inzwischen ist das entsprechende Problem auch unabhängig von dem die Bolyai-Lobatschefskysche Geometrie kennzeichnenden Axiom IV, S. 162, untersucht worden. Zunächst hat M. Dehn in der Abhandlung „Über den Inhalt sphärischer Dreiecke", Math. Ann. Bd. 60, für die ebene elliptische Geometrie ohne Anwendung von Stetigkeitsaxiomen die Lehre von den Flächeninhalten begründet; sodann gelang es G. Hessenberg, in der Abhandlung „Begründung der elliptischen Geometrie", Math. Ann. Bd. 61, unter denselben Voraussetzungen auch den Nachweis der Schnittpunktsätze für die ebene elliptische Geometrie zu erbringen, und endlich hat J. Hjelmslev in der Abhandlung „Neue Begründung der ebenen Geometrie", Math. Ann. Bd. 64, gezeigt, daß die ebene Geometrie sich ohne Stetigkeitsaxiome und sogar ohne irgendeine Annahme über die sich schneidenden oder nichtschneidenden Geraden aufbauen läßt.

Diese neue Begründung der Bolyai-Lobatschefskyschen Geometrie steht, wie mir scheint, auch hinsichtlich ihrer Einfachheit den bisher bekannten Begründungsarten, nämlich derjenigen von Bolyai und Lobatschefsky, die beide sich der Grenzkugel bedienten, und derjenigen von F. Klein mittels der projektiven Methode nicht nach. Die genannten Begründungen benutzen wesentlich den Raum sowohl wie die Stetigkeit.

Zur Erleichterung des Verständnisses stelle ich nach meiner Festschrift „Grundlagen der Geometrie" die im folgenden benutzten Axiome der ebenen Geometrie zusammen, wie folgt [1]):

I. Axiome der Verknüpfung.

I 1. *Zu zwei Punkten A, B gibt es stets eine Gerade a, die mit jedem der beiden Punkte A, B zusammengehört.*

I 2. *Zu zwei Punkten A, B gibt es nicht mehr als eine Gerade, die mit jedem der beiden Punkte A, B zusammengehört.*

I 3. *Auf jeder Geraden gibt es wenigstens zwei Punkte. Es gibt wenigstens drei Punkte, die nicht auf einer Geraden liegen.*

II. Axiome der Anordnung.

II 1. *Wenn ein Punkt B zwischen einem Punkt A und einem Punkt C liegt, so sind A, B, C drei verschiedene Punkte einer Geraden, und B liegt dann auch zwischen C und A.*

II 2. *Zu zwei Punkten A und C gibt es stets wenigstens einen Punkt B auf der Geraden A C, so daß C zwischen A und B liegt.*

II 3. *Unter irgend drei Punkten einer Geraden gibt es nicht mehr als einen, der zwischen den beiden anderen liegt.*

Erklärung. Die zwischen zwei Punkten A und B gelegenen Punkte heißen auch die Punkte der Strecke A B oder B A.

II 4. *Es seien A, B, C drei nicht in gerader Linie gelegene Punkte und a eine Gerade in der Ebene A, B, C, die keinen der Punkte*

---

[1]) Die Fassung der Axiome I — III ist der vorliegenden Auflage entnommen.

A, B, C trifft; wenn dann die Gerade a durch einen Punkt der Strecke A B geht, so geht sie gewiß auch entweder durch einen Punkt der Strecke B C oder durch einen Punkt der Strecke A C.

III. Axiome der Kongruenz.

Erklärung. Jede Gerade zerfällt von irgendeinem ihrer Punkte aus in zwei *Halbgerade* (Halbstrahlen) oder *Hälften*.

III 1. *Wenn A, B zwei Punkte auf einer Geraden a sind und ferner A' ein Punkt einer Geraden a' ist, so kann man auf einer gegebenen, durch A' bestimmten Hälfte der Geraden a' stets einen Punkt B' finden, so daß die Strecke A B der Strecke A' B' kongruent oder gleich ist, in Zeichen:*

$$A B \equiv A' B'.$$

III 2. *Wenn eine Strecke A' B' und eine Strecke A" B" derselben Strecke A B kongruent sind, so ist auch die Strecke A' B' der Strecke A" B" kongruent.*

III 3. *Es seien A B und B C zwei Strecken ohne gemeinsame Punkte auf der Geraden a und ferner A' B' und B' C' zwei Strecken ohne gemeinsame Punkte auf derselben oder einer anderen Geraden a'; wenn dann A B ≡ A' B' und B C ≡ B' C', so ist auch A C ≡ A' C'.*

Erklärung. Ein von einem Punkte *A* ausgehendes Paar von Halbgeraden *h* und *k*, die nicht zusammen eine Gerade ausmachen, nennen wir einen *Winkel* und bezeichnen ihn entweder mit

$$\angle (h, k) \quad \text{oder} \quad \angle (k, h).$$

Auf Grund der Axiome II läßt sich weiter der Begriff der *Seite* einer Ebene in bezug auf eine Gerade definieren; die **Punkte** der Ebene, welche bezüglich *h* auf derselben Seite wie *k* und zugleich bezüglich *k* auf derselben Seite wie *h* liegen, heißen nun *innere* Punkte des Winkels $\angle (h, k)$; sie bilden den *Winkelraum* dieses Winkels.

III 4. *Es sei ein Winkel $\angle (h, k)$, eine Gerade a' und eine bestimmte Seite von a' gegeben. Es bedeute h' einen Halbstrahl der Geraden a', der vom Punkte O' ausgeht: dann gibt es einen und nur einen Halbstrahl k', so daß der Winkel $\angle (h, k)$ kongruent oder gleich dem Winkel $\angle (h', k')$ ist, in Zeichen:*

$$\angle (h, k) \equiv \angle (h', k')$$

und daß zugleich alle inneren Punkte des Winkels $\sphericalangle\,(h',\,k')$ auf der gegebenen Seite von a' liegen.

Jeder Winkel ist sich selbst kongruent, d. h. es ist stets

$$\sphericalangle\,(h,\,k) \equiv \sphericalangle\,(h,\,k)$$

III 5. *Wenn für zwei Dreiecke ABC und $A'B'C'$ die Kongruenzen*

$$AB \equiv A'B',\; AC \equiv A'C' \quad und \quad \sphericalangle\,BAC \equiv \sphericalangle\,B'A'C'$$

gelten, so gilt auch stets

$$\sphericalangle\,ABC \equiv \sphericalangle\,A'B'C'.$$

Aus den Axiomen I—III folgen leicht die Sätze über die Kongruenz der Dreiecke und über das gleichschenklige Dreieck, und zugleich erkennt man die Möglichkeit, ein Lot zu errichten oder zu fällen sowie eine gegebene Strecke oder einen gegebenen Winkel zu halbieren. Insbesondere folgt auch wie bei Euklid der Satz, daß in jedem Dreieck die Summe zweier Seiten größer als die dritte ist.

IV. Axiom von den sich schneidenden und nicht-schneidenden Geraden.

Wir sprechen nun das Axiom, welches in der Bolyai-Lobatschefskyschen Geometrie dem Parallelenaxiom der Euklidischen Geometrie entspricht, wie folgt aus:

IV. *Ist b eine beliebige Gerade und A ein nicht auf ihr gelegener Punkt, so gibt es stets durch A zwei Halbgerade $a_1,\,a_2$, die nicht ein und dieselbe Gerade ausmachen und die Gerade b nicht schneiden,*

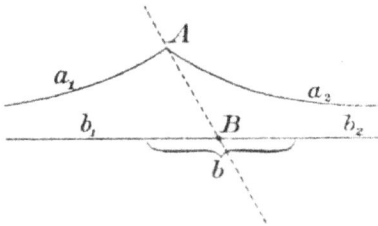

während jede in dem durch $a_1,\,a_2$ gebildeten Winkelraum gelegene, von A ausgehende Halbgerade die Gerade b schneidet.

Erklärung. Die Gerade b zerfalle von irgendeinem ihrer Punkte B aus in die beiden Halbgeraden $b_1,\,b_2$, und es mögen

a_1, b_1 auf der einen und a_2, b_2 auf der anderen Seite der Geraden $A B$ liegen: dann soll die Halbgerade a_1 zu der Halbgeraden b_1 und ebenso die Halbgerade a_2 zu der Halbgeraden b_2 *parallel* genannt werden; desgleichen sagen wir, es seien die beiden Halbgeraden a_1, a_2 zu der Geraden b *parallel,* und auch von jeder der beiden Geraden, von denen a_1 bzw. a_2 Halbgerade sind, sagen wir, daß sie zu b *parallel* sind.

Es folgt sofort die Richtigkeit folgender Tatsachen:

Wenn eine Gerade oder Halbgerade zu einer anderen Geraden oder Halbgeraden parallel ist, so ist stets auch diese zu jener parallel.[1])

Wenn zwei Halbgerade einer dritten Halbgeraden parallel sind, so sind sie untereinander parallel.

Erklärung. Jede Halbgerade bestimmt ein *Ende;* von allen Halbgeraden, die zueinander parallel sind, sagen wir, daß sie dasselbe Ende bestimmen. Eine vom Punkte A ausgehende Halbgerade mit dem Ende α werde allgemein mit (A, α) bezeichnet. Eine Gerade besitzt stets zwei Enden. Allgemein werde eine Gerade, deren Enden α und β sind, mit (α, β) bezeichnet.

Wenn A, B und A', B' zwei Punktepaare und α und α' zwei Enden von der Art sind, daß die Strecken $A B$ und $A'B'$ einander gleich sind und überdies der von $A B$ und der Halbgeraden (A, α) gebildete Winkel gleich dem von $A'B'$ und der Halbgeraden (A', α') gebildeten Winkel wird, so ist, wie man leicht erkennt, stets auch der von $B A$ und (B, α) gebildete Winkel gleich dem von $B'A'$ und (B', α') gebildeten Winkel; die beiden Figuren $A B \alpha$ und $A'B'\alpha'$ heißen einander kongruent.

Endlich definieren wir noch in bekannter Weise den Begriff des Spiegelbildes:

Erklärung. Wenn wir von einem Punkte aus auf eine Gerade das Lot fällen und dieses über seinen Fußpunkt hinaus um sich selbst verlängern, so heiße der entstehende Endpunkt das *Spiegelbild des ursprünglichen Punktes* an jener Geraden.

---

1) Der Beweis geschieht nach einem Verfahren von Gauß; vgl. etwa Bonola-Liebmann, Die nichteuklidische Geometrie, Leipzig 1908 und 1921, § 32.

Die Spiegelbilder für die Punkte einer Geraden liegen wiederum auf einer Geraden; diese heiße das *Spiegelbild der ursprünglichen Geraden*.

§ 1. Hilfssätze.

Wir beweisen zunächst der Reihe nach folgende Hilfssätze:

Satz 1. Wenn zwei Gerade eine dritte Gerade unter gleichen Gegenwinkeln schneiden, so sind sie gewiß nicht zueinander parallel.

Beweis. Wir nehmen im Gegenteil an, daß die beiden Geraden nach einer Richtung hin zueinander parallel wären. Führen wir dann um die Mitte der auf der dritten Geraden ausgeschnittenen Strecke eine Halbdrehung aus, d. h. konstruieren wir über der anderen Seite jener Strecke das betreffende kongruente Dreieck, so würde folgen, daß die beiden ersteren Geraden auch nach der anderen Richtung hin zueinander parallel sind, und dies widerspräche dem Axiom IV.

Satz 2. Wenn irgend zwei Gerade a, b vorgelegt sind, die sich weder schneiden noch einander parallel sind, so gibt es stets eine Gerade, welche auf beiden zugleich senkrecht steht.

Beweis. Von irgend zwei Punkten A und P der Geraden a fällen wir die Lote AB und PB' auf die Gerade b. Es sei das Lot PB' größer als das Lot AB; dann tragen wir AB von B'

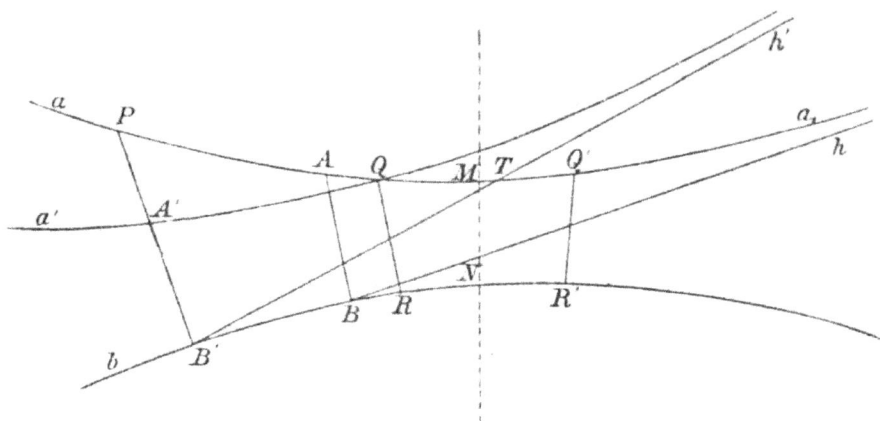

aus auf $B'P$ ab bis A', so daß der Punkt A' zwischen P und B' liegt. Nunmehr konstruieren wir die Gerade a' durch A', welche $B'A'$ in A' unter demselben Winkel und in demselben Sinne wie die Gerade a das Lot BA in A schneidet. Wir wollen beweisen, daß diese Gerade a' notwendig die Gerade a treffen muß.

Zu dem Zwecke bezeichnen wir diejenige Halbgerade, in welche a von P aus zerfällt und auf welcher der Punkt A liegt, mit a_1 und ziehen dann von B aus eine Halbgerade h parallel zu a_1. Ferner sei h' diejenige Halbgerade, welche von B' unter demselben Winkel gegen b und nach derselben Richtung wie h von B ausgeht. Da nach Satz 1 die Halbgerade h' nicht zu h und daher auch nicht zu a_1 parallel ist und auch h gewiß nicht schneidet, so schneidet sie, wie man im Hinblick auf Axiom IV leicht erkennt, notwendig a_1; es sei T der Schnittpunkt der Halbgeraden h' und a_1. Da a' wegen unserer Konstruktionen parallel zu h' ist, so muß nach Axiom II 4 die Gerade a' das Dreieck $PB'T$ durch die Seite PT verlassen, womit der gewünschte Nachweis erbracht ist. Wir wollen den Schnittpunkt der Geraden a und a' mit Q bezeichnen.

Von Q fällen wir das Lot QR auf b; sodann tragen wir $B'R$ von B aus auf b zum bis Punkte R' ab, so daß auf b die Richtung von B nach R' dieselbe wie die von B' nach R ist. Ebenso tragen wir die Strecke $A'Q$ von A aus auf a in derselben Richtung bis Q' ab. Suchen wir dann die Mitten M und N der Strecken QQ' bzw. RR', so liefert deren Verbindungsgerade MN das gesuchte gemeinsame Lot auf a und b.

In der Tat, aus der Kongruenz der Vierecke $A'B'QR$ und $ABQ'R'$ folgt die Gleichheit der Strecken QR und $Q'R'$ sowie die Tatsache, daß $Q'R'$ auf b senkrecht steht. Hieraus wiederum erschließen wir die Kongruenz der Vierecke $QRMN$ und $Q'R'MN$, und damit ist die aufgestellte Behauptung und zugleich der Satz 2 vollständig bewiesen.

Satz 3. Wenn irgend zwei nicht zueinander parallele Halbgeraden vorgelegt sind, so gibt es stets eine Gerade, welche zu diesen beiden Halbgeraden parallel ist, d. h. es gibt stets eine Gerade, die zwei vorgeschriebene Enden α und β besitzt.

Beweis. Wir ziehen durch irgendeinen Punkt O zu den vorgelegten Halbgeraden Parallele und tragen auf diesen von O aus
gleiche Strecken ab, etwa bis A und B, so daß

$$OA = OB$$

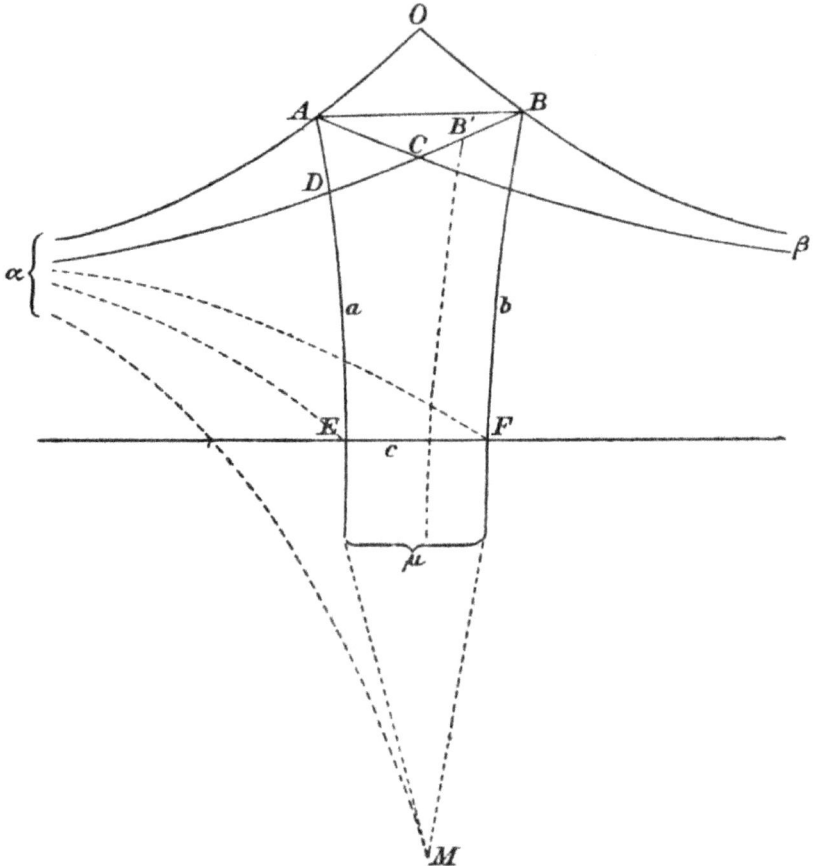

wird und die von O aus durch A gehende Halbgerade das Ende
α und die von O aus durch B gehende Halbgerade das Ende β
besitzt. Sodann verbinden wir den Punkt A mit dem Ende β
und halbieren den Winkel zwischen den beiden von A ausgehenden Halbgeraden; desgleichen verbinden wir den Punkt B mit

dem Ende α und halbieren den Winkel zwischen den beiden von B ausgehenden Halbgeraden. Die erstere Halbierungslinie werde mit a, die letztere mit b bezeichnet. Aus der Kongruenz der Figuren $OA\beta$ und $OB\alpha$ folgt die Gleichheit der Winkel

$$\sphericalangle (OA\beta) = \sphericalangle (OB\alpha),$$

$$\sphericalangle (\alpha A\beta) = \sphericalangle (\alpha B\beta),$$

und aus letzterer Gleichung entnehmen wir auch die Gleichheit der Winkel, die durch die Halbierungen entstanden sind, nämlich

$$\sphericalangle (\alpha A a) = \sphericalangle (a A \beta) = \sphericalangle (\alpha B b) = \sphericalangle (b B \beta).$$

Es kommt zunächst darauf an, zu zeigen, daß die beiden Halbierungslinien a und b sich weder schneiden noch zueinander parallel sind.

Wir nehmen an, a und b schnitten sich im Punkte M. Da OAB nach Konstruktion ein gleichschenkliges Dreieck ist, so folgt

$$\sphericalangle BAO = \sphericalangle ABO$$

und hieraus nach den vorigen Gleichungen

$$\sphericalangle BAM = \sphericalangle ABM;$$

mithin ist $\qquad\qquad AM = BM.$

Verbinden wir nun M mit dem Ende α durch eine Halbgerade, so folgt aus der letzteren Streckengleichung und wegen der Gleichheit der Winkel $\sphericalangle (\alpha A M)$ und $\sphericalangle (\alpha B M)$ die Kongruenz der Figuren $\alpha A M$ und $\alpha B M$, und diese Kongruenz hätte die Gleichheit der Winkel $\sphericalangle (\alpha M A)$ und $\sphericalangle (\alpha M B)$ zur Folge. Da diese Folgerung offenbar nicht zutrifft, so ist die Annahme zu verwerfen, daß die Halbierungsgeraden a und b sich schneiden.

Wir nehmen ferner an, die Geraden a und b seien zueinander parallel; das durch sie bestimmte Ende möge dann mit μ bezeichnet werden. Die von B aus nach α gehende Halbgerade möge die von A nach β gehende Halbgerade im Punkte C und die Gerade a im Punkte D treffen; dann beweisen wir die Gleichheit der Strecken DA und DB. In der Tat, im gegenteiligen Falle tragen wir DA von D aus auf DB etwa bis B' ab und verbinden B' mit μ durch eine Halbgerade. Aus der Kongruenz der Figuren $DA\alpha$ und $DB'\mu$ würde dann die Gleichheit der Winkel $\sphericalangle (DA\alpha)$ und $\sphericalangle (DB'\mu)$ folgen, und mithin wären auch die Winkel $\sphericalangle (DB'\mu)$ und $\sphericalangle (DB\mu)$ einander gleich, was nach Satz 1 nicht möglich ist.

Die Gleichheit der Strecken DA und DB hat nun die Gleichheit der Winkel $\sphericalangle (DAB)$ und $\sphericalangle (DBA)$ zur Folge, und da nach dem Früheren auch die Winkel $\sphericalangle (CAB)$ und $\sphericalangle (CBA)$ einander gleich sind, so würde auch die Gleichheit der Winkel $\sphericalangle (DAB)$ und $\sphericalangle (CAB)$ folgen. Diese Folgerung trifft aber offenbar nicht zu, und mithin ist auch die Annahme zu verwerfen, daß die Geraden a und b einander parallel sind.

Da nach diesen Entwicklungen die Geraden a, b sich weder schneiden noch zueinander parallel sind, so gibt es nach Satz 2 eine Gerade c, die auf beiden Geraden a, b senkrecht steht, etwa in den Punkten E bzw. F. Ich behaupte, daß diese Gerade c die gesuchte Gerade ist, die die beiden vorgelegten Enden α, β miteinander verbindet.

Zum Beweise dieser Behauptung nehmen wir im Gegenteil an, es habe c nicht das Ende α. Dann verbinden wir jeden der beiden Fußpunkte E und F mit dem Ende α durch Halbgerade. Indem wir die Mittelpunkte der Strecken AB und EF miteinander verbinden, erkennen wir leicht, daß $EA = FB$ ist. Daraus folgt die Kongruenz der Figuren αEA und αFB und aus dieser die Gleichheit der Winkel $\sphericalangle (AE\alpha)$ und $\sphericalangle (BF\alpha)$, und folglich sind auch diejenigen Winkel einander gleich, die die von E und F ausgehenden Halbgeraden mit der Geraden c bilden. Diese Folgerung widerspricht dem Satze 1. Entsprechend ergibt sich, daß c auch das Ende β besitzt, und damit ist der Beweis für unsere Behauptung vollständig erbracht.

Satz 4. Es seien a, b zwei zueinander parallele Gerade und O ein Punkt innerhalb des zwischen a und b gelegenen Gebietes der Ebene; ferner sei O_a das Spiegelbild des Punktes O an a und

O_b das Spiegelbild des Punktes O an b und M die Mitte der Strecke O_aO_b: dann steht diejenige Halbgerade von M aus, die zugleich zu a und b parallel ist, senkrecht in M auf O_aO_b.

Beweis. Denn im entgegengesetzten Falle errichte man nach der nämlichen Seite hin in M auf O_aO_b die Senkrechte. Die Gerade O_aO_b schneide a und b in den Punkten P bzw. Q. Da $PO < PQ + QO$, mithin $PO_a < PO_b$ ist und desgleichen $QO_b < QO_a$, so fällt M notwendig in das Innere des zwischen a und b gelegenen Gebietes der Ebene. Jene Senkrechte in M müßte daher eine der Geraden a oder b treffen; träfe sie etwa a im Punkte A, so würde $AO_a = AO$ und $AO_a = AO_b$ folgen, und mithin wäre auch $AO = AO_b$, d. h. A müßte auch ein Punkt von b sein, was der Voraussetzung des Satzes widerspräche.[1])

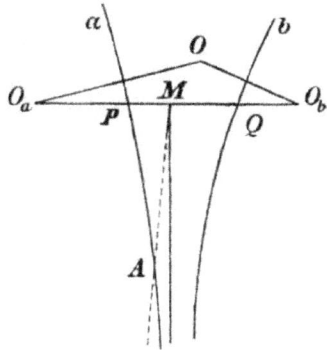

Satz 5. Wenn a, b, c drei Gerade sind, die das nämliche Ende ω besitzen, und die Spiegelungen an diesen Geraden der Reihe nach mit S_a, S_b, S_c bezeichnet werden, so gibt es stets eine Gerade d mit demselben Ende ω, so daß die aufeinanderfolgende Anwendung der Spiegelungen an den Geraden a, b, c der Spiegelung an der Geraden d gleichkommt, was wir durch die Formel

$$S_c S_b S_a = S_d$$

ausdrücken.

Beweis. Wir nehmen zunächst an, es fiele die Gerade b ins Innere des zwischen a und c gelegenen Gebiets der Ebene. Dann sei O ein Punkt auf b, und die Spiegelbilder von O an a und c seien bezeichnet mit O_a und O_c. Bezeichnen wir nun mit d diejenige Gerade, die die Mitte der Strecke O_aO_c mit dem Ende ω verbindet, so sind wegen Satz 4 die Punkte O_a und O_c Spiegel-

---

1) Diese Folgerung stimmt im wesentlichen mit einer Schlußweise von Lobatschefsky überein; vgl. „Neue Anfangsgründe der Geometrie mit einer vollständigen Theorie der Parallellinien" (1835), § 111.

bilder an d, und folglich ist die Operation $S_d S_c S_b S_a$ eine solche, die den Punkt O_a sowie diejenige Gerade ungeändert läßt, die O_a mit dem Ende ω verbindet. Da jene Operation überdies aus vier Spiegelungen zusammengesetzt ist, so lehren die Kongruenz-sätze, daß jene Operation die Identität ist; hieraus folgt die Behauptung.

Wir erkennen zweitens leicht die Richtigkeit des Satzes 5 in dem Falle, daß die Geraden c und a miteinander übereinstim-men. Ist nämlich b' diejenige Gerade, die aus b durch Spiegelung an der Geraden a hervorgeht, und bezeichnen wir mit $S_{b'}$ die Spiegelung an b', so erkennen wir sofort die Richtigkeit der Formel

$$S_a S_b S_a = S_{b'}.$$

Nunmehr nehmen wir drittens an, es fiele die Gerade c ins Innere des zwischen a und b gelegenen Gebietes der Ebene. Dann gibt es nach dem ersten Teile dieses Beweises gewiß eine Gerade d', so daß die Formel

$$S_a S_c S_b = S_{d'}$$

gilt. Bezeichnen wir mit d das Spiegelbild von d' an a, so ist nach dem zweiten Teile dieses Beweises

$$S_c S_b S_a = S_a S_a S_c S_b S_a = S_a S_{d'} S_a = S_d.$$

Damit ist Satz 5 vollständig bewiesen.

§ 2. Die Addition der Enden.

Wir nehmen eine bestimmte Gerade an und bezeichnen deren Enden mit o und ∞. Auf dieser Geraden (o, ∞) wählen wir einen Punkt O und errichten dann in O ein Lot; die Enden dieses Lotes mögen mit $+1$ und -1 bezeichnet werden.

Wir definieren jetzt die Summe zweier Enden folgender-maßen:

Erklärung. Es seien α, β irgend zwei von ∞ verschiedene Enden; ferner sei O_α das Spiegelbild des Punktes O an der Geraden (α, ∞), und O_β sei das Spiegelbild des Punktes O an der Geraden (β, ∞); die Mitte der Strecke $O_\alpha O_\beta$ verbinden wir mit dem Ende ∞; das andere Ende der so konstruierten Geraden heiße die *Summe der beiden Enden α und β* und werde mit $\alpha + \beta$ bezeichnet.

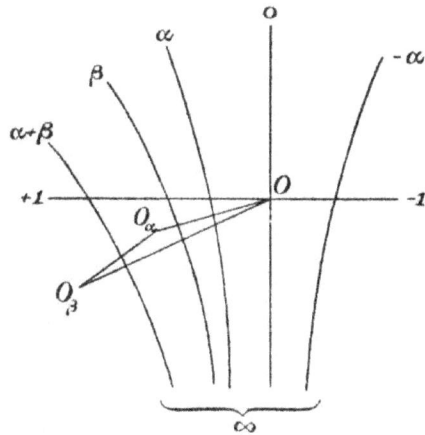

Wenn wir eine Halbgerade mit dem Ende α an der Geraden $(0, \infty)$ spiegeln, so werde das Ende der so entstehenden Halbgeraden mit $-\alpha$ bezeichnet.

Wir erkennen leicht die Richtigkeit der Gleichungen

$$\alpha + 0 = \alpha,$$

$$1 + (-1) = 0,$$

$$\alpha + (-\alpha) = 0,$$

$$\alpha + \beta = \beta + \alpha.$$

Die letzte Gleichung spricht das **kommutative Gesetz für die Addition von Enden** aus.

Um das **assoziative Gesetz für die Addition von Enden** zu beweisen, bezeichnen wir der Reihe nach mit S_0, S_α, S_β die Spiegelungen an den Geraden $(0, \infty)$, (α, ∞), (β, ∞); nach Satz 5 in § 1 gibt es dann gewiß eine Gerade (σ, ∞), so daß für die Spiegelung S_σ an dieser Geraden die Formel

$$S_\sigma = S_\beta S_0 S_\alpha$$

gilt. Da bei der Operation $S_\beta S_0 S_\alpha$ der Punkt O_α in den Punkt O_β übergeht, so ist notwendig O_β das Spiegelbild von O_α an der Geraden (σ, ∞), und folglich wird $\sigma = \alpha + \beta$, d. h. es gilt die Formel

$$S_{\alpha+\beta} = S_\beta S_0 S_\alpha.$$

Bezeichnet γ ebenfalls ein Ende, so lehrt die wiederholte Anwendung der eben gefundenen Formel:

$$S_{\alpha+(\beta+\gamma)} = S_{\beta+\gamma}S_0S_\alpha = S_\gamma S_0 S_\beta S_0 S_\alpha \,,$$
$$S_{(\alpha+\beta)+\gamma} = S_\gamma S_0 S_{\alpha+\beta} = S_\gamma S_0 S_\beta S_0 S_\alpha \,,$$

und folglich ist $\qquad S_{\alpha+(\beta+\gamma)} = S_{(\alpha+\beta)+\gamma}$
und mithin auch

$$\alpha + (\beta + \gamma) = (\alpha + \beta) + \gamma.$$

Die vorhin abgeleitete Formel

$$S_{\alpha+\beta} = S_\beta S_0 S_\alpha$$

lehrt zugleich, daß die angegebene Konstruktion der Summe zweier Enden von der getroffenen Wahl des Punktes O auf der Geraden $(0, \infty)$ unabhängig ist. Bezeichnet mithin O' irgendeinen von O verschiedenen Punkt der Geraden $(0, \infty)$ und sind O'_α, O'_β die Spiegelbilder des Punktes O' an den Geraden (α, ∞), bzw. (β, ∞), so ist die Mittelsenkrechte auf $O'_\alpha O'_\beta$ wiederum die Gerade $(\alpha + \beta, \infty)$.

Wir führen hier noch eine Tatsache an, deren Kenntnis für unsere Entwicklungen in § 4 nötig ist.

Wenn wir die Gerade (α, ∞) an der Geraden (β, ∞) spiegeln, so entsteht die Gerade $(2\beta - \alpha, \infty)$.

In der Tat, ist P irgendein Punkt derjenigen Geraden, die aus (α, ∞) durch Spiegelung an (β, ∞) vorgeht, so bleibt derselbe offenbar ungeändert, wenn wir auf ihn der Reihe nach die Spiegelungen $\qquad S_\beta, S_0, S_{-\alpha}, S_0, S_\beta$

anwenden. Wegen der obigen Formel ist aber

$$S_\beta S_0 S_{-\alpha} S_0 S_\beta = S_{2\beta-\alpha} \,,$$

d. h. jener zusammengesetzte Prozeß kommt einer Spiegelung an der Geraden $(2\beta - \alpha, \infty)$ gleich; der Punkt P liegt mithin notwendig auf der letzteren Geraden.

§ 3. Die Multiplikation der Enden.

Wir definieren jetzt das Produkt zweier Enden folgendermaßen:
Erklärung. Wenn ein Ende auf derselben Seite der Geraden
(o, ∞) wie das Ende + 1 liegt, so heiße das Ende *positiv*, und
wenn ein Ende auf der-
selben Seite der Gera-
den (o, ∞) wie das Ende
— 1 liegt, so heiße das
Ende *negativ*.

Es seien nun α, β
irgend zwei von o und
∞ verschiedene Enden.
Die beiden Geraden
$(\alpha, -\alpha)$ und $(\beta, -\beta)$
stehen senkrecht auf
der Geraden (o, ∞);
sie mögen diese Ge-
rade in A bzw. B

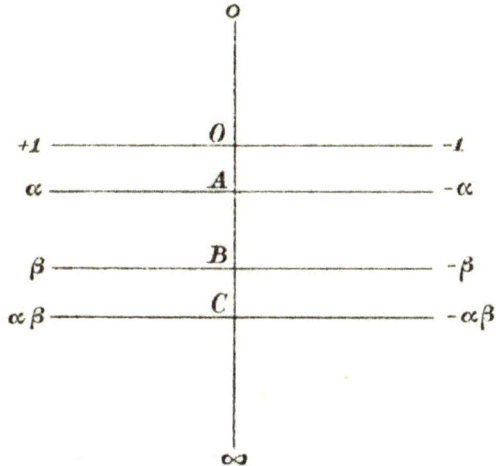

schneiden. Ferner tragen wir die Strecke OA von B aus auf der
Geraden (o, ∞) bis C in der Weise ab, daß auf der Geraden (o, ∞)
die Richtung von O nach A die nämliche wie die Richtung von B
nach C ist: dann konstruieren wir in C auf der Geraden (o, ∞)
die Senkrechte und bezeichnen das positive oder das negative
Ende dieser Senkrechten als das *Produkt $\alpha\beta$ der beiden Enden*
α, β, je nachdem diese Enden entweder beide positiv bzw. beide
negativ oder eines positiv und das andere negativ ist.

Wir setzen endlich die Formel

$$\alpha \cdot o = o \cdot \alpha = o \quad \text{fest.}$$

Auf Grund der Axiome III, 1—3 über die Kongruenz von Strek-
ken erkennen wir unmittelbar die Gültigkeit der Formeln

$$\alpha\beta = \beta\alpha,$$
$$\alpha(\beta\gamma) = (\alpha\beta)\gamma,$$

d. h. es gilt sowohl d a s k o m m u t a t i v e als auch d a s a s s o -
z i a t i v e G e s e t z f ü r d i e M u l t i p l i k a t i o n v o n E n d e n.
Auch finden wir leicht, daß die Formeln

$$1 \cdot \alpha = \alpha, \quad (-1)\alpha = -\alpha$$

gelten und daß, wenn die Enden α, β einer Geraden die Gleichung
$$\alpha\beta = -1$$

erfüllen, diese durch den Punkt O gehen muß.

Die Möglichkeit der Division erhellt unmittelbar; auch gibt
es zu jedem positiven Ende π stets ein positives (und ebenso ein
negatives) Ende, dessen Quadrat jenem Ende π gleich wird und
welches daher mit $\sqrt{\pi}$ bezeichnet werden möge.

U m d a s d i s t r i b u t i v e G e s e t z f ü r d i e R e c h n u n g m i t E n d e n
zu beweisen, konstruieren wir zunächst aus den Enden β und γ auf
die in § 2 angegebene Weise das Ende $\beta + \gamma$. Suchen wir sodann
auf die eben angegebene Weise
die Enden $\alpha\beta$, $\alpha\gamma$, $\alpha(\beta+\gamma)$,
so erkennen wir, daß diese
Konstruktion hinausläuft auf
diejenige kongruente Abbildung der Ebene in sich, die
auf der Geraden $(0, \infty)$ eine
Verschiebung um die Strecke
OA liefert. Wenn wir demnach die Summe der
Enden $\alpha\beta$ und $\alpha\gamma$ durch
eine Konstruktion von A aus
anstatt von O aus ermitteln
— was nach einer der Bemerkungen in § 2 gestattet ist —,
so ergibt sich in der Tat
für diese Summe das Ende
$\alpha(\beta+\gamma)$, d.h. es gilt die Formel

$$\alpha\beta + \alpha\gamma = \alpha(\beta + \gamma).$$

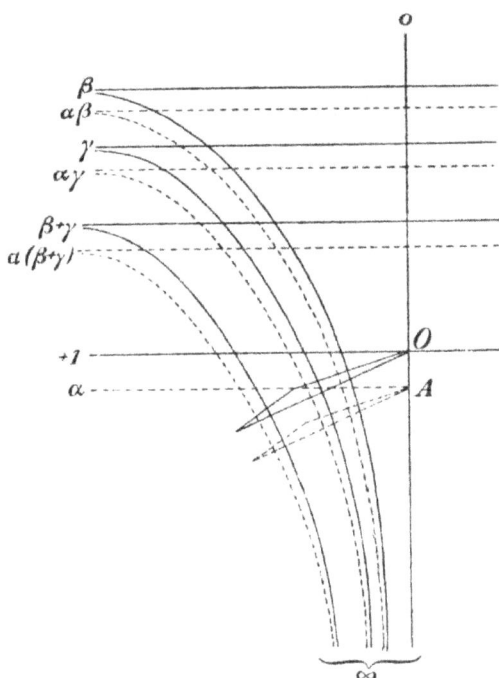

§ 4. Die Gleichung des Punktes.

Nachdem wir in § 2 — § 3 erkannt haben, daß für die Rechnung mit Enden die nämlichen Regeln gelten wie für die Rechnung mit gewöhnlichen Zahlen, bietet der Aufbau der Geometrie keine weiteren Schwierigkeiten; er geschehe etwa in folgender Weise:

Wenn ξ, η die Enden irgendeiner Geraden sind, so mögen die Enden

$$u = \xi\eta,$$

$$v = \frac{\xi + \eta}{2}$$

die *Koordinaten* jener Geraden heißen. Es gilt die fundamentale Tatsache:

Wenn α, β, γ drei Enden von solcher Beschaffenheit sind, daß das Ende $4\alpha\gamma - \beta^2$ positiv ausfällt, so laufen die sämtlichen Geraden, deren Koordinaten u, v der Gleichung

$$\alpha u + \beta v + \gamma = 0$$

genügen, durch einen Punkt.

Beweis. Konstruieren wir gemäß § 2 — § 3 die Enden

$$\varkappa = \frac{2\alpha}{\sqrt{4\alpha\gamma - \beta^2}}, \qquad \lambda = \frac{\beta}{\sqrt{4\alpha\gamma - \beta^2}},$$

so nimmt mit Rücksicht auf die Bedeutung der Koordinaten u, v und da jedenfalls $\alpha \neq 0$ ist, die vorgelegte lineare Gleichung die Gestalt an

$$(\varkappa\xi + \lambda)(\varkappa\eta + \lambda) = -1.$$

Wir wollen nunmehr die Transformation eines willkürlich veränderlichen Endes ω untersuchen, welche durch die Formel

$$\omega' = \varkappa\omega + \lambda$$

vermittelt wird. Zu dem Zwecke betrachten wir zunächst die Transformationen

$$\omega' = \varkappa\omega \quad \text{und} \quad \omega' = \omega + \lambda.$$

Was die erstere Transformation betrifft, so kommt offenbar die Multiplikation des willkürlichen Endes ω mit einer Konstanten $\varkappa$ nach § 3 einer Verschiebung der Ebene längs der Geraden $(0, \infty)$ um eine gewisse von $\varkappa$ abhängige Strecke gleich.

Aber auch der letzteren Transformation, d. h. der Zufügung des Endes λ zu dem willkürlich veränderlichen Ende ω, entspricht eine gewisse nur von λ abhängige Bewegung der Ebene in sich, nämlich eine solche, die sich als eine Drehung der Ebene um das Ende ∞ auffassen läßt.

Um dies einzusehen, bedenken wir, daß nach der Darlegung am Schluß von § 2 die Gerade (ω, ∞) durch Spiegelung an der Geraden $(0, \infty)$ in die Gerade $(-\omega, \infty)$ und diese wiederum durch Spiegelung an der Geraden $\left(\dfrac{\lambda}{2}, \infty\right)$ in die Gerade $(\omega + \lambda, \infty)$ übergeht, d. h. die Hinzufügung des Endes λ zu dem willkürlich veränderlichen Ende ω kommt den nacheinander ausgeführten Spiegelungen an den Geraden $(0, \infty)$ und $\left(\dfrac{\lambda}{2}, \infty\right)$ gleich.

Aus dem eben Bewiesenen folgt, daß, wenn ξ, η die Enden einer Geraden sind, durch die Formeln

$$\xi' = \varkappa\xi + \lambda,$$
$$\eta' = \varkappa\eta + \lambda$$

sich die Enden einer solchen Geraden bestimmen, die durch eine gewisse allein von $\varkappa, \lambda$ abhängige Bewegung der Ebene aus der Geraden mit den Enden ξ, η hervorgeht. Da aber die obige Gleichung

$$(\varkappa\xi + \lambda)(\varkappa\eta + \lambda) = -1$$

für die Enden ξ', η' die Relation

$$\xi'\eta' = -1$$

zur Folge hat und nach einer Bemerkung in § 3 diese Relation die Bedingung dafür ist, daß die betreffenden Geraden durch den Punkt O laufen, so ersehen wir, daß auch alle der ursprünglichen Gleichung

$$(\varkappa\xi + \lambda)(\varkappa\eta + \lambda) = -1$$

genügenden Geraden (ξ, η) durch einen Punkt laufen, und damit ist der Beweis für den aufgestellten Satz vollkommen erbracht.

Nachdem wir erkannt haben, daß die Gleichung des Punktes in Linienkoordinaten eine lineare ist, folgern wir leicht den speziellen Pascalschen Satz für das Geradenpaar und den Desarguesschen Satz über perspektiv liegende Dreiecke sowie die übrigen Sätze der projektiven Geometrie. Auch sind dann die bekannten Formeln der Bolyai-Lobatschefskyschen Geometrie ohne Schwierigkeit ableitbar, und damit ist der Aufbau dieser Geometrie mit alleiniger Hilfe der Axiome I—IV vollendet.

Zur Ergänzung der Literaturangaben am Anfang dieses Anhanges (auf S. 159, Fußnote 2) sei auf folgende beiden neueren Lehrbücher verwiesen:

F. Bachmann, ,,Aufbau der Geometrie aus dem Spiegelungsbegriff'', Berlin-Göttingen-Heidelberg 1959;

K. Borsuk und W. Szmielew, ,,Podstawy Geometrii'', Übersetzung ins Englische von E. Marquit, ,,Foundations of Geometry'', Amsterdam 1960.

Anhang IV.

Über die Grundlagen der Geometrie. [1])

[Aus Math. Ann. Bd. 56, 1902.]

Die Untersuchungen von Riemann und Helmholtz über die Grundlagen der Geometrie veranlaßten Lie, das Problem der axiomatischen Behandlung der Geometrie unter Voranstellung des Gruppenbegriffes in Angriff zu nehmen, und führten diesen scharfsinnigen Mathematiker zu einem System von Axiomen, von denen er mittels seiner Theorie der Transformationsgruppen nachwies, daß sie zum Aufbau der Geometrie hinreichend sind. [2])

Nun hat Lie bei der Begründung seiner Theorie der Transformationsgruppen stets die Annahme gemacht, daß die die Gruppe definierenden Funktionen differenziert werden können, und daher bleibt in den Lieschen Entwicklungen unerörtert, ob die Annahme der Differenzierbarkeit bei der Frage nach den Axiomen der Geometrie tatsächlich unvermeidlich ist oder ob die Differenzierbarkeit der betreffenden Funktionen nicht vielmehr als reine Folge des Gruppenbegriffes und der übrigen geometrischen Axiome erscheint. Auch ist Lie zufolge seines Verfahrens genötigt, ausdrücklich das Axiom aufzustellen, daß die Gruppe der Bewegungen von infinitesimalen Transformationen erzeugt sei. Diese Forderungen, sowie wesentliche Bestandteile der übrigen von Lie zugrunde gelegten Axiome bezüglich der Natur

---

1) Zur Kennzeichnung der nachfolgenden Begründungsweise der Geometrie im Vergleich mit dem im Hauptteil dieses Buches befolgten Verfahren sehe man die am Schluß dieser Abhandlung gemachte Bemerkung (S. 230).

2) Lie-Engel, Theorie der Transformationsgruppen, Bd. 3, Abteilung 5.

der die Punkte in gleicher Entfernung definierenden Gleichung
lassen sich rein geometrisch nur auf recht gezwungene und komplizierte Weise zum Ausdruck bringen und scheinen überdies nur
durch die von Lie benutzte analytische Methode, nicht durch das
Problem selbst bedingt.

Ich habe daher im folgenden für die ebene Geometrie ein
System von Axiomen aufzustellen gesucht, welches, ebenfalls auf
dem Begriff der Gruppe beruhend, nur einfache und geometrisch
übersichtliche Forderungen enthält und insbesondere die Differenzierbarkeit der die Bewegung vermittelnden Funktionen
keineswegs voraussetzt. Die Axiome des von mir aufgestellten
Systems sind als spezielle Bestandteile in den Lieschen Axiomen
enthalten oder, wie ich glaube, aus ihnen sofort ableitbar.

Meine Beweisführung ist völlig von der Methode Lies verschieden: ich operiere vornehmlich mit den von G. Cantor aus-
gebildeten Begriffen der Theorie der Punktmengen und benutze
den Satz von C. Jordan, wonach jede ebene stetig geschlossene
Kurve ohne Doppelpunkte die Ebene in ein inneres und ein äußeres Gebiet teilt.

Gewiß sind auch in dem von mir aufgestellten System noch
einzelne Bestandteile entbehrlich; doch habe ich von einer weiteren Untersuchung dieses Umstandes abgesehen aus Rücksicht auf
die einfache Fassung der Axiome und vor allem, weil ich eine ver-
hältnismäßig zu komplizierte und geometrisch nicht übersichtliche Beweisführung vermeiden wollte.

Ich behandle im folgenden die Axiome nur für die Ebene, obwohl ich meine, daß ein analoges Axiomensystem für den Raum
aufgestellt werden kann, das den Aufbau der räumlichen Geometrie in analoger Weise ermöglicht.[1])

Wir schicken einige Erklärungen voraus.

---

1) Durch die nachfolgende Untersuchung wird zugleich, wie ich glaube,
eine allgemeine die Gruppentheorie betreffende Frage, die ich in meinem
Vortrag „Mathematische Probleme", Göttinger Nachrichten 1900, Problem 5, aufgeworfen habe, für den speziellen Fall der Gruppe der Bewegungen in der Ebene beantwortet.

Erklärungen. Wir verstehen unter der *Zahlenebene* die gewöhnliche Ebene mit einem rechtwinkligen Koordinatensystem
x, y.

Eine doppelpunktlose und einschließlich ihrer Endpunkte
stetige Kurve in dieser Zahlenebene heiße eine *Jordansche Kurve.*
Ist eine Jordansche Kurve geschlossen, so heiße das I n n e r e des
von derselben begrenzten Gebietes der Zahlenebene ein *Jordansches Gebiet.*

Der leichteren Darstellung und Faßlichkeit wegen will ich
in der vorliegenden Untersuchung die Definition der Ebene
enger fassen, als es meine Beweisführung erfordert[1]), ich will
nämlich annehmen, daß es möglich ist, die sämtlichen Punkte
unserer Geometrie zugleich auf die im Endlichen gelegenen
Punkte der Zahlenebene oder auf ein bestimmtes Teilsystem derselben umkehrbar eindeutig abzubilden, so daß dann jeder Punkt
unserer Geometrie durch ein bestimmtes Zahlenpaar *x, y* charakterisiert ist. Wir formulieren diese Fassung des Begriffes der Ebene
wie folgt:

D e f i n i t i o n d e r E b e n e. *Die Ebene ist ein System von Dingen,
die Punkte heißen und die sich umkehrbar eindeutig auf die im Endlichen gelegenen Punkte der Zahlenebene oder auf ein gewisses Teilsystem derselben abbilden lassen; diese Punkte der Zahlenebene
(d. h. die Bildpunkte) werden auch zugleich zur Bezeichnung der
Punkte unserer Ebene selbst verwandt.*

---

1) Betreffs der weiteren Fassung des Begriffes der Ebene vergleiche man
meine Note über die Grundlagen der Geometrie in den Göttinger Nachrichten 1902. Ich habe daselbst die folgende allgemeinere Definition der
Ebene aufgestellt:

*Die Ebene ist ein System von Dingen, welche Punkte heißen. Jeder Punkt A
bestimmt gewisse Teilsysteme von Punkten, zu denen er selbst gehört und
welche Umgebungen des Punktes A heißen.*

*Die Punkte einer Umgebung lassen sich stets umkehrbar eindeutig auf die
Punkte eines gewissen Jordanschen Gebietes in der Zahlenebene abbilden. Das
Jordansche Gebiet wird ein Bild jener Umgebung genannt.*

*Jedes in einem Bilde enthaltene Jordansche Gebiet, innerhalb dessen das
Bild von A liegt, ist wiederum ein Bild einer Umgebung von A. Liegen verschie-*

Zu jedem Punkte A unserer Ebene gibt es in der Zahlenebene Jordansche Gebiete, in denen der Bildpunkt von A liegt und deren sämtliche Punkte ebenfalls Punkte unserer Ebene darstellen. Diese Jordanschen Gebiete heißen Umgebungen des Punktes A.

Jedes in einer Umgebung von A enthaltene Jordansche Gebiet, innerhalb dessen der Punkt A (Bildpunkt von A) liegt, ist wiederum eine Umgebung von A.

Ist B irgendein Punkt in einer Umgebung von A, so ist diese Umgebung auch zugleich eine Umgebung von B.

Wenn A und B irgend zwei Punkte unserer Ebene sind, so gibt es stets eine Umgebung von A, die zugleich den Punkt B enthält.

Wir werden die Bewegung als eine umkehrbar eindeutige Transformation unserer Ebene in sich definieren. Offenbar lassen sich von vornherein zwei Arten von umkehrbar eindeutigen stetigen Transformationen der Zahlenebene in sich unterscheiden.

---

dene Bilder einer Umgebung vor, so ist die dadurch vermittelte umkehrbar eindeutige Transformation der betreffenden Jordanschen Gebiete aufeinander eine stetige.

Ist B irgendein Punkt in einer Umgebung von A, so ist diese Umgebung auch zugleich eine Umgebung von B.

Zu irgend zwei Umgebungen eines Punktes A gibt es stets eine solche Umgebung des Punktes A, die beiden Umgebungen gemeinsam ist.

Wenn A und B irgend zwei Punkte unserer Ebene sind, so gibt es stets eine Umgebung von A, die zugleich den Punkt B enthält.

Diese Forderungen enthalten, wie mir scheint, für den Fall zweier Dimensionen die scharfe Definition des Begriffes, den Riemann und Helmholtz als „mehrfach ausgedehnte Mannigfaltigkeit" und Lie als „Zahlenmannigfaltigkeit" bezeichneten und ihren gesamten Untersuchungen zugrunde legten. Auch bieten sie die Grundlage für eine strenge axiomatische Behandlung der Analysis situs.

Indem wir die obige engere Definition der Ebene annehmen, wird offenbar die elliptische Geometrie von vornherein ausgeschlossen, da sich deren Punkte nicht in einer mit unseren Axiomen verträglichen Weise auf die im Endlichen gelegenen Punkte der Zahlenebene abbilden lassen. Es ist jedoch nicht schwer, die Abänderungen zu erkennen, die in unserer Beweisführung nötig sind, wenn man die weitere Fassung des Begriffes der Ebene zugrunde legt.

Nehmen wir nämlich irgendeine geschlossene Jordansche Kurve
in der Zahlenebene an und denken uns dieselbe in einem bestimmten Sinne durchlaufen, so geht dieselbe bei einer solchen Transformation wiederum in eine geschlossene Jordansche Kurve über,
die in einem gewissen Sinne umlaufen wird. Wir wollen nun in der
gegenwärtigen Untersuchung annehmen, daß dieser Umlaufsinn
derselbe ist, wie für die ursprüngliche Jordansche Kurve, wenn
wir eine Transformation der Zahlenebene in sich anwenden, welche
eine Bewegung definiert. Diese Annahme[1]) bedingt folgende
Fassung des Begriffes der Bewegung:

*Definition der Bewegung. Eine Bewegung ist eine umkehrbar
eindeutige stetige Transformation der Bildpunkte der Zahlenebene
in sich von der Art, daß dabei der Umlaufssinn einer geschlossenen
Jordanschen Kurve stets derselbe bleibt. Die Umkehrung der zu
einer Bewegung gehörenden Transformation ist wieder eine Bewegung.*

*Eine Bewegung, bei welcher ein Punkt M ungeändert bleibt, heißt
eine Drehung um den Punkt M.*

Nach Festlegung des Begriffes „Ebene" und „Bewegung" stellen wir folgende drei Axiome auf:

A x i o m I. *Werden zwei Bewegungen hintereinander ausgeführt,
so ist die dann entstehende Transformation unserer Ebene in sich
wiederum eine Bewegung.*

Wir sagen kurz:

A x i o m I. **Die Bewegungen bilden eine Gruppe.**

A x i o m II. *Wenn A und M beliebige voneinander verschiedene
Punkte der Ebene sind, so kann man den Punkt A durch Drehung
um M stets in unendlichviele verschiedene Lagen bringen.*

---

1) Bei L i e ist diese Annahme in der Forderung erhalten, daß die Gruppe
der Bewegung durch infinitesimale Transformationen erzeugt sei. Die ent-
gegengesetzte Annahme (d. h. die Annahme der Möglichkeit von Um-
legungen) würde wesentlich die Beweisführung erleichtern, insofern als
dann die „wahre Gerade" unmittelbar als der Ort derjenigen Punkte definiert werden kann, welche bei einer den Umlaufsinn ändernden Transformation, die zwei Punkte ungeändert läßt, fest bleiben.

Nennen wir die Gesamtheit derjenigen Punkte, die durch die sämtlichen Drehungen um M aus einem von M verschiedenen Punkte entstehen, einen *wahren*[1]) Kreis in unserer ebenen Geometrie, so können wir die Aussage des Axioms II auch so fassen:

Axiom II. *Jeder wahre Kreis besteht aus unendlichvielen Punkten.*

_____

Dem letzten noch erforderlichen Axiom schicken wir eine Erklärung voraus.

Erklärung. Es sei $A\,B$ ein bestimmtes Punktepaar in unserer Geometrie; mit den nämlichen Buchstaben mögen auch die Bilder dieses Punktepaares in der Zahlenebene bezeichnet werden. Wir grenzen um die Punkte A und B in der Zahlenebene je eine Umgebung α bzw. β ab. Wenn ein Punkt A^* in die Umgebung α und zugleich ein Punkt B^* in die Umgebung β fällt, so sagen wir: das Punktepaar A^*B^* liegt in der Umgebung $\alpha\beta$ von $A\,B$. Die Aussage, daß diese Umgebung $\alpha\beta$ beliebig klein sei, soll bedeuten, daß α eine beliebig kleine Umgebung von A und zugleich β eine beliebig kleine Umgebung von B ist.

Es sei $A\,BC$ ein bestimmtes Punktetripel in unserer Geometrie; mit den nämlichen Buchstaben mögen auch die Bilder dieses Punktetripels in der Zahlenebene bezeichnet werden. Wir grenzen um die Punkte A, B, C in der Zahlenebene je eine Umgebung α, β, γ ab. Wenn ein Punkt A^* in die Umgebung α und zugleich ein Punkt B^* in die Umgebung β und ein Punkt C^* in die Umgebung γ fällt, so sagen wir: das Punktetripel $A^*B^*C^*$ liegt in der Umgebung $\alpha\beta\gamma$ von $A\,BC$. Die Aussage, daß diese Umgebung $\alpha\beta\gamma$ beliebig klein sei, soll bedeuten, daß α eine beliebig kleine Umgebung von A und zugleich β eine beliebig kleine Umgebung von B und γ eine beliebig kleine Umgebung von C ist.

----

1) Der Ausdruck „wahrer Kreis" soll andeuten, daß sich das so definierte Gebilde im Laufe der Untersuchung als dem Zahlenkreis isomorph erweisen wird. Entsprechendes gilt für die Ausdrücke „wahre Gerade" (S. 186) und „wahre Strecke" (S. 215).

Beim Gebrauch der Worte „Punktepaar" und „Punktetripel" wird nicht angenommen, daß die Punkte des Punktepaares oder des Punktetripels voneinander verschiedenen sind.

Axiom III. *Wenn es Bewegungen gibt, durch welche Punktetripel in beliebiger Nähe des Punktetripels A B C in beliebige Nähe des Punktetripels A' B' C' übergeführt werden können, so gibt es stets auch eine solche Bewegung, durch welche das Punktetripel A B C genau in das Punktetripel A' B' C' übergeht.*[1])

Die Aussage dieses Axioms wollen wir kurz so ausdrücken:

Axiom III. **Die Bewegungen bilden ein abgeschlossenes System.**

Wenn wir in Axiom III gewisse Punkte der Punktetripel zusammenfallen lassen, so ergeben sich leicht einige spezielle Fälle des Axioms III, die wir noch besonders hervorheben, wie folgt:

Wenn es Drehungen um einen Punkt M gibt, durch welche Punktepaare in beliebiger Nähe des Punktepaares A B in beliebige Nähe des Punktepaares A' B' übergeführt werden können, so gibt es stets auch eine solche Drehung um M, durch welche das Punktepaar A B genau in das Punktepaar A' B' übergeht.

Wenn es Bewegungen gibt, durch welche Punktepaare in beliebiger Nähe des Punktepaares A B in beliebige Nähe des Punktepaares A' B' übergeführt werden können, so gibt es stets auch eine solche Bewegung, durch welche das Punktepaar A B genau in das Punktepaar A' B' übergeht.

Wenn es Drehungen um den Punkt M gibt, durch welche Punkte in beliebiger Nähe des Punktes A in beliebige Nähe von A' übergeführt werden können, so gibt es stets auch eine solche Drehung um M, durch welche A genau in A' übergeht.

---

[1]) Es genügt, Axiom III für genügend kleine Umgebungen als erfüllt anzunehmen, wie es ähnlich auch bei Lie geschieht; meine Beweisführung läßt sich so abändern, daß nur diese engere Annahme darin benutzt wird.

Diesen letzten Spezialfall des Axioms III werde ich bei der nachfolgenden Beweisführung oftmals in der Weise anwenden, daß für A der Punkt M eintritt.[1])

Ich beweise nun folgende Behauptung:

Eine ebene Geometrie, in welcher die Axiome I—III *erfüllt sind, ist entweder die Euklidische oder die Bolyai-Lobatschefskysche ebene Geometrie.*
Wollen wir allein die Euklidische Geometrie erhalten, so haben wir nur nötig, bei Axiom I den Zusatz zu machen, daß die Gruppe der Bewegungen eine invariante Untergruppe besitzen soll. Dieser Zusatz vertritt die Stelle des Parallelenaxioms.

Den Gedankengang meiner Beweisführung möchte ich kurz wie folgt skizzieren:

In der Umgebung irgendeines Punktes M wird durch ein besonderes Verfahren ein gewisses Punktgebilde kk und auf diesem ein gewisser Punkt K konstruiert (§ 1 — § 2) und dann der wahre Kreis $\varkappa$ durch K um M der Untersuchung unterworfen (§ 3). Es ergibt sich, daß der wahre Kreis $\varkappa$ eine abgeschlossene und in sich dichte, d. h. eine perfekte Punktmenge ist.

Das nächste Ziel unserer Entwicklungen besteht darin, zu zeigen, daß der wahre Kreis $\varkappa$ eine geschlossene Jordansche Kurve ist.[2]) Dies gelingt, indem wir zunächst die Möglichkeit einer Anordnung der Punkte des wahren Kreises $\varkappa$ erkennen (§ 4 — § 5), hieraus eine umkehrbar eindeutige Abbildung der Punkte von $\varkappa$

---

1) Eine Folgerung, die ich im mündlichen Vortrage in der Festsitzung zur Jubelfeier der Ges. d. Wiss. zu Göttingen 1901 als besonderes Axiom aufgeführt habe, ist diese: ,,Irgend zwei Punkte können durch Bewegung niemals in beliebige Nähe zueinander geraten." Es wäre zu untersuchen, inwieweit bzw. mit welchen Forderungen zusammen diese Forderung das oben aufgestellte Axiom III zu ersetzen imstande ist.

2) Vgl. hierzu die ein ähnliches Ziel verfolgende interessante Note von A. Schönflies: ,,Über einen grundlegenden Satz der Analysis Situs", Göttinger Nachrichten 1902, sowie weitere Ausführungen und Literaturangaben: Berichte der Deutschen Mathematiker-Vereinigung, Erg.-Bd. II (1908) S. 158 u. S. 178.

auf die Punkte eines gewöhnlichen Kreises schließen (§ 6—§ 7)
und endlich beweisen, daß diese Abbildung notwendig eine stetige
sein muß (§ 8). Nunmehr ergibt sich auch, daß das ursprünglich
konstruierte Punktgebilde kk mit dem wahren Kreis $\varkappa$ identisch
ist (§ 9). Weiter gilt der Satz, daß jeder wahre Kreis innerhalb $\varkappa$
ebenfalls eine geschlossene Jordansche Kurve ist (§ 10—§ 12).

Wir wenden uns nun zur Untersuchung der Gruppe der Transformationen, die bei den Drehungen der Ebene um M der wahre
Kreis $\varkappa$ in sich erfährt (§ 13). Diese Gruppe besitzt folgende Eigenschaften: 1. Jede Drehung um M, die einen Punkt von $\varkappa$ festläßt, läßt alle Punkte desselben fest (§ 14). 2. Es gibt stets eine
Drehung um M, die irgendeinen gegebenen Punkt von $\varkappa$ in irgendeinen anderen Punkt von $\varkappa$ überführt (§ 15). 3. Die Gruppe der
Drehungen um M ist eine stetige (§ 16). Diese drei Eigenschaften
bestimmen vollständig den Bau der Gruppe der Transformationen, die allen Drehungen des wahren Kreises in sich entsprechen.
Wir stellen nämlich den folgenden Satz auf: Die Gruppe aller
Transformationen des wahren Kreises $\varkappa$ in sich, die Drehungen
um M sind, ist holoedrisch isomorph mit der Gruppe der gewöhnlichen Drehungen des gewöhnlichen Kreises in sich (§ 17—§ 18).

Nunmehr untersuchen wir die Gruppe der Transformationen
aller Punkte unserer Ebene bei Drehungen um M. Es gilt der
Satz, daß es außer der Identität keine Drehung der Ebene um M
gibt, welche jeden Punkt eines wahren Kreises μ festläßt (§ 19).
Wir erkennen jetzt, daß jeder wahre Kreis eine geschlossene
Jordansche Kurve ist, und gewinnen Formeln für die Transformationen jener Gruppe aller Drehungen um M (§ 20—§ 21). Endlich
folgen leicht die Sätze: Wenn irgend zwei Punkte bei einer Bewegung der Ebene festbleiben, so bleiben alle Punkte fest, d. h.
die Bewegung ist die Identität. Jeder Punkt der Ebene läßt sich
durch eine geeignete Bewegung in jeden anderen Punkt der Ebene
überführen (§ 22).

Unser wichtigstes weiteres Ziel besteht darin, den Begriff der
wahren Geraden in unserer Geometrie zu definieren und die für
den Aufbau der Geometrie notwendigen Eigenschaften dieses

Begriffes zu entwickeln. Zunächst werden die Begriffe Halbdrehung und Mitte einer Strecke definiert (§ 23). Eine Strecke hat höchstens eine Mitte (§ 24), und wenn man von einer Strecke ihre Mitte kennt, so folgt, daß auch jede kleinere Strecke eine Mitte besitzt (§ 25—§ 26).

Um die Lage der Streckenmitten zu beurteilen, haben wir einige Sätze über sich berührende wahre Kreise nötig, und zwar kommt es vor allem darauf an, zwei zueinander kongruente Kreise zu konstruieren, die sich einander von außen in einem und nur in einem Punkte berühren (§ 27). Wir leiten ferner einen allgemeinen Satz über Kreise, die sich von innen berühren, ab (§ 28) und sodann einen Satz über den besonderen Fall, daß der von innen berührende Kreis durch den Mittelpunkt des berührten Kreises geht (§ 29).

Nunmehr wird eine bestimmte genügend kleine Strecke als Einheitsstrecke zugrunde gelegt und aus dieser durch fortgesetzte Halbierung und Halbdrehung ein System von Punkten von der Art konstruiert, daß jedem Punkte dieses Systems eine bestimmte Zahl a zugeordnet erscheint, die rational ist und nur eine Potenz von 2 als Nenner hat (§ 30). Nach Aufstellung eines Gesetzes über diese Zuordnung (§ 31) werden die Punkte des gewonnenen Punktsystems untereinander angeordnet, wobei die früheren Sätze über sich berührende Kreise zur Geltung kommen (§ 32). Jetzt gelingt der Nachweis, daß die den Zahlen $\frac{1}{2}$, $\frac{1}{4}$, $\frac{1}{8}$, ... entsprechenden Punkte gegen den Punkt o konvergieren (§ 33). Dieser Satz wird schrittweise verallgemeinert, bis wir schließlich erkennen, daß eine jede Punktreihe unseres Systems konvergiert, sobald die entsprechende Zahlenreihe konvergiert (§ 34—§ 35).

Nach diesen Vorbereitungen gelingt die Definition der wahren Geraden als eines Systems von Punkten, die aus zwei zugrunde gelegten Punkten entstehen, wenn man fortgesetzt die Mitten nimmt, Halbdrehungen ausführt und die Häufungsstellen aller erhaltenen Punkte hinzufügt (§ 36). Sodann können wir beweisen, daß die wahre Gerade eine stetige Kurve ist (§ 37), keinen Doppelpunkt besitzt (§ 38) und mit irgendeiner anderen wahren Geraden höchstens einen Punkt gemein hat (§ 39). Es ergibt sich ferner, daß die wahre Gerade jeden um einen ihrer Punkte gelegten Kreis schneidet, und hieraus folgt, daß man irgend zwei beliebige Punkte der Ebene stets durch eine wahre Gerade verbinden kann (§ 40). Auch erkennen wir in unserer Geometrie die Kongruenz-sätze als gültig, wobei sich jedoch zwei Dreiecke nur dann als kongruent erweisen, wenn für sie auch der Umlaufsinn der gleiche ist (§ 41).

Hinsichtlich der Lage des Systems aller wahren Geraden gegen-einander sind zwei Fälle zu unterscheiden, je nachdem das Parallelenaxiom gültig ist oder durch jeden Punkt zu einer ge-gebenen Geraden zwei Gerade existieren, die die schneidenden Geraden von den nicht schneidenden Geraden abgrenzen. Im ersteren Falle gelangen wir zur Euklidischen, im letzteren zu Bolyai-Lobatschefskyschen Geometrie (§ 42).

---

§ 1. Es sei M irgendein Punkt in unserer Geometrie und zugleich der Bildpunkt in der Zahlenebene x, y. Unser nächstes Ziel ist dann, um M gewisse Punktgebilde zu konstruieren, die sich schließlich als die wahren Kreise um M herausstellen werden.

Wir schlagen in der Zahlenebene um M einen „Zahlenkreis", d. h. einen Kreis $\Re$ im Sinne der gewöhnlichen Maßbestimmung, so klein, daß sämtliche Punkte innerhalb und auf diesem Kreise $\Re$ ebenfalls Bildpunkte sind und es auch Punkte außerhalb $\Re$ gibt. Dann gibt es gewiß einen zu $\Re$ konzentrischen Kreis $\mathfrak{k}$ innerhalb $\Re$ von der Art, daß sämtliche Bildpunkte innerhalb dieses Kreises $\mathfrak{k}$ bei beliebigen Drehungen um M innerhalb des Kreises $\Re$ bleiben.

Um dies zu beweisen, betrachten wir in der Zahlenebene eine unendliche Reihe von konzentrischen Zahlenkreisen $\mathfrak{k}_1$, $\mathfrak{k}_2$, $\mathfrak{k}_3$, ... mit abnehmenden und gegen o konvergierenden Radien und nehmen dann im Gegensatz zur Behauptung in jedem dieser Kreise einen Bildpunkt von der Art an, daß derselbe bei einer ge-wissen Drehung um M an eine außerhalb des Kreises $\Re$ gelegene Stelle kommt oder auf die Peripherie des Kreises $\Re$ rückt: es sei A_i ein solcher im Kreise $\mathfrak{k}_i$ gelegener Bildpunkt, der bei der Dre-hung Δ_i in eine außerhalb des Kreises $\Re$ oder auf demselben gelegene Stelle übergeht. Wir denken uns dann von M nach jedem Punkte A_i den Radius r_i des betreffenden Zahlenkreises $\mathfrak{k}_i$ gezogen und fassen die Kurve γ_i ins Auge, in welche der Radius r_i bei der Drehung Δ_i übergeht. Da diese Kurve γ_i vom Punkte M nach einer gewissen Stelle außerhalb oder auf dem Kreise $\mathfrak{K}$ läuft, so muß sie notwendig die Peripherie des Kreises $\mathfrak{K}$ treffen; es sei B_i einer dieser Treffpunkte und B eine Verdichtungsstelle[1]) der Treffpunkte $B_1, B_2, B_3, \ldots$ Nun sei allgemein C_i derjenige Punkt auf dem Radius r_i, der bei der Drehung Δ_i in B_i übergeht. Da die Punkte $C_1, C_2, C_3, \ldots$ gegen M konvergieren, so gibt es nach Axiom III eine Drehung um M, bei welcher der auf der Peripherie des Kreises $\mathfrak{K}$ gelegene Punkt B in den Punkt M übergeht. Dies widerspricht dem vorhin definierten Begriff der Bewegung.

§ 2. Wie bereits in § 1 festgesetzt, sei $\mathfrak{k}$ ein Zahlenkreis innerhalb $\mathfrak{K}$, der die Bedingungen des dort bewiesenen Satzes erfüllt, so daß sämtliche Bildpunkte innerhalb $\mathfrak{k}$ bei den Drehungen um M innerhalb $\mathfrak{K}$ bleiben; ferner sei k ein Zahlenkreis innerhalb $\mathfrak{k}$, dessen sämtliche Punkte bei den Drehungen um M innerhalb $\mathfrak{k}$ bleiben. Dann bezeichnen wir kurz diejenigen Punkte der Zahlenebene, die bei irgendeiner Drehung um M aus Punkten innerhalb oder auf k entstehen, als *bedeckt*. Aus Axiom III folgt sofort, daß die bedeckten Punkte eine abgeschlossene Punktmenge bilden. Ferner sei A ein bestimmter Punkt außerhalb $\mathfrak{K}$, welcher Bildpunkt für einen Punkt unserer Geometrie ist. Wenn sich nun ein unbedeckter Punkt A' durch eine Jordansche Kurve, die aus lauter unbedeckten Punkten besteht, mit A verbinden läßt, so heiße A' *außerhalb kk* gelegen. Insbesondere sind alle Punkte außerhalb des Zahlenkreises $\mathfrak{k}$ gewiß außerhalb kk gelegene Punkte. Jeder bedeckte Punkt, zu dem in beliebig kleiner Umgebung sich Punkte außerhalb kk befinden, heiße ein Punkt *auf kk*. Die Punkte auf kk bilden eine abgeschlossene Punktmenge. Diejenigen Punkte J, die weder Punkte außerhalb kk noch Punkte auf kk

---

1) Unter einer Verdichtungsstelle ist in diesem Anhang das verstanden, was man heute als Häufungsstelle zu bezeichnen pflegt.

sind, sollen Punkte *innerhalb* kk heißen. Insbesondere sind also alle bedeckten Punkte, zu welchen nicht in beliebiger Nähe unbedeckte Punkte liegen, wie z. B. der Punkt M und die Punkte innerhalb k, sicher innerhalb kk gelegen.

§ 3. Indem wir bedenken, daß, wie $\mathfrak{f}$ bestimmt war, A bei den Drehungen um M niemals in das Innere von $\mathfrak{f}$ hineingelangt, erkennen wir, daß bei einer jeden Drehung um M die Punkte außerhalb kk wieder in Punkte außerhalb kk, ferner die Punkte auf kk wieder in Punkte auf kk und die Punkte innerhalb kk wiederum in Punkte innerhalb kk übergehen.

Jeder Punkt auf kk ist nach unserer Festsetzung ein bedeckter Punkt, und da wir wissen, daß die Punkte innerhalb k auch innerhalb kk liegen, so schließen wir hieraus folgende Tatsache:

Zu jedem Punkte K auf kk gibt es gewiß eine Drehung Δ um M, durch welche ein auf der Peripherie von k gelegener Punkt K' nach K gelangt. Der Radius MK' des Zahlenkreises k liefert nach der Drehung Δ um M eine Jordansche Kurve, welche M mit dem Punkte K auf kk verbindet und die sonst ganz innerhalb kk verläuft.

Zugleich sehen wir, daß mindestens ein Punkt der Peripherie des Zahlenkreises k, nämlich gewiß der Punkt K', auf kk liegt.

Wir verbinden den außerhalb kk gelegenen Punkt A durch irgendeine Jordansche Kurve mit M und bezeichnen jetzt mit K denjenigen Punkt dieser Jordanschen Kurve, der auf kk liegt und von der Art ist, daß alle auf der Jordanschen Kurve zwischen K und A gelegenen Punkte außerhalb kk liegen. Sodann fassen wir das System aller aus K durch Drehungen um M hervorgehenden Punkte, d. h. den wahren Kreis $\varkappa$ um M durch K ins Auge. Die Punkte dieses wahren Kreises sind sämtlich Punkte auf kk.

Nach Axiom II enthält $\varkappa$ unendlichviele Punkte. Ist K^* eine Verdichtungsstelle von Punkten des wahren Kreises $\varkappa$, so gehört diese wegen Axiom III ebenfalls zum wahren Kreise $\varkappa$. Bezeichnet K_1 irgendeinen Punkt des wahren Kreises $\varkappa$, so folgt, wenn wir diejenige Drehung um M ausführen, welche K^* in K_1 überführt, daß auch K_1 eine Verdichtungsstelle von Punkten des wahren Kreises $\varkappa$ ist. Wir erhalten somit den Satz:

Der wahre Kreis $\varkappa$ ist eine abgeschlossene und in sich dichte, d. h. eine perfekte Punktmenge.

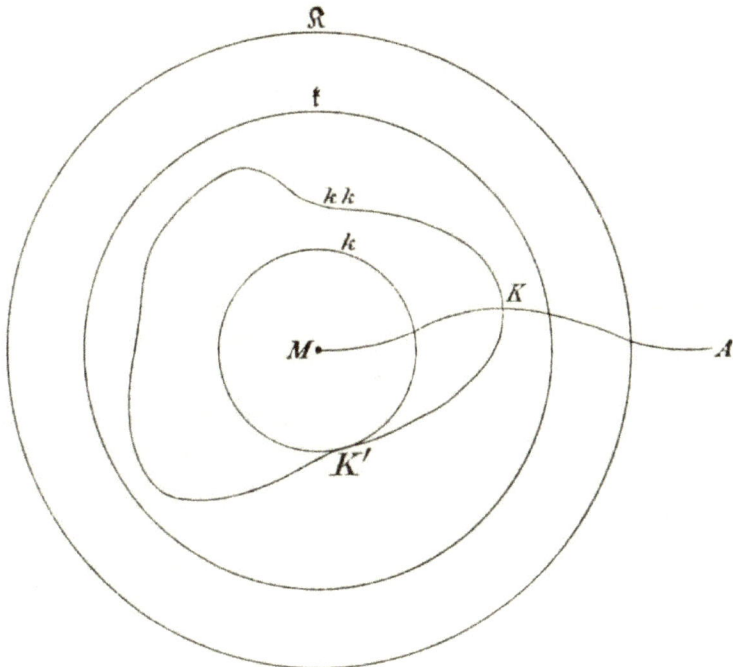

§ 4. Das wichtigste Ziel der nächstfolgenden Entwicklungen besteht darin, zu zeigen, daß der wahre Kreis $\varkappa$ eine geschlossene Jordansche Kurve ist. Es wird sich ferner herausstellen, daß der wahre Kreis $\varkappa$ mit den Punkten auf kk übereinstimmt.

Zunächst beweisen wir, *daß irgend zwei Punkte K_1, K_2 des wahren Kreises $\varkappa$ sich stets untereinander sowohl durch eine Jordansche Kurve verbinden lassen, die abgesehen von den Endpunkten ganz innerhalb kk verläuft, als durch eine solche Jordansche Kurve, die abgesehen von den Endpunkten ganz außerhalb kk verläuft.*

In der Tat, ziehen wir entsprechend den obigen Ausführungen die Jordanschen Kurven MK_1 und MK_2, welche innerhalb kk den Mittelpunkt M mit K_1 bzw. K_2 verbinden, und bestimmen auf der Kurve MK_1 von M ausgehend den letzten auf MK_2 gelegenen Punkt P, so bildet das Stück PK_1 der ersteren Jordanschen Kurve zusammen mit dem Stück PK_2 der letzteren Jordanschen Kurve eine Verbindungskurve von der zuerst verlangten Art.

Andererseits fassen wir die Drehungen um M ins Auge, bei denen K in K_1 bzw. in K_2 übergeht; die Punkte A_1 bzw. A_2, die dabei aus A entstehen, sind nach § 3 Punkte außerhalb kk und lassen sich daher außerhalb kk mit A verbinden. Aus diesen Verbindungskurven und denjenigen Jordanschen Kurven, die bei jenen Drehungen aus der in § 3 konstruierten Jordanschen Kurve AK entstehen, können wir leicht eine Jordansche Kurve zwischen K_1 und K_2 zusammensetzen, die ganz außerhalb kk verläuft.

§ 5. Der eben gefundene Satz setzt uns in den Stand, die Punkte des wahren Kreises $\varkappa$ in bestimmter Weise anzuordnen.

Es seien K_1, K_2, K_3, K_4 irgend vier verschiedene Punkte des wahren Kreises $\varkappa$. Wir verbinden die Punkte K_1, K_2 einerseits durch eine Jordansche Kurve, die ganz (d. h. zwischen K_1 und K_2) innerhalb kk verläuft, und andererseits durch eine solche, die ganz außerhalb kk verläuft. Da diese beiden Verbindungskurven einschließlich ihrer Endpunkte K_1, K_2 stetig sind, so bilden sie zusammen eine geschlossene Jordansche Kurve. Eine in dieser Weise aus K_1, K_2 hergestellte Kurve wollen wir stets mit $\overline{K_1 K_2}$ bezeichnen. Die ganze Zahlenebene zerfällt dann, abgesehen von $\overline{K_1 K_2}$ selbst, nach dem bekannten Jordanschen Satze in zwei Gebiete, nämlich das Innere und das Äußere dieser Kurve $\overline{K_1 K_2}$. Betreffs der Lage der Punkte K_3, K_4 sind nun zwei Fälle möglich: erstens, die Punkte K_3, K_4 werden durch die Kurve $\overline{K_1 K_2}$ nicht getrennt, d. h. sie liegen beide innerhalb oder beide außerhalb derselben; zweitens, die Punkte K_3, K_4 werden durch die Kurve

$K_1 K_2$ getrennt, d. h. es liegt K_3 innerhalb und K_4 außerhalb der Kurve $K_1 K_2$ oder umgekehrt.

Verbinden wir die Punkte K_1, K_2 irgendwie anders durch einen innerhalb kk und einen außerhalb kk verlaufenden Weg, so erkennen wir leicht, daß hinsichtlich der Lage der Punkte K_3, K_4 zu der neu entstehenden geschlossenen Jordanschen Kurve $\overline{K_1 K_2}$ gewiß derselbe Fall eintritt wie vorhin. In der Tat, liegt beispielsweise der erste Fall vor, und befinden sich K_3, K_4 beide im Innern von $\overline{K_1 K_2}$, so verbinde man K_3 und K_4 durch einen innerhalb kk verlaufenden Weg W. Sollte derselbe aus dem Inneren der geschlossenen Kurve $K_1 K_2$ heraustreten, so müßte er im weiteren Verlauf doch schließlich wieder in dieses Innere zurückführen; es ist daher gewiß möglich, den außerhalb $K_1 K_2$ verlaufenden Teil dieses Weges W durch einen nahe an dem betreffenden Stücke von $K_1 K_2$ verlaufenden Weg zu ersetzen, welcher ganz innerhalb kk und zugleich innerhalb $\overline{K_1 K_2}$ verläuft, so daß dadurch ein Verbindungsweg W^* zwischen K_3 und K_4 entsteht, welcher ebenfalls ganz innerhalb kk und innerhalb $\overline{K_1 K_2}$ verläuft. Setzen wir aus dem innerhalb kk liegenden Teil der Kurve $\overline{K_1 K_2}$ und dem außerhalb kk liegenden Teil der Kurve $K_1 K_2$ eine neue geschlossene Jordansche Kurve $K_1 K_2$ zusammen, so ist W^* offenbar ein Weg, welcher K_3 und K_4 innerhalb dieser neuen Kurve verbindet, ohne die Kurve $\overline{K_1 K_2}$ zu durchsetzen, d. h. K_3 und K_4 werden durch $\overline{K_1 K_2}$ gewiß nicht getrennt. Hieraus folgt nach entsprechender Konstruktion außerhalb kk, daß K_3 und K_4 auch durch die Kurve $K_1 K_2$ nicht getrennt werden. Wir dürfen daher im ersten Falle schlechthin sagen: das Punktepaar K_3, K_4 wird durch das Punktepaar K_1, K_2 nicht getrennt. Dann aber folgt auch im zweiten Falle, daß wir schlechthin sagen dürfen: das Punktepaar K_3, K_4 wird durch das Punktepaar K_1, K_2 getrennt.

Wir führen nun irgendeine Drehung um M aus, durch welche die Punkte K_1, K_2, K_3, K_4 in K'_1, K'_2, K'_3, K'_4 übergehen. Bedenken wir, daß die Drehung nach der Definition eine stetige und eindeutig umkehrbare Transformation der Zahlenebene ist und die Punkte innerhalb kk in Punkte innerhalb kk, die Punkte außerhalb kk in Punkte außerhalb kk überführt, so folgt, daß die Punktepaare K'_1, K'_2 und K'_3, K'_4 voneinander getrennt oder nicht getrennt liegen, je nachdem die Punktepaare K_1, K_2 und K_3, K_4 sich einander trennen oder nicht, d. h. *die gegenseitige Lage der Punktepaare K_1, K_2 und K_3, K_4 bleibt bei einer beliebigen Drehung um M unverändert.*

Wir leiten in ähnlicher Weise auch die Sätze ab, die den übrigen bekannten Tatsachen hinsichtlich der gegenseitigen Lage der Punktepaare auf der Peripherie eines gewöhnlichen Zahlenkreises entsprechen, nämlich die Sätze:

Wenn K_1, K_2 durch K_3, K_4 getrennt werden, so werden auch K_3, K_4 durch K_1, K_2 getrennt. Wenn K_1, K_4 durch K_2, K_5 und K_2, K_4 durch K_3, K_5 getrennt werden, so wird auch K_1, K_4 durch K_3, K_5 getrennt.

Dadurch sind wir zu dem folgenden Ergebnis gelangt:

Die Punkte des wahren Kreises $\varkappa$ sind zyklisch, d. h. mit Rücksicht auf die gegenseitige Trennung von Punktepaaren wie die Punkte eines gewöhnlichen Zahlenkreises angeordnet. Diese Anordnung ist gegenüber den Drehungen um den Mittelpunkt M des wahren Kreises $\varkappa$ invariant.

§ 6. Eine weitere wichtige Eigenschaft des wahren Kreises $\varkappa$ sprechen wir wie folgt aus:

Zu irgendeinem Punktepaar des wahren Kreises $\varkappa$ gibt es stets ein Punktepaar dieses Kreises $\varkappa$, welches jenes Punktepaar trennt.

Wir bezeichnen mit K_∞ einen fest gewählten Punkt des wahren Kreises $\varkappa$ und wollen dann von irgend drei anderen Punkten K_1, K_2, K_3 des wahren Kreises $\varkappa$ sagen, es liege K_2 zwischen K_1 und K_3 bzw. nicht zwischen K_1 und K_3, je nachdem das Punktepaar K_1, K_3 durch das Punktepaar K_2, K_∞ getrennt oder nicht getrennt wird.

Wir nehmen im Gegensatz zu der obigen Behauptung an, es seien K und K' zwei Punkte des wahren Kreises $\varkappa$, die durch kein Punktepaar getrennt werden; dann folgt nach unserer Festsetzung gewiß auch, daß zwischen denselben kein Punkt von $\varkappa$ liegt. Ferner dürfen wir annehmen, es gäbe einen Punkt K_1 von der Art, daß das Punktepaar K_1, K' durch das Punktepaar K, K_∞ getrennt wird; anderenfalls nämlich denken wir uns in der folgenden Entwicklung die Rollen der Punkte K und K' miteinander vertauscht. Sodann wählen wir eine unendliche Reihe R von Punkten des wahren Kreises $\varkappa$, die gegen den Punkt K konvergieren, und verbinden K_1 mit K' sowohl durch eine innerhalb kk verlaufende Kurve, wie durch eine außerhalb kk verlaufende Kurve. Durch Zusammensetzung dieser beiden Kurven erhalten wir eine geschlossene Jordansche Kurve $\overline{K_1K'}$, welche K_∞ von K trennt und daher notwendig auch von unendlichvielen Punkten der gegen K konvergenten Punktreihe R trennen muß. Es sei K_2 einer dieser Punkte der Reihe R. Da K_2 zwischen K_1 und K' liegt und nicht zwischen K und K' liegen darf, so liegt K_2 notwendig zwischen K_1 und K. Nunmehr verbinden wir analog K_2 mit K' durch eine geschlossene Jordansche Kurve $\overline{K_2K'}$ und gelangen ebenso zu einem Punkte K_3 der Reihe R, zwischen K_3 und K liegt usf. Auf diese Weise erhalten wir *eine unendliche Reihe von Punkten K_1, K_2, K_3, ..., von denen jeder Punkt zwischen dem vorangehenden und K gelegen ist, und die gegen den Punkt K konvergieren.*

Wir führen jetzt eine Drehung um M aus, bei welcher K in einen der Punkte K_1, K_2, K_3, ..., etwa in K_i übergeht. Der Punkt K' gehe bei dieser Drehung in den Punkt K'_i über. Da unserer Annahme zufolge K und K' durch kein Punktepaar getrennt werden, so ist das gleiche mit dem Punktepaar K_i, K'_i der Fall. Infolgedessen muß K'_i entweder mit K_{i-1} oder mit K_{i+1} zusammenfallen oder zwischen K_{i-1} und K_{i+1} liegen; in jedem Falle liegt also K'_i zwischen K_{i-2} und K_{i+2}, so daß auch die unendliche Reihe von Punkten K_1, K'_3, K_5, K'_7, K_9, K'_{11}, ... gewiß von der Beschaffenheit ist, daß jeder Punkt dieser Reihe zwischen dem vorangehenden Punkte und dem Punkte K gelegen ist.

Wir wollen nun zeigen, daß auch die Punkte K'_3, K'_7, K'_{11}, ... gegen den Punkt K konvergieren müssen. In der Tat, würden die Punkte K'_3, K'_7, K'_{11}, ... einen von K verschiedenen Punkt Q zur Verdichtungsstelle haben, so wähle man aus ihnen einen Punkt K'_l aus. Da K'_{l+4}, K'_{l+8}, K'_{l+12}, ... sämtlich zwischen K'_l und K liegen, so gibt es eine geschlossene Jordansche Kurve $\overline{K'_l K}$, die den Punkt K_∞ von den Punkten K'_{l+4}, K'_{l+8}, K'_{l+12}, ... und daher auch von Q trennt, d. h. Q liegt notwendig zwischen K'_l und K. Wegen der Anordnung der Punkte K_i zu den Punkten K'_l folgt hieraus, daß Q auch zwischen den sämtlichen Punkten K_1, K_5, K_9 ... einerseits und K andererseits liegt. Die geschlossene Jordansche Kurve $Q K_\infty$ müßte mithin sämtliche Punkte K_1, K_5, K_9, ... von K trennen; dann könnten aber die Punkte K_1, K_5, K_9, ... nicht gegen K konvergieren, wie es sein sollte.

Nunmehr betrachten wir die gegen K konvergierenden Punkte K_3, K_7, K_{11}, ... und die Punkte K'_3, K'_7, K'_{11}, ..., die nach dem eben Bewiesenen ebenfalls gegen K konvergieren. Da mittels einer Drehung um M der Punkt K in K_i und zugleich K' in K'_i übergeht, so müßte es nach Axiom III auch eine Drehung geben, welche K und zugleich K' in die gemeinsame Konvergenzstelle K überführt. Dies ist aber ein Widerspruch gegen die Definition der Drehung. Somit ist durch Widerlegung unserer Annahme der zu Anfang dieses § 6 aufgestellte Satz vollständig bewiesen.

§ 7. Mit Rücksicht auf die Festsetzungen zu Beginn des § 6 fassen wir den wahren Kreis $\varkappa$ unter Ausschluß des Punktes K_∞ als eine geordnete Punktmenge im Sinne *Cantors* auf: *dann besitzt diese Punktmenge den Ordnungstypus des Linearkontinuums.*

Zum Beweise hierfür bestimmen wir zunächst eine abzählbare Menge S von Punkten des wahren Kreises $\varkappa$, deren Verdichtungsstellen den wahren Kreis $\varkappa$ selbst ausmachen. Eine solche Menge S besitzt nach *Cantor*[1]) den Ordnungstypus des Systems aller ratio-

---

1) „Beiträge zur Begründung der transfiniten Mengenlehre", Math. Annalen Bd. 46, § 9; hinsichtlich der weiteren Schlußweise des Textes vergleiche man insbesondere § 11.

nalen Zahlen in ihrer natürlichen Rangordnung, d. h. es ist möglich, den Punkten des Systems S derart die rationalen Zahlen
zuzuordnen, daß, wenn A, B, C irgend drei Punkte in S sind,
von denen B zwischen A und C liegt, von den drei zugeordneten
rationalen Zahlen a, b, c allemal die Zahl b ihrem Werte nach
zwischen a und c liegt.

Es sei nun K irgendein Punkt des wahren Kreises $\varkappa$, welcher
nicht dem System S angehört; sind dann A, B Punkte von S,
so nennen wir A, B auf verschiedenen Seiten oder auf derselben
Seite von K gelegen, je nachdem K zwischen A und B oder
nicht zwischen A und B liegt. Übertragen wir diese Festsetzung
von den Punkten des Systems S auf die denselben zugeordneten
rationalen Zahlen, so erhalten wir unter Vermittlung des Punktes
K einen bestimmten Schnitt im Sinne Dedekinds durch das
System der rationalen Zahlen: wir ordnen dem Punkte K die
durch diesen Schnitt definierte irrationale Zahl zu.

Es kann nicht zwei verschiedene Punkte K und K' auf $\varkappa$
geben, denen die gleiche irrationale Zahl zugeordnet erscheint.
In der Tat, konstruieren wir eine geschlossene Jordansche Kurve
$\overline{KK'}$ und sei H irgendein zwischen K und K' und folglich innerhalb $\overline{KK'}$ gelegener Punkt von $\varkappa$, so muß es, da H eine Verdichtungsstelle von Punkten des Systems S ist, gewiß auch einen
Punkt A in S geben, der innerhalb $\overline{KK'}$ und daher auch zwischen
K und K' liegt. Die zu A gehörige rationale Zahl a bedingt daher
jedenfalls eine Verschiedenheit der Schnitte, die unter Vermittlung der Punkte K und K' entstanden sind.

Wir wollen endlich zeigen, daß es auch umgekehrt zu jeder
irrationalen Zahl α einen Punkt K auf $\varkappa$ gibt, dem diese zugeordnet
erscheint. Zu dem Zwecke sei $a_1, a_2, a_3, \ldots$ eine Reihe zunehmender und $b_1, b_2, b_3, \ldots$ eine Reihe abnehmender Zahlen, deren jede
gegen α konvergiert. Man konstruiere die diesen Zahlen zugehörigen Punkte $A_1, A_2, A_3, \ldots$ bzw. $B_1, B_2, B_3, \ldots$ und bezeichne
mit K irgendeine Verdichtungsstelle dieser Punkte $A_1, A_2, A_3, \ldots,$
$B_1, B_2, B_3, \ldots$. Der Punkt K gehört dann notwendig der Zahl α

zu. Denn, wenn wir allgemein eine geschlossene Jordansche Kurve $A_i B_i$ konstruieren, so liegen die Punkte A_{i+1}, A_{i+2}, A_{i+3}, ..., B_{i+1}, B_{i+2}, B_{i+3}, ... und folglich auch der Verdichtungspunkt innerhalb $\overline{A_i B_i}$, d. h. zwischen den Punkten A_i, B_i. Der unter Vermittelung von K entstehende Schnitt ist mithin kein anderer als derjenige, der die Zahl α bestimmt.

Betrachten wir nun die Punkte auf der Peripherie eines gewöhnlichen Zahlenkreises mit dem Radius 1 und ordnen einem dieser Punkte das Zeichen $+\infty$ und den Punkt K_∞ zu, den übrigen Punkten dagegen in stetiger Folge die sämtlichen reellen Zahlen und diesen wiederum die entsprechenden Punkte des wahren Kreises $\varkappa$, so gelangen wir zu folgendem Resultat: *Die Punkte des wahren Kreises $\varkappa$ lassen sich unter Erhaltung ihrer Anordnung umkehrbar eindeutig auf die Punkte der Peripherie eines gewöhnlichen Zahlenkreises mit dem Radius 1 abbilden.*

§ 8. Um das in § 4 bezeichnete Ziel zu erreichen, bleibt nur noch die Stetigkeit der gewonnenen Abbildung, d. h. die Lückenlosigkeit des wahren Kreises $\varkappa$ zu zeigen übrig. Zu dem Zwecke denken wir uns die Punkte des wahren Kreises $\varkappa$ durch die Koordinaten x, y der Zahlenebene und andererseits die Punkte des Zahlenkreises mit dem Radius 1 durch den Bogen t von einem festen Anfangspunkte an bestimmt: dann haben wir zu beweisen, daß x, y stetige Funktionen von t sind.

Es seien nun t_1, t_2, t_3, ... irgendeine Reihe gegen t^* konvergierender, entweder sämtlich wachsender oder sämtlich abnehmender Werte, und K_1, K_2, K_3, ... seien die diesen Parameterwerten zugeordneten Punkte des wahren Kreises $\varkappa$, während der Wert t^* einem Punkte K^* auf $\varkappa$ entsprechen möge. Es sei ferner Q eine Verdichtungsstelle der Punkte K_1, K_2, K_3, ... Konstruieren wir allgemein eine geschlossene Jordansche Kurve $\overline{K_i K^*}$, so liegen notwendig die Punkte K_{i+1}, K_{i+2}, K_{i+3}, ... und folglich auch deren Verdichtungsstelle Q innerhalb $\overline{K_i K^*}$, d. h. es liegt auch der Punkt Q zwischen K_i und K^*; demnach muß sich auch der zu Q gehörige Wert des Parameters t allgemein zwischen t_i und t^* befinden. Der letztere Widerspruch löst sich nur, wenn Q und K^* zusammenfällt; mithin konvergieren die Punkte $K_1, K_2, K_3, \ldots$ gegen den Punkt K^*. Damit ist die Stetigkeit der Funktion x, y vom Parameter t völlig bewiesen, und es folgt eine Tatsache, die wir in § 4 als das erste wichtige Ziel unserer Entwicklung hingestellt haben, nämlich der folgende Satz:

Der wahre Kreis $\varkappa$ ist in der Zahlenebene eine geschlossene Jordansche Kurve.

§ 9. Wir wissen, daß die Punkte des wahren Kreises $\varkappa$ sämtlich zu den Punkten auf kk gehören; es wird sich auch zeigen, daß letztere Punkte sämtlich auf $\varkappa$ liegen, so daß der weitergehende Satz gilt:

Der wahre Kreis $\varkappa$ ist identisch mit den Punkten auf kk; die innerhalb $\varkappa$ liegenden Punkte sind zugleich die Punkte innerhalb kk, und die außerhalb $\varkappa$ liegenden Punkte sind zugleich die Punkte außerhalb kk.

Um diesen Satz zu erkennen, zeigen wir zunächst, daß der Punkt M, der „Mittelpunkt" des wahren Kreises $\varkappa$, mit jedem Punkte J innerhalb $\varkappa$ durch eine stetige Kurve verbunden werden kann, ohne daß dabei der wahre Kreis $\varkappa$ überschritten wird.

In der Tat, ziehen wir durch J irgendeine gewöhnliche Gerade in der Zahlenebene, eine sogenannte „Zahlengerade", so seien K_1 und K_2 die ersten Punkte dieser Zahlengeraden, die auf $\varkappa$ liegen, nach den beiden Richtungen hin von J aus gerechnet. Da K_1 und K_2 auch Punkte auf kk sind, so können sie mit M durch je eine Jordansche Kurve MK_1 bzw. MK_2 verbunden werden, die ganz innerhalb kk verlaufen und daher gewiß nicht den wahren Kreis $\varkappa$ überschreiten. Trifft eine dieser Jordanschen Kurven das Geradenstück K_1K_2 etwa im Punkte B, so bildet das Kurvenstück MB mit dem Geradenstück JB zusammen den gesuchten Verbindungsweg. Im entgegengesetzten Falle bilden MK_1 und MK_2 zusammen mit dem Geradenstück K_1K_2 eine geschlossene Jordansche Kurve γ. Da diese Kurve γ

ganz innerhalb des Zahlenkreises $\mathfrak{k}$ (§ 1) liegt, so läßt sich der
außerhalb des Zahlenkreises $\mathfrak{K}$ gelegene Punkt A gewiß nicht mit
einem Punkte innerhalb γ verbinden, ohne daß dabei ein Punkt
der Kurve γ überschritten wird. Die Kurve γ besteht nur aus
Punkten innerhalb kk, aus Punkten auf kk und aus Punkten
innerhalb $\varkappa$. Da die letzteren Punkte von A aus nur durch Über-
schreitung eines Punktes auf $\varkappa$, der ebenfalls ein Punkt auf kk
ist, erreicht werden können, so liegt das ganze innerhalb γ gelegene Gebiet notwendig auch innerhalb kk. Verbinden wir also
M mit J durch einen stetigen, innerhalb γ verlaufenden Weg, so
überschreitet dieser Weg den wahren Kreis $\varkappa$ sicher nicht und
ist mithin von der gewünschten Art.

Wir schließen daraus zunächst, daß M innerhalb $\varkappa$ liegt,
d. h. *der Mittelpunkt M des wahren Kreises $\varkappa$ liegt innerhalb desselben.*

Da ferner jeder Punkt auf kk mit M durch eine Jordansche
Kurve verbunden werden kann, die, von den Endpunkten ab-
gesehen, ganz innerhalb kk verläuft und also $\varkappa$ gewiß nicht trifft,
so liegt jeder Punkt auf kk notwendig auf $\varkappa$ oder innerhalb $\varkappa$. Gäbe
es einen Punkt P auf kk, der innerhalb $\varkappa$ liegt, so könnte der außerhalb $\mathfrak{K}$ gelegene Punkt A nicht mit Punkten in beliebiger Nähe
von P verbunden werden, ohne daß dabei ein Punkt von $\varkappa$ überschritten wird; da aber jeder Punkt von $\varkappa$ zu den bedeckten gehört, so könnte P nicht ein Punkt auf kk sein; dies ist ein Widerspruch. Alle Punkte auf kk liegen also zugleich auf $\varkappa$, womit obige
Behauptung völlig erwiesen ist.

§ 10. Das Punktgebilde kk ist in § 2 durch eine gewisse Konstruktion aus dem Zahlenkreise k hervorgegangen. Da der Zahlenkreis k, wie in § 3 gezeigt worden ist, mindestens einen Punkt auf
kk enthält und im übrigen ganz auf oder innerhalb kk liegt und
die Punkte auf kk nach § 9 nichts anderes als der wahre Kreis $\varkappa$
sind, so haben wir in der obigen Konstruktion zugleich ein Mittel,
um aus dem Zahlenkreise k einen wahren Kreis $\varkappa$ zu konstruieren,
welcher eine geschlossene Jordansche Kurve ist und den Zahlenkreis k umschließt, diesen von außen berührend; hier und im

folgenden sagen wir von zwei Jordanschen Kurven, wenn die
eine die andere im Inneren enthält und mit ihr wenigstens einen
Punkt gemein hat, daß die erste die zweite von außen, diese aber
jene von innen berührt.

Durch eine geringe Abänderung des früheren Verfahrens,
nämlich durch eine Vertauschung der Rollen, die den Punkten
innerhalb und außerhalb k zugeteilt worden sind, können wir aus
dem Zahlenkreise k noch einen anderen wahren Kreis konstruieren; wir bezeichnen jetzt diejenigen Punkte der Zahlenebene, die bei irgendeiner Drehung um M aus Punkten außerhalb
oder auf k entstehen, als *bedeckt;* alle anderen Punkte dagegen
als *unbedeckt*. Wenn nun ein unbedeckter Punkt sich durch eine
Jordansche Kurve, die aus lauter unbedeckten Punkten besteht,
mit M verbinden läßt, so heiße dieser Punkt *innerhalb kkk*. Die
Grenzpunkte dieser Punkte innerhalb kkk heißen Punkte auf
kkk, und alle übrigen Punkte heißen *außerhalb kkk*. Wir zeigen
dann ähnlich wie in § 3 bis § 9, *daß die Punkte auf kkk einen
wahren Kreis um M bilden, der eine geschlossene Jordansche Kurve
ist, den Mittelpunkt M umschließt und innerhalb des Zahlenkreises k verläuft, diesen von innen berührend.*

§ 11. An Stelle des Zahlenkreises k kann man nun eine beliebige
geschlossene, innerhalb k verlaufende Jordansche Kurve z wählen,
die den Punkt M im Innern enthält: *durch Anwendung der nämlichen Konstruktion erhalten wir dann zu dieser Kurve z sowohl
einen bestimmten sie umschließenden wahren Kreis um M, der
eine geschlossene Jordansche Kurve ist und z von außen berührt,
als auch einen bestimmten innerhalb z verlaufenden wahren Kreis
um M, der eine geschlossene Jordansche Kurve ist und z von innen
berührt.*

Wir bemerken noch, daß jeder solche aus einer Jordanschen
Kurve z konstruierte wahre Kreis auch aus einem Zahlenkreise
erzeugt werden kann: man braucht nur denjenigen Zahlenkreis
zu wählen, der innerhalb des vorgelegten wahren Kreises ihn von
innen berührend verläuft bzw. ihn von außen berührend umschließt; denn zwei wahre Kreise, die geschlossene Jordansche

Kurven sind und denselben Zahlenkreis sei es beide umschließend, sei es beide ganz innerhalb verlaufend berühren, müßten gewiß einen Punkt gemein haben und wären folglich überhaupt miteinander identisch.

§ 12. Nunmehr können wir ohne erhebliche Schwierigkeit die wichtige Tatsache beweisen, *daß jeder durch irgendeinen Punkt P innerhalb ϰ gehende wahre Kreis um M ebenso wie die in § 11 konstruierten wahren Kreise eine geschlossene Jordansche Kurve ist, die M im Innern enthält.*

Zum Beweise fassen wir einerseits alle wahren Kreise um M ins Auge, die geschlossene Jordansche Kurven sind und P ausschließen: sie mögen wahre Kreise *erster* Art heißen; und andererseits alle diejenigen, die geschlossene Jordansche Kurven sind und P einschließen: sie mögen wahre Kreise *zweiter* Art heißen.

Wir denken uns zunächst aus jedem Zahlenkreise mit dem Mittelpunkt M den *umschließenden* wahren Kreis erzeugt und fassen dann diejenigen Zahlenkreise ins Auge, aus denen wahre Kreise entspringen, die erster Art sind. Sodann suchen wir für diese Zahlenkreise den Grenzkreis g, d. h. den kleinsten Zahlenkreis, der sie sämtlich enthält. Alle Zahlenkreise, die kleiner als g sind, liefern dann wahre Kreise erster Art. Der aus dem Zahlenkreise g entspringende wahre Kreis γ müßte, wenn er nicht durch P geht, diesen Punkt ebenfalls ausschließen. Denn läge P innerhalb γ, so ziehe man eine ganz innerhalb γ verlaufende, die Punkte M und P umschließende geschlossene Jordansche Kurve und erzeuge aus dieser den wahren Kreis, der sie umschließt. Dieser wahre Kreis ließe sich, da er ja gewiß in das Innere des Zahlenkreises g hineintritt, durch einen Zahlenkreis erzeugen, der kleiner als g ist; er umschließt ferner den Punkt P, was nicht möglich ist. Da wie erwähnt, alle wahren Kreise um M, die geschlossene Jordansche Kurven sind, auch aus Zahlenkreisen um M entspringen, so ist offenbar der aus g entspringende wahre Kreis ein solcher Kreis erster Art, welcher alle anderen wahren Kreise erster Art umschließt.

Indem wir andererseits aus jedem Zahlenkreise mit dem Mittelpunkt M denjenigen wahren Kreis erzeugt denken, der jenen Zahlenkreis ausschließt, beweisen wir auf ähnlichem Wege die Existenz eines wahren Kreises zweiter Art, welcher von allen anderen wahren Kreisen zweiter Art umschlossen wird.

Würden nun die gefundenen wahren Grenzkreise beide nicht durch P gehen, so könnte man eine Jordansche Kurve in dem zwischen ihnen gelegenen ringförmigen Gebiete ziehen, welche sicher durch unser Verfahren einen wahren Kreis liefern würde, der eine geschlossene Jordansche Kurve, aber weder von der ersten noch von der zweiten Art wäre; dies ist ein Widerspruch, und damit haben wir die zu Anfang von § 12 aufgestellte Behauptung bewiesen.

§ 13. Nachdem wir im vorstehenden die wichtigsten Eigenschaften der wahren Kreise um M gefunden haben, die durch Punkte innerhalb $\varkappa$ laufen, wenden wir uns nun zur *Untersuchung der Gruppe aller Bewegungen, die bei den Drehungen der Ebene um M der wahre Kreis $\varkappa$ in sich erfährt.*

Es seien den Entwicklungen in § 8 gemäß die Punkte des wahren Kreises $\varkappa$ auf die Punkte t der Peripherie eines Zahlenkreises mit dem Radius 1 unter Erhaltung ihrer Anordnung abgebildet: dann entspricht einer jeden Drehung Δ unserer Ebene um M eine bestimmte umkehrbare eindeutige stetige Transformation der Punkte t des Einheitskreises in sich, da ja nach § 5 bei einer Drehung die Anordnung der Punkte auf dem wahren Kreise und daher mit Rücksicht auf § 7 auch die Anordnung der Parameterwerte t ungeändert bleibt. Diese Transformation läßt sich durch eine Formel von der Gestalt

$$t' = \Delta(t)$$

darstellen, wo $\Delta(t)$ eine stetige Funktion ist, die mit wachsendem t entweder stets wächst oder stets abnimmt und die bei Vermehrung des Arguments t um 2π sich ebenfalls um den Betrag 2π ändert.

Diejenigen Funktionen $\Delta(t)$, die bei wachsendem Argument t abnehmen, entsprechen Transformationen, die den Umlaufssinn auf dem wahren Kreise ändern, und da zufolge unserer Fassung des Begriffes der Bewegung bei einer Bewegung der Umlaufssinn stets derselbe bleiben soll, so ergibt sich, daß die Funktion $\Delta(t)$ bei wachsendem Argument t stets wachsen muß.

§ 14. Wir fragen zunächst, ob es in dieser Gruppe aller Drehungen um M eine Drehung geben kann, bei welcher ein Punkt A des wahren Kreises $\varkappa$ ungeändert bleibt. Es sei $t = a$ der Parameterwert für einen solchen Punkt A, und dieser bleibe bei der eigentlichen Drehung Δ fest, die durch die Formel

$$t' = \Delta(t)$$

dargestellt wird. Ferner sei B irgendein Punkt des wahren Kreises mit dem Parameterwert $t = b$, der bei der Drehung Δ seine Lage verändere; wir machen etwa die Annahme $b < a$, worin keine Einschränkung liegt.

Sowohl $\Delta(t)$ als auch die umgekehrte Funktion $\Delta^{-1}(t)$ sind von der Art, daß sie bei zunehmendem Argument zunehmen. Wegen $\Delta(a) = a$ schließen wir hieraus der Reihe nach, daß sämtliche Größen, die durch die symbolischen Potenzen

$$\Delta(b), \quad \Delta\Delta(b) = \Delta^2(b), \ \Delta^3(b), \ldots, \ \Delta^{-1}(b), \ \Delta^{-2}(b), \ \Delta^{-3}(b), \ldots$$

dargestellt werden, unterhalb a liegen. Nun bilden, falls $\Delta(b) > b$ ausfällt, die Größen

$$\Delta(b), \quad \Delta^2(b), \quad \Delta^3(b), \ldots$$

eine Reihe beständig zunehmender Werte; im Falle $\Delta(b) < b$ gilt das gleiche von der Größenreihe

$$\Delta^{-1}(b), \quad \Delta^{-2}(b), \quad \Delta^{-3}(b), \ldots$$

Aus diesen Tatsachen entnehmen wir, daß im ersteren Falle die direkten Wiederholungen der Drehung Δ auf b angewandt, im letzteren die symbolischen Potenzen von $\Delta(b)$ mit negativen Exponenten sich einem Grenzwert g nähern müssen, der zwischen a und b liegt oder mit a übereinstimmt. Entspricht der Grenzzahl g etwa der Punkt G auf dem wahren Kreise $\varkappa$, so bilden die

Potenzen von Δ mit positiven bzw. negativen Exponenten Bewegungen, so daß durch sie der Punkt B schließlich in beliebige Nähe von G übergeht und zugleich durch sie Punkte in beliebig kleiner Umgebung von G in beliebig kleiner Umgebung von G bleiben. Nach Axiom III müßte es demnach eine Bewegung geben, welche B in G überführt und zugleich G ungeändert läßt; dies widerspräche dem Begriffe der Bewegung. *Es ist demnach die Drehung Δ, welche den Punkt A festläßt, notwendig eine solche, die alle Punkte des Kreises $\varkappa$ festläßt, d. h. für diesen Kreis die Identität.*

§ 15. Aus der Definition des wahren Kreises leuchtet unmittelbar die folgende Tatsache ein:

Es gibt stets eine Drehung um M, welche den beliebig gegebenen Punkt O des wahren Kreises $\varkappa$ in einen anderen beliebig gegebenen Punkt S desselben überführt.

§ 16. Wir leiten jetzt eine weitere Eigenschaft für die Gruppe der Bewegungen eines wahren Kreises in sich ab.

Es seien O, S, T, Z vier solche Punkte auf dem wahren Kreise $\varkappa$, daß diejenige Drehung um M, vermöge welcher O in S übergeht, den Punkt T nach Z bewegt, so daß die Lage von Z eindeutig durch die Punkte O, S, T mitbestimmt ist. Halten wir O *fest und bewegen S und T auf dem wahren Kreise, so erfolgt bei stetiger Änderung von S und T auch die Änderung von Z stetig.*

Um dies zu beweisen, wählen wir eine unendliche Reihe von Punkten $S_1, S_2, S_3, \ldots$, die gegen den Punkt S konvergieren, und eine unendliche Reihe von Punkten $T_1, T_2, T_3, \ldots$, die gegen den Punkt T konvergieren. Die Drehungen um M, vermöge deren O in $S_1, S_2, S_3, \ldots$ übergeht, bezeichnen wir mit $\Delta_1, \Delta_2, \Delta_3, \ldots$ und die durch Δ_1 bzw. $\Delta_2, \Delta_3, \ldots$ aus T_1 bzw. $T_2, T_3, \ldots$ entspringenden Punkte seien Z_1 bzw. $Z_2, Z_3, \ldots$; dann haben wir zu zeigen, daß die Punkte $Z_1, Z_2, Z_3, \ldots$ gegen Z konvergieren. Es sei Z^* eine Verdichtungsstelle der Punkte $Z_1, Z_2, Z_3, \ldots$. Nach Axiom III gibt es dann eine Drehung um M, vermöge deren O in S und zugleich T in Z^* übergeht. Hierdurch erweist sich aber Z^* als eindeutig bestimmt und mit Z identisch.

§ 17. In § 14 bis § 16 haben wir erkannt, daß die Gruppe aller Drehungen des wahren Kreises $\varkappa$ in sich die folgenden Eigenschaften besitzt:

1. Es gibt außer der Identität keine Drehung um M, welche einen Punkt des wahren Kreises $\varkappa$ festläßt.

2. Wenn O, S irgend zwei beliebige Punkte des wahren Kreises $\varkappa$ sind, so gibt es gewiß eine Drehung um M, welche O in S überführt.

3. Bei einer Drehung um M, die O nach S bewegt, gehe zugleich T in Z über; der somit durch O, S, T eindeutig bestimmte Punkt Z erfährt auf $\varkappa$ eine stetige Änderung, wenn S und T auf $\varkappa$ stetig ihre Lage ändern.

Diese drei Eigenschaften bestimmen vollständig den Bau der Gruppe der Transformationen $\Delta(t)$, die den Bewegungen des wahren Kreises in sich entsprechen. Wir stellen nämlich den folgenden Satz auf:

Die Gruppe aller Bewegungen des wahren Kreises $\varkappa$ in sich, die Drehungen um M sind, ist holoedrisch-isomorph mit der Gruppe der gewöhnlichen Drehungen des Zahleneinheitskreises um M in sich.

§ 18. Wenn wir uns diejenige Drehung um M, die den Punkt O des wahren Kreises $\varkappa$ mit dem Parameterwert 0 in den Punkt S mit dem Parameterwert s überführt, durch die Transformationsformel

$$t' = \Delta(t, s)$$

dargestellt denken, wobei wir den Funktionswert $\Delta(t, 0) = t$ nehmen, so erkennen wir auf Grund der gefundenen Eigenschaften der Drehungsgruppe, daß die Funktion $\Delta(t, s)$ eindeutig und stetig für alle Werte der beiden Veränderlichen t, s ist. Auch folgt, da s bis auf Vielfache von 2π eindeutig durch zwei zusammengehörige Werte t und t' bestimmt ist, daß die Funktion $\Delta(t, s)$ bei konstantem t mit wachsendem s nur entweder beständig wächst oder abnimmt, und da sie für $t = 0$ in s übergeht, so tritt notwendig der erstere Fall ein. Nun ist

$$\Delta(t, t) > \Delta(0, t), \quad \Delta(0, t) = t; \quad (t > 0),$$

und wegen $\quad \Delta(2\pi, s) = 2\pi + \Delta(0, s) = 2\pi + s$

folgt $\quad\quad\quad\quad \Delta(2\pi, 2\pi) = 4\pi.$

Mithin hat die Funktion $\Delta(t, t)$ $(> t)$ der einen Veränderlichen t die Eigenschaft, beständig von o bis 4π zu wachsen, während das Argument t von o bis 2π wächst. Aus diesem Umstande schließen wir sofort folgende Tatsache:

Wenn irgendeine positive Zahl $t' \leqq 2\pi$ vorgelegt ist, so gibt es stets eine und nur eine. positive Zahl t, so daß

$$\Delta(t, t) = t'$$

wird; es ist $t < t'$. Der Parameterwert t liefert einen Punkt des wahren Kreises von der Art, daß bei einer gewissen Drehung um M der Punkt $t = o$ sich nach t und zugleich der Punkt t nach t' bewegt.

Wir bezeichnen nun denjenigen Wert t, für welchen

$$\Delta(t, t) = 2\pi$$

wird, mit $\varphi(\tfrac{1}{2})$, denjenigen, für welchen

$$\Delta(t, t) = \varphi(\tfrac{1}{2})$$

wird, mit $\varphi\left(\dfrac{1}{2^2}\right)$, denjenigen, für welchen

$$\Delta(t, t) = \varphi\left(\dfrac{1}{2^2}\right)$$

wird, mit $\varphi\left(\dfrac{1}{2^3}\right)$, ...; ferner setzen wir allgemein

$$\Delta\left(\varphi\left(\dfrac{a}{2^n}\right), \ \varphi\left(\dfrac{1}{2^n}\right)\right) = \varphi\left(\dfrac{a+1}{2^n}\right),$$

wo a eine ganze Zahl bedeutet und n eine ganze Zahl $\geqq 1$ ist, und ferner setzen wir

$$\varphi(0) = 0, \quad \varphi(1) = 2\pi.$$

Damit ist die Funktion φ für alle rationalen Argumente, deren Nenner eine Potenz von 2 ist, widerspruchslos definiert.

Ist nun σ ein beliebiges positives Argument < 1, so entwickeln wir σ in einen Dualbruch von der Form

$$\sigma = \frac{z_1}{2} + \frac{z_2}{2^2} + \frac{z_3}{2^3} + \cdots,$$

wo alle $z_1, z_2, z_3, \ldots$ die Ziffern 0 oder 1 bedeuten. Da die Zahlen der Reihe

$$\varphi\left(\frac{z_1}{2}\right), \quad \varphi\left(\frac{z_1}{2} + \frac{z_2}{2^2}\right), \quad \varphi\left(\frac{z_1}{2} + \frac{z_2}{2^2} + \frac{z_3}{2^3}\right), \ldots$$

gewiß niemals abnehmen und sämtlich $\leqq \varphi(1)$ bleiben, so nähern sie sich einem Grenzwert; diesen bezeichnen wir mit $\varphi(\sigma)$. Die Funktion $\varphi(\sigma)$ ist eine Funktion, die mit wachsendem Argument stets wächst; wir wollen beweisen, daß sie auch stetig ist. In der Tat, wäre sie an einer Stelle

$$\sigma = \frac{z_1}{2} + \frac{z_2}{2^2} + \frac{z_3}{2^3} + \cdots = \mathop{L}_{n=\infty} \frac{a_n}{2^n} = \mathop{L}_{n=\infty} \frac{a_n + 1}{2^n},$$

$$\left(\frac{a_n}{2^n} = \frac{z_1}{2} + \frac{z_2}{2^2} + \cdots + \frac{z_n}{2^n}\right)$$

nicht stetig, so müßten die beiden Grenzwerte

$$\mathop{L}_{n=\infty}\varphi\left(\frac{a_n}{2^n}\right) \quad \text{und} \quad \mathop{L}_{n=\infty}\varphi\left(\frac{a_n + 1}{2^n}\right)$$

voneinander verschieden ausfallen und mithin die unendliche Reihe von Punkten, die den Parametern

$$t = \varphi\left(\frac{a_1}{2}\right), \quad t = \varphi\left(\frac{a_2}{2^2}\right), \quad t = \varphi\left(\frac{a_3}{2^3}\right), \ldots$$

entsprechen, gegen einen anderen Punkt konvergieren als die unendliche Reihe von Punkten, die den Parametern

$$t = \varphi\left(\frac{a_1 + 1}{2}\right), \quad t = \varphi\left(\frac{a_2 + 1}{2^2}\right), \quad t = \varphi\left(\frac{a_3 + 1}{2^3}\right), \ldots$$

entsprechen. Nun führt dieselbe Drehung, vermöge derer der Punkt $t = \varphi\left(\frac{a_n}{2^n}\right)$ in den Punkt $t = \varphi\left(\frac{a_n + 1}{2^n}\right)$ übergeht, auch zugleich den Punkt $t = \varphi\left(\frac{1}{2^n}\right)$ in den Punkt $t = \varphi\left(\frac{1}{2^{n-1}}\right)$

über, und da die Zahlen $\varphi\left(\frac{1}{2}\right)$, $\varphi\left(\frac{1}{2^2}\right)$, $\varphi\left(\frac{1}{2^3}\right)$, ... beständig abnehmen und die diesen Parametern entsprechenden Punkte daher gegen eine Stelle A konvergieren müssen, so konvergieren mit Rücksicht auf Axiom III einer oft angewandten Schlußweise zufolge auch die vorhin genannten unendlichen Reihen von Punkten beide gegen denselben Punkt.

Die Funktion $\varphi(\sigma)$ gestattet, da sie stets wächst und stetig ist, auch eine eindeutige und stetige Umkehrung.

Die Drehung um M, durch welche der Punkt $t = 0$ in den Punkt $t = \varphi\left(\frac{a_n}{2^n}\right)$ übergeht, führt zugleich den Punkt $t = \varphi\left(\frac{b_m}{2^m}\right)$ in $t = \varphi\left(\frac{b_m}{2^m} + \frac{a_n}{2^n}\right)$ über, unter b_m irgendeine ganze Zahl verstanden. Da für $n = \infty$ die Werte $\varphi\left(\frac{a_n}{2^n}\right)$ gegen $\varphi(\sigma)$ und zugleich die Zahlen $\varphi\left(\frac{b_m}{2^m} + \frac{a_n}{2^n}\right)$ gegen $\varphi\left(\frac{b_m}{2^m} + \sigma\right)$ konvergieren, so gibt es nach Axiom III eine Drehung, welche den Punkt $t = 0$ nach $t = \varphi(\sigma)$ und zugleich den Punkt $t = \varphi\left(\frac{b_m}{2^m}\right)$ nach $t = \varphi\left(\frac{b_m}{2^m} + \sigma\right)$ bewegt, d. h. es ist

$$\Delta\left(\varphi\left(\frac{b_m}{2^m}\right), \quad \varphi(\sigma)\right) = \varphi\left(\frac{b_m}{2^m} + \sigma\right),$$

und da φ eine stetige Funktion ist, so folgt hieraus allgemein für beliebige Parameterwerte τ, σ

$$\Delta(\varphi(\tau), \varphi(\sigma)) = \varphi(\tau + \sigma).$$

Damit ist bewiesen, daß, wenn wir in der Transformationsformel

$$t' = \Delta(t, s)$$

mittels einer gewissen umkehrbar eindeutigen Funktion φ an Stelle von t, t', s neue Parameter τ, τ', σ gemäß

$$t = \varphi(\tau), \quad t' = \varphi(\tau'), \quad s = \varphi(\sigma)$$

einführen, sich die Drehung in den neuen Parametern durch die Formel

$$\tau' = \tau + \sigma$$

ausdrückt. Dieser Satz lehrt die Richtigkeit der in § 17 aufgestellten Behauptung.

Wir setzen noch an Stelle des Parameters σ den Parameter $\omega = 2\pi\sigma$, und nennen diesen Parameter ω *den Winkel* oder *die Bogenlänge* zwischen den Punkten O ($\sigma = 0$) und S (d. h. σ) auf dem wahren Kreis $\varkappa$; die Drehung, bei welcher der Punkt O ($\sigma = 0$) in den Punkt S (d. h. σ) übergeht, heiße *eine Drehung* $\Delta[\omega]$ *des wahren Kreises* $\varkappa$ *in sich um den Winkel* ω.

§ 19. Durch diesen Beweis des Satzes in § 17 haben wir die Untersuchung der Drehungen des wahren Kreises $\varkappa$ in sich beendet. Wegen § 11 und § 12 erkennen wir, daß die in § 13 bis § 18 für den wahren Kreis $\varkappa$ angewandten Schlußweisen und bewiesenen Tatsachen auch für alle wahren Kreise um M gültig sind, die innerhalb $\varkappa$ liegen.

Wir wenden uns nun zu der Gruppe der Transformationen a l l e r Punkte bei den Drehungen der Ebene um den festen Punkt M und beweisen der Reihe nach die folgenden Sätze.

Es sei von einem wahren Kreise μ um M bekannt, daß er eine geschlossene Jordansche Kurve ist, in deren Innerem M liegt; dann gibt es außer der Identität keine Drehung der Ebene um M, welche jeden Punkt des wahren Kreises μ festläßt.

Zum Beweise bezeichnen wir eine Drehung um M, die jeden Punkt auf μ festläßt, mit M und nehmen dann *erstens* im Gegensatz zur Behauptung an, es gäbe auf μ einen Punkt A, in dessen beliebiger Nähe Punkte liegen, die ihre Lage bei einer Drehung M verändern. Um A schlagen wir, was nach § 12 gewiß möglich ist, einen wahren Kreis α, der durch einen gegenüber M veränderlichen Punkt gehe und hinreichend klein ist, so daß zufolge der obigen Bemerkung der Satz in § 14 für ihn zutrifft. Es sei B ein Schnittpunkt dieses Kreises mit μ, dann charakterisiert sich die Bewegung M zugleich als eine Drehung des Kreises α in sich, bei der B festbleibt. Bei einer solchen Drehung bleiben aber nach § 14 alle Punkte auf α fest, was nicht der Fall ist; unsere erstere Annahme erweist sich demnach als unzulässig.

Wir konstruieren nunmehr ein System von geschlossenen Jordanschen Kurven um M, zu denen μ gehört und von denen die eine die andere entweder ganz ein- oder ganz umschließt, so daß durch jeden Punkt der Zahlebene eine und nur eine Kurve des Systems hindurchgeht. Dann nehmen wir *zweitens* im Gegensatz zur obigen Behauptung an, es sei λ eine Kurve dieses Systems innerhalb μ bzw. außerhalb μ, so daß alle Punkte in dem ringförmigen Gebiete zwischen μ und λ bei jeder Drehung M festbleiben, während in beliebiger Nähe der Kurve λ solche Punkte vorhanden sind, die nicht bei jeder Drehung M festbleiben.

Es sei A ein Punkt auf λ, in dessen beliebiger Nähe bei M bewegliche Punkte liegen; dann schlagen wir um A einen wahren Kreis α, der durch einen dieser beweglichen Punkte läuft und hinreichend klein ist, so daß der Satz in § 14 für ihn zutrifft. Da dieser Kreis bei genügender Kleinheit jedenfalls durch einen Teil des ringförmigen, bei den Bewegungen M festbleibenden Gebietes hindurchläuft, so charakterisiert sich die Bewegung M zugleich als eine Drehung des Kreises α in sich, bei welcher unendlich viele Punkte von α festbleiben. Bei M müßten daher nach § 14 alle Punkte von α festbleiben, was nicht der Fall ist. Damit ist gezeigt, daß bei den Drehungen M alle Punkte der Ebene festbleiben.

§ 20. Wir stellen nun folgende wichtige Behauptung auf:

Jeder wahre Kreis ist eine geschlossene Jordansche Kurve; das System aller wahren Kreise um irgendeinen Punkt M erfüllt lückenlos unsere Ebene, so daß jeder wahre Kreis um M jeden anderen solchen Kreis ein- oder umschließt. Die sämtlichen Drehungen $\Delta[\omega]$ unserer Ebene um M werden durch Transformationsformeln von der Gestalt

$$x' = f(x, y; \omega), \qquad y' = g(x, y; \omega)$$

ausgedrückt; darin bedeuten x, y bzw. x', y' die Koordinaten in der Zahlebene und f, g eindeutige stetige Funktionen in den drei Veränderlichen x, y, ω. Ferner haben für jeden Punkt x, y die Funktionen f, g hinsichtlich des Arguments ω die Zahl 2π zur kleinsten simultanen Periode, d. h. man erhält jeden Punkt des wah-

*ren Kreises durch den Punkt (x, y) je einmal und nur einmal, wenn
man ω die Werte von o bis 2π durchlaufen läßt. Endlich gilt für
die Zusammensetzung zweier Drehungen um die Winkel ω, ω' die
Formel*

$$\Delta[\omega]\,\Delta[\omega'] = \Delta[\omega + \omega'].$$

§ 21. Zum Beweise der aufgestellten Behauptungen fassen wir
wiederum zunächst den in § 3 bis § 18 untersuchten wahren
Kreis $\varkappa$ um M ins Auge, der eine geschlossene Jordansche Kurve
ist, und betrachten die Drehungen dieses wahren Kreises $\varkappa$ in
sich. Nach § 18 führen wir den Winkel ω ein, so daß durch die
Angabe eine Wertes von ω zwischen o und 2π eine Bewegung
des wahren Kreises $\varkappa$ in sich eindeutig bestimmt ist. Nun entspricht aber einer jeden Drehung des wahren Kreises $\varkappa$ in sich
nur eine bestimmte Drehung der Ebene um M, da ja nach § 19
bei Festhaltung aller Punkte auf $\varkappa$ überhaupt alle Punkte der
Ebene festbleiben. Daraus folgt, daß in den in § 20 aufgestellten
Formeln für die Drehung der Ebene um M die Funktionen f, g
für alle x, y, ω *eindeutige* Funktionen sind, die hinsichtlich ω die
Periode 2π besitzen.

Wir beweisen nun, daß f, g *stetige* Funktionen in x, y, ω sind.
Zu dem Zweck sei O irgendein Punkt auf $\varkappa$, ferner $\omega_1, \omega_2, \omega_3, \ldots$
eine unendliche Reihe von Werten, die gegen einen bestimmten
Wert ω konvergieren, und $T_1, T_2, T_3, \ldots$ eine unendliche Reihe
von Punkten unserer Ebene, die gegen irgendeinen Punkt T
konvergieren. Diejenigen Punkte, die aus O bei Anwendung der
Drehungen um den Winkel $\omega_1, \omega_2, \omega_3, \ldots$ hervorgehen, bezeichnen wir mit $S_1, S_2, S_3, \ldots$ und die Punkte, die aus T_1 bzw. T_2,
$T_3, \ldots$ bei den Drehungen ω_1 bzw. $\omega_2, \omega_3, \ldots$ entstehen, mögen
Z_1 bzw. $Z_2, Z_3, \ldots$ heißen. Endlich mögen die Punkte, die aus
O bzw. T durch eine Drehung um den Winkel ω hervorgehen,
mit S bzw. Z bezeichnet werden. Es kommt darauf an, zu zeigen,
daß die Punkte $Z_1, Z_2, Z_3, \ldots$ gegen Z konvergieren.

Da die Punkte $T_1, T_2, T_3, \ldots$ gegen T konvergieren, so
können wir ein Jordansches Gebiet G bestimmen, in dessen
Innerem die sämtlichen Punkte $M, T, T_1, T_2, T_3, \ldots$ liegen. Auf

dieses Jordansche Gebiet wenden wir dann diejenige Drehung um M an, welche O nach S bewegt. Das so aus G entstehende Jordansche Gebiet heiße H; dasselbe enthält gewiß die Punkte M und Z. Endlich konstruieren wir eine geschlossene Jordansche Kurve α, die das Gebiet H ganz im Inneren enthält, d. h. umschließt, ohne daß ein Punkt auf H liegt.

Wir wollen nun beweisen, daß von den Punkten $Z_1, Z_2, Z_3, \ldots$ gewiß nur eine endliche Anzahl außerhalb der Kurve α liegen. In der Tat, würden unendlich viele von ihnen, etwa die Punkte $Z_{i_1}, Z_{i_2}, Z_{i_3}, \ldots$ außerhalb α liegen, so denke man sich allgemein M mit T_{i_h} durch eine Jordansche, innerhalb G verlaufende Kurve γ_h verbunden und dann mit γ_h die Drehung um den Winkel ω_{i_h} ausgeführt. Die so entstehende Kurve verbindet M mit Z_{i_h} und schneidet folglich die Kurve α gewiß in einem Punkte, etwa B_h; es sei A_h der Punkt auf γ_h, der bei der Drehung um den Winkel ω_{i_h} in B_h übergeht. Da die Punkte $A_1, A_2, A_3, \ldots$ sämtlich innerhalb G und die Punkte $B_1, B_2, B_3, \ldots$ sämtlich auf α bleiben, so gibt es gewiß eine unendliche Reihe von Indizes $h_1, h_2, h_3, \ldots$ von der Art, daß $A_{h_1}, A_{h_2}, A_{h_3}, \ldots$ gegen einen Punkt A innerhalb G oder auf der Grenze von G und zugleich $B_{h_1}, B_{h_2}, B_{h_3}, \ldots$ gegen einen Punkt B auf α konvergieren. Nun wissen wir, daß die Punkte $S_1, S_2, S_3, \ldots$ gegen S konvergieren; mit Rücksicht auf Axiom III müßte es demnach eine Drehung um M geben, die O nach S und zugleich A nach B bewegt; dies ist aber nicht möglich. Denn bei dieser Drehung müßte A in einen Punkt innerhalb H oder auf der Grenze von H übergehen; dagegen ist B ein Punkt auf der Kurve α, die das Gebiet H ganz im Inneren enthält.

Damit haben wir erkannt, daß das Punktsystem $Z_1, Z_2, Z_3, \ldots$ ganz innerhalb eines gewissen Jordanschen Gebietes liegen muß.

Es sei nun Z^* eine Verdichtungsstelle der Punkte $Z_1, Z_2, Z_3, \ldots$. Da die Punkte $S_1, S_2, S_3, \ldots$ gegen S konvergieren, so gibt es nach Axiom III eine Drehung um M, bei welcher O in S und zugleich T in Z^* übergeht. Da aber bei derjenigen Drehung um M, welche O in S überführt, T in Z übergehen sollte, so folgt wegen der vorhin bewiesenen Eindeutigkeit der Funktionen f, g notwendig $Z^* = Z$, d. h. die Punkte $Z_1, Z_2, Z_3, \ldots$ verdichten sich nur an einer Stelle, nämlich an der Stelle Z. Damit ist die Stetigkeit der Funktionen f, g in x, y, ω bewiesen.

Wir setzen jetzt in f, g für x, y die Koordinaten irgendeines Punktes P unserer Ebene ein, der innerhalb oder außerhalb des Kreises $\varkappa$ liegt. Die dann entstehenden Funktionen $f(\omega)$, $g(\omega)$ in der Veränderlichen ω allein dürfen nicht beliebig kleine simultane Perioden haben. Denn da sie stetige Funktionen von ω sind, so wären sie in diesem Falle Konstante; dann aber würde der Punkt P bei allen Drehungen der Ebene um M festbleiben, was Axiom II widerspräche. Die kleinste simultane Periode jener beiden Funktionen $f(\omega)$, $g(\omega)$ muß demnach von der Form $\dfrac{2\pi}{n}$ sein, wo n eine ganze positive Zahl bedeutet. Hieraus folgt, daß der durch P gehende wahre Kreis erhalten wird, wenn man in den Formeln

$$x = f(\omega), \quad y = g(\omega)$$

den Wert ω von o bis $\dfrac{2\pi}{n}$ laufen läßt. Diese Kurve ist geschlossen und ohne Doppelpunkte; sie stellt daher den durch P gehenden wahren Kreis um M dar. Wenden wir nunmehr auf die Ebene eine Drehung um den Winkel $\dfrac{2\pi}{n}$ an, so bleiben dabei alle Punkte dieses durch P gelegten wahren Kreises fest, und daher müßten nach § 19 alle Punkte der Ebene festbleiben; die Punkte auf dem wahren Kreise $\varkappa$ bleiben aber bei jener Drehung nur fest, wenn $n = 1$ ist, und damit haben wir die Aussagen des in § 20 aufgestellten Satzes in allen Teilen bewiesen.

§ 22. Wir erkennen jetzt leicht auch die Richtigkeit der folgenden Tatsachen:

Wenn irgend zwei Punkte bei einer Bewegung der Ebene festbleiben, so bleiben alle Punkte fest, d. h. die Bewegung ist die Identität.

Jeder Punkt der Ebene läßt sich durch eine Bewegung (d. h. zwei Drehungen) gewiß in jeden anderen Punkt der Ebene überführen.

Die erstere Tatsache folgt sofort mit Rücksicht auf den Satz in § 20; die letztere, wenn wir um jeden der Punkte den wahren Kreis durch den anderen legen, wobei diese Kreise sich notwendig treffen müssen.

§ 23. Unser wichtigstes weiteres Ziel besteht darin, *den Begriff der wahren Geraden in unserer Geometrie einzuführen und die für den Aufbau der Geometrie notwendigen Eigenschaften dieses Begriffes zu entwickeln.*

Zu dem Zwecke setzen wir zunächst folgende Benennungen fest: Wenn A, B und A', B' zwei Paare von Bildpunkten von der Art sind, daß sich vermöge einer Bewegung A in A' und zugleich B in B' überführen läßt, so sagen wir, *die (wahre) Strecke AB sei kongruent* (in Zeichen $\equiv$) *der (wahren) Strecke $A'B'$.* Ferner nennen wir *zwei wahre Kreise kongruent*, wenn es eine Bewegung gibt, welche ihre Mittelpunkte und zugleich sie selbst ineinander überführt.

Unter einer *Halbdrehung H* um einen Punkt M verstehen wir eine Drehung um den Winkel π, d. h. eine Drehung, die noch einmal ausgeführt die Identität ergibt. Wenn A, B, C drei Punkte sind, so daß A bei einer Halbdrehung um B in C und demnach auch zugleich C bei dieser Halbdrehung in A übergeht, so heiße B die *Mitte der Strecke AC.*

Wenn C ein Punkt innerhalb bzw. außerhalb des um A durch B geschlagenen wahren Kreises ist, so nennen wir die Strecke AC *kleiner bzw. größer* als die Strecke AB. Um in analoger Weise die Begriffe „kleiner" und „größer" für beliebige Strecken bzw. für beliebige Kreise zu definieren, führe man Bewegungen aus, vermöge welcher die Anfangspunkte der Strecken bzw. die Mittelpunkte der Kreise in den nämlichen Punkt fallen.

§ 24. Eine wahre Strecke AC hat höchstens *eine* Mitte; gäbe es nämlich für AC zwei Mitten und bezeichnen wir die Halbdrehungen um diese Mitten mit H_1 und H_2, so würde die zusammengesetzte Substitution $H_1 H_2^{-1}$ eine Bewegung darstellen, welche jeden der Punkte A und C festließe, und somit entnehmen

wir nach § 22, indem wir symbolisch die Identität mit 1 bezeichnen, $H_1 H_2^{-1} = 1$,   d. h. $H_1 = H_2$;

mithin stimmen auch die Mitten selbst überein. Insbesondere
folgern wir hieraus die weitere Tatsache:

Wenn zwei Strecken einander kongruent sind, so sind auch ihre
Hälften einander kongruent.

§ 25. Für die weiteren Entwicklungen brauchen wir folgenden
Hilfssatz:

Es mögen die Punkte $A_1, A_2, A_3, \ldots$ gegen den Punkt A
und die Punkte $M_1, M_2, M_3, \ldots$ gegen den Punkt M konvergieren; wenn dann allgemein bei Ausführung der Halbdrehung
um M_i der Punkt A_i in B_i übergeht, so konvergieren die Punkte
$B_1, B_2, B_3, \ldots$ ebenfalls, und zwar gegen denjenigen Punkt B,
der durch die Halbdrehung um M aus A entsteht.

Zunächst läßt sich gewiß ein Jordansches Gebiet finden, innerhalb dessen das Punktsystem $B_1, B_2, B_3, \ldots$ gelegen ist. Davon
überzeugen wir uns durch das nämliche Schlußverfahren, welches
in § 21 auf das Punktsystem $Z_1, Z_2, Z_3, \ldots$ angewandt worden ist.

Wir bezeichnen nun mit B^* eine Verdichtungsstelle der
Punkte $B_1, B_2, B_3, \ldots$. Auf Grund des Axioms III muß es dann
eine Bewegung geben, welche die Punkte A bzw. M, B^* in
die Punkte B^* bzw. M, A überführt; d. h. B^* geht aus A durch die
Halbdrehung um M hervor. Da aber auch B aus A durch die
Halbdrehung um M hervorgeht, so folgt $B^* = B$, und damit ist
der gewünschte Nachweis erbracht.

§ 26. *Es sei M die Mitte einer gewissen Strecke AB; dann wollen
wir zeigen, daß jede Strecke AC, die kleiner als AB ist, ebenfalls
eine Mitte N besitzt.*

Zu dem Zwecke ziehen wir irgendeine stetige Kurve γ von A
bis M und suchen zu jedem Punkte M' dieser Kurve γ den
Punkt B', so daß M' die Mitte von AB' wird; dann ist der Ort
der Punkte B', wie wir aus dem in § 25 bewiesenen Hilfssatze
schließen, eine stetige Kurve γ'. Diese Kurve γ' mündet gewiß
in A, wenn der Punkt M' auf der Kurve γ nach A hin läuft. Denn

im anderen Falle nehmen wir an, es sei $M_1, M_2, M_3, \ldots$ eine unendliche Reihe von Punkten auf γ, die gegen A konvergieren, und $B_1, B_2, B_3, \ldots$ die entsprechenden Punkte auf der Kurve γ'. Würden nun $B_1, B_2, B_3, \ldots$ eine von A verschiedene Verdichtungsstelle A^* besitzen, so entnehmen wir daraus, daß es eine Bewegung gibt, welche gewisse Punkte in beliebiger Nähe von A in beliebiger Nähe von A läßt und zugleich den Punkt A in beliebige Nähe von A^* bringt. Dann müßte also auf Grund des Axioms III bei einer gewissen Bewegung A festbleiben und zugleich in A^* übergehen, was unmöglich ist.

Da nun unserer Annahme zufolge $A C$ kleiner als $A B$ ist, so muß der um A durch C geschlagene wahre Kreis die A mit B verbindende stetige Kurve γ' in irgendeinem Punkte B' treffen. Der diesem Punkte entsprechende Punkt M' auf γ ist die Mitte der wahren Strecke $A B'$, und da $A C \equiv A B'$ ist, so findet man durch geeignete Drehung um A aus M' auch die gesuchte Mitte N von $A C$.

Da die Strecke $A C$ durch Halbdrehung um ihre Mitte N in die Strecke $C A$ übergeht, so folgt aus unserem eben bewiesenen Satze:

Die Strecke $A C$ ist stets der Strecke $C A$ kongruent — vorausgesetzt, daß die Strecke $A C$ kleiner als die bestimmte, am Anfange dieses § 26 zugrunde gelegte Strecke $A B$ ist.

Zugleich erkennen wir, daß, wenn die Punkte $C_1, C_2, C_3, \ldots$ gegen den Punkt A konvergieren, stets auch die Mitten $N_1, N_2, N_3, \ldots$ der Strecken $A C_1, A C_2, A C_3, \ldots$ gegen A konvergieren.

§ 27. Für unsere weiteren Entwicklungen haben wir einige Sätze über sich berührende wahre Kreise nötig, und zwar kommt es vor allem darauf an, *zwei zueinander kongruente Kreise zu konstruieren, die sich einander von außen in einem und nur in einem Punkte berühren.*

Zu dem Zwecke wählen wir einen Kreis $\varkappa'$ so klein, daß innerhalb desselben keine Strecke liegt, die der bestimmten in § 26 zugrunde gelegten Strecke $A B$ kongruent wird; der Satz in § 11 zeigt, daß dies gewiß möglich ist, da sich sonst die Punkte A

und B gleichzeitig beliebig nahe an M bewegen ließen. Sodann sei $\varkappa$ ein innerhalb $\varkappa'$ liegender Kreis um denselben Mittelpunkt wie $\varkappa'$. Wir nehmen nun auf dem Kreise $\varkappa$ irgend zwei Punkte an und schlagen um diese zueinander kongruente Kreise α und β so klein, daß irgend zwei Punkte auf $\varkappa$, die innerhalb α liegen,

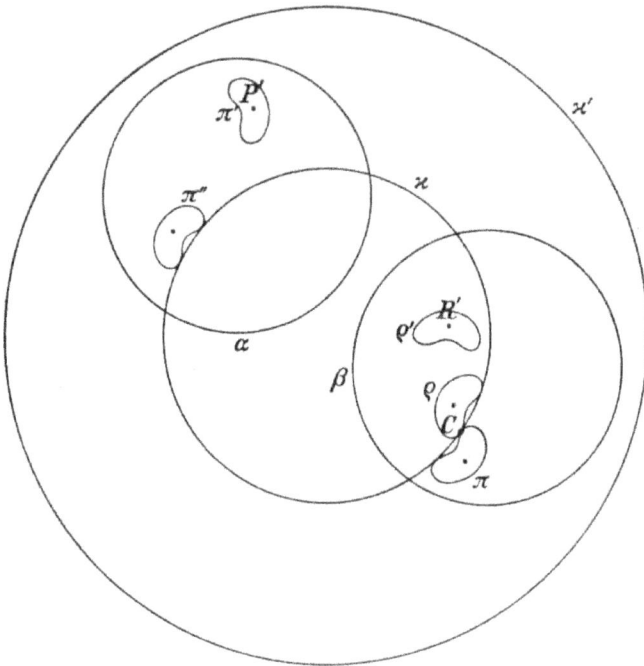

niemals von irgend zwei Punkten auf $\varkappa$, die innerhalb β liegen, im Sinne der Anordnung der Punkte auf $\varkappa$ getrennt liegen können. Außerdem seien die Kreise α, β so klein gewählt, daß sie ganz innerhalb des Kreises $\varkappa'$ liegen. Dann nehme man einen Punkt P' an, der innerhalb α und außerhalb $\varkappa$ liegt, und einen Punkt R' an, der innerhalb β und innerhalb $\varkappa$ liegt, und schlage dann um P' und R' zueinander kongruente Kreise π' und ϱ' so klein, daß π' ganz innerhalb α und außerhalb $\varkappa$ und ferner ϱ' ganz innerhalb β und innerhalb $\varkappa$ fällt. Nun führe man eine

Drehung um den Mittelpunkt von α aus, so daß der Kreis π' in einen Kreis π'' übergeht, der den Kreis $\varkappa$ von außen berührt: die Berührungspunkte bilden ein Punktsystem, welches mit S bezeichnet werden möge. Sodann führe man eine Drehung um den Mittelpunkt von β aus, so daß der Kreis ϱ' in einen Kreis ϱ übergeht, der den Kreis $\varkappa$ von innen berührt. Die Berührungspunkte bilden ein Punktsystem, welches mit T bezeichnet werden möge.

Da wegen der Wahl der Kreise α, β keine zwei Punkte des Systems S durch ein Punktepaar des Systems T auf $\varkappa$ getrennt werden, so ist es gewiß möglich, durch eine Drehung der Ebene um den Mittelpunkt des Kreises $\varkappa$ einen der äußersten Punkte von S auf $\varkappa$ mit einem der äußersten Punkte von T auf $\varkappa$ derartig zur Deckung zu bringen, daß die übrigen Punkte von S in Punkte übergehen, die von den Punkten des Systems T durchweg verschieden sind. Bei dieser Drehung gelangt der Kreis π'' mit dem Kreise ϱ in Berührung in der Weise, daß der Punkt C, in dem das Zusammenfallen stattfindet, der einzige Berührungspunkt wird. Wir bezeichnen den Kreis π'' in seiner neuen Lage mit π und die Mittelpunkte von π und ϱ mit P bzw. R.

Wir wollen nun beweisen, daß der Berührungspunkt C notwendig die Mitte zwischen den beiden Mittelpunkten P, R ist. In der Tat, wegen unserer Wahl von $\varkappa'$ ist die Strecke PR notwendig kleiner als die bestimmte Strecke AB und besitzt daher nach § 26 gewiß eine Mitte; dieselbe heiße C^*. Dann geht jeder der beiden Kreise π, ϱ durch eine Halbdrehung um C^* in den anderen über, und daher wird aus jedem Punkte des einen Kreises ein Punkt des andern. Da der Punkt C beiden Kreisen π, ϱ gemeinsam ist, so muß er bei einer solchen Halbdrehung ebenfalls in einen den Kreisen π, ϱ gemeinsamen Punkt übergehen, er muß folglich bei dieser Halbdrehung ungeändert bleiben und stimmt mithin notwendig mit dem Punkte C^* überein, um welchen die Halbdrehung ausgeführt wurde.

Aus dem eben bewiesenen Satze erkennen wir zugleich folgende Tatsache:

Aus dem Kreise π entsteht durch Halbdrehung um den Punkt C auf π der Kreis ϱ, der π in C von außen berührt; es gibt außer ϱ keinen anderen Kreis, der mit dem Kreise π kongruent ist und ihn im Punkte C und nur in diesem einen Punkte von außen berührt.

§ 28. Ferner gilt der Satz:

Wenn irgendein Kreis ι von dem Kreis π umschlossen und berührt wird, so findet diese Berührung nur in einem Punkte statt.

Zum Beweise nehmen wir an, es seien Q, Q' zwei voneinander verschiedene Berührungspunkte der Kreise ι und π. Dann führen wir eine Halbdrehung um Q' aus; durch diese geht π in einen Kreis π' über, der π nur im Punkte Q' berührt, und ι geht in einen Kreis ι' über, der innerhalb π' und daher gewiß ganz außerhalb π verläuft, beide Kreise π, π' nur in Q' berührend. Führen wir jetzt diejenige Drehung um den Mittelpunkt des Kreises π aus, durch welche Q in Q' übergeht, so entsteht aus ι ein Kreis ι'', welcher ganz innerhalb π und daher gewiß auch außerhalb ι' liegt, diesen nur in Q' berührend. Damit haben wir zwei Kreise ι, ι'', die beide den kongruenten Kreis ι' in Q' und nur in diesem Punkte von außen berühren, und dieser Umstand widerspricht dem Satze in § 27.

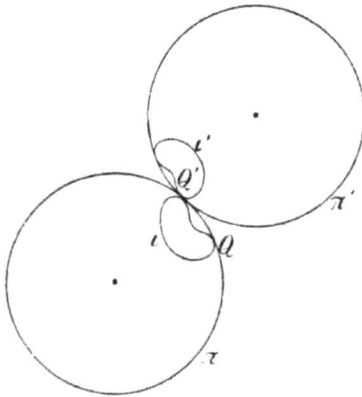

Die in § 27 und § 28 gefundenen Tatsachen bleiben gültig, wenn wir statt π, ϱ kleinere Kreise nehmen.

§ 29. Es sei P der Mittelpunkt des in § 27 konstruierten Kreises π und Q ein Punkt auf π, ferner sei O ein beliebiger Punkt. Dann können wir unter Heranziehung der Bemerkung am Schluß von § 26 und wie in § 27 auf Grund des Satzes in § 20 gewiß einen Punkt E in solcher Nähe von O angeben, daß innerhalb des Kreises ι, der um die Mitte M der Strecke OE durch O und E gelegt wird, keine zu PQ kongruente Strecke existiert und das gleiche auch für jeden Punkt E' und den entsprechenden Kreis ι' gilt, wenn E' noch näher als E an dem Punkte O gelegen ist.[1])

Alsdann gilt der Satz:

Der um die Mitte M (bzw. M') von OE (bzw. OE') durch O gelegte Kreis ι (bzw. ι') wird von dem Kreise um O durch E (bzw. E') ganz umschlossen und nur in E (bzw. E') berührt.

Zum Beweise konstruieren wir zunächst denjenigen Kreis ω um O, der den Kreis ι umschließt und zugleich berührt. Dieser Kreis ω ist notwendig kleiner als der Kreis π; denn im anderen Falle würde der um O gelegte, zu π kongruente Kreis ins Innere des Kreises ι eintreten, und dann müßte innerhalb ι eine zu PQ kongruente Strecke existieren, was nicht der Fall sein sollte. Nach dem in § 28 bewiesenen Satze kann dieser Kreis ω mit ι nur einen Berührungspunkt haben; derselbe sei E_1. Wäre nun E_1 verschieden von E, so führe man um M diejenige Drehung aus, durch welche E_1 nach O gelangt; bei dieser Drehung gelangt dann O in einen Punkt E_2 des Kreises ι, der von E_1 verschieden sein müßte. Da die Strecke OE_1 der Strecke E_2O und also auch OE_2 kongruent wird, so müßte E_2 ebenfalls ein Punkt des Kreises ω sein; dies widerspräche dem Umstande, daß E_1 der einzige den Kreisen ω und ι gemeinsame Punkt sein sollte; d. h. der Kreis ω läuft durch E, und damit ist unsere Behauptung bewiesen.

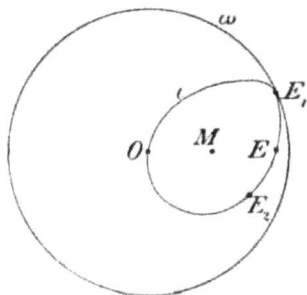

§ 30. Bei den folgenden Entwicklungen legen wir die zu Beginn des § 29 konstruierte Strecke OE zugrunde und erteilen den Punkten O, E die Zahlenwerte o bzw. I; sodann konstruieren wir die Mitte von OE und erteilen dieser Mitte den Zahlenwert $\frac{1}{2}$,

---

1) Man wähle einen Kreis α um O, in dem keine zu PQ kongruente Strecke liegt, und bezeichne mit E einen Randpunkt eines solchen Kreises um O, dessen innere und Randpunkte mit O je eine Strecke festlegen, deren Mitte M' in α liegt. Der Kreis um M' durch O ist demjenigen um O durch M' kongruent; er enthält mithin keine zu PQ kongruente Strecke.

ferner erteilen wir den Mitten der Strecken $(0, \frac{1}{2})$ bzw. $(\frac{1}{2}, 1)$ die Werte $\frac{1}{4}$ bzw. $\frac{3}{4}$ und dann den Mitten der Strecke $(0, \frac{1}{4})$ bzw. $(\frac{1}{4}, \frac{1}{2})$, $(\frac{1}{2}, \frac{3}{4})$, $(\frac{3}{4}, 1)$ die Werte $\frac{1}{8}$ bzw. $\frac{3}{8}$, $\frac{5}{8}$, $\frac{7}{8}$; und so fort. Ferner führen wir mit der ganzen Strecke $(0, 1)$ um den Punkt o eine Halbdrehung aus und erteilen allgemein demjenigen Punkte, der aus dem zur Zahl a gehörigen Punkte hervorgeht, den Zahlenwert $-a$; sodann führen wir um den Punkt 1 eine Halbdrehung aus und erteilen allgemein demjenigen Punkte, der aus dem zur Zahl a gehörigen Punkte hervorgeht, den Zahlenwert $2-a$, und so fort denken wir uns abwechselnd Halbdrehungen um O und um E ausgeführt und die neu entstehenden Punkte entsprechend benannt, bis schließlich jede Zahl a einem bestimmten Punkte zugeordnet erscheint, wenn a eine rationale Zahl bedeutet, deren Nenner eine Potenz von 2 ist.

§ 31. Wir erkennen durch diese Zuordnung leicht folgendes Gesetz:

Durch eine Halbdrehung um den zur Zahl a gehörigen Punkt geht jeder Punkt x in den Punkt $2a - x$ über. Wenn wir mithin erst eine Halbdrehung um den Punkt $O = o$ und dann eine solche um den Punkt a ausführen, so wird jeder Punkt x in den Punkt $x + 2a$ verwandelt.

§ 32. Um die Punkte, denen Zahlen zugehören, untereinander anzuordnen und die von ihnen begrenzten Strecken miteinander zu vergleichen, benutzen wir den in § 29 aufgestellten Satz über sich berührende Kreise in folgender Weise:

Der Kreis um den Punkt o durch den Punkt $\frac{1}{2}$ umschließt ganz den Kreis um $\frac{1}{4}$ durch $\frac{1}{2}$, und da dieser die Kreise um $\frac{1}{8}$ durch $\frac{2}{8} = \frac{1}{4}$ und um $\frac{3}{8}$ durch $\frac{4}{8} = \frac{1}{2}$ umschließt, die letzteren wiederum die Kreise um $\frac{1}{16}$ durch $\frac{2}{16} = \frac{1}{8}$, um $\frac{3}{16}$ durch $\frac{4}{16} = \frac{1}{4}$, um $\frac{5}{16}$ durch $\frac{6}{16} = \frac{3}{8}$, um $\frac{7}{16}$ durch $\frac{8}{16} = \frac{1}{2}$, usf., so erkennen wir, daß die Strecke $(0, \frac{1}{2})$ größer als alle Strecken $(0, a)$ ist, wenn a eine positive rationale Zahl bedeutet, deren Nenner eine Potenz von 2 ist und deren Wert unterhalb $\frac{1}{2}$ liegt.

Ferner umschließt der Kreis um o durch $\frac{1}{4}$ den Kreis um $\frac{1}{8}$ durch $\frac{2}{8} = \frac{1}{4}$. Der zweite umschlossene Kreis umschließt seinerseits die Kreise um $\frac{1}{16}$ durch $\frac{2}{16}$ und um $\frac{3}{16}$ durch $\frac{4}{16}$, diese umschließen wiederum die kleineren Kreise um $\frac{1}{32}$ bzw. $\frac{3}{32}$, $\frac{5}{32}$, $\frac{7}{32}$ usf.; daraus erkennen wir, daß die Strecke $(0, \frac{1}{4})$ größer ist als alle Strecken $(0, a)$, wenn a eine positive rationale Zahl bedeutet, deren Nenner eine Potenz von 2 ist und deren Wert unterhalb $\frac{1}{4}$ liegt.

Weiter betrachten wir den Kreis um o durch $\frac{1}{8}$; derselbe umschließt den Kreis um $\frac{1}{16}$ durch $\frac{2}{16} = \frac{1}{8}$, und dieser wiederum umschließt die kleineren Kreise um $\frac{1}{32}$ durch $\frac{2}{32}$ usf.; daraus erkennen wir, daß die Strecke $(0, \frac{1}{8})$ größer als alle Strecken $(0, a)$ ist, wenn a eine positive rationale Zahl bedeutet, deren Nenner eine Potenz von 2 ist und deren Wert unterhalb $\frac{1}{8}$ liegt. Durch Fortsetzung dieses Schlußverfahrens finden wir das allgemeine Resultat:

Ist a eine positive rationale Zahl, deren Nenner eine Potenz von 2 ist und deren Wert unterhalb $\frac{1}{2^m}$ liegt, so ist die Strecke $(0, a)$ stets kleiner als die Strecke $\left(0, \frac{1}{2^m}\right)$.

§ 33. Nunmehr sind wir imstande, der Reihe nach folgende Hilfssätze zu beweisen:

Die Punkte, die den Zahlen $\frac{1}{2}$, $\frac{1}{4}$, $\frac{1}{8}$, $\frac{1}{16}$, ... entsprechen, konvergieren gegen den Punkt o.

Denn im entgegengesetzten Falle müßten, da die Strecken $(0, \frac{1}{2})$, $(0, \frac{1}{4})$, $(0, \frac{1}{8})$, $(0, \frac{1}{16})$, ... beständig kleiner werden, die Punkte $\frac{1}{2}$, $\frac{1}{4}$, $\frac{1}{8}$, $\frac{1}{16}$, ... ihre Verdichtungsstellen auf einem be-

stimmten wahren Kreise $\varkappa$ um den Punkt o haben. Es sei etwa
$$\frac{1}{2^{n_1}}, \quad \frac{1}{2^{n_2}}, \quad \frac{1}{2^{n_3}}, \ldots$$ eine Reihe von Punkten, die gegen einen Punkt K auf $\varkappa$ konvergieren: dann mögen die Punkte

$$\frac{1}{2^{n_1}+1}, \quad \frac{1}{2^{n_2}+1}, \quad \frac{1}{2^{n_3}+1}, \ldots$$

im Punkte K^* eine Verdichtungsstelle haben. Aus dem Satze im § 25 geht hervor, daß dann K^* die Mitte der Strecke OK sein müßte; dies widerspricht unter Hinzuziehung der am Schlusse von § 27 gefundenen Tatsache dem Umstande, daß K^* ebenfalls auf dem Kreise $\varkappa$ liegt.

§ 34. *Es mögen $a_1, a_2, a_3, \ldots$ positive rationale Zahlen bedeuten, deren Nenner Potenzen von 2 sind. Wenn dann die unendliche Zahlenreihe $a_1, a_2, a_3, \ldots$ gegen o konvergiert, so konvergiert auch die diesen Zahlen entsprechende Punktreihe gegen den Punkt o.*

Zum Beweise wählen wir die ganzen Exponenten $n_1, n_2, n_3, \ldots$ derart, daß

$$a_1 < \frac{1}{2^{n_1}}, \quad a_2 < \frac{1}{2^{n_2}}, \quad a_3 < \frac{1}{2^{n_3}}, \ldots$$

wird und die Reihe $\frac{1}{2^{n_1}}, \frac{1}{2^{n_2}}, \frac{1}{2^{n_3}}, \ldots$ ebenfalls gegen o konvergiert. Da zufolge des Satzes in § 32 allgemein der Punkt a_i innerhalb des Kreises um o durch $\frac{1}{2^{n_i}}$ liegt und nach dem in § 33 bewiesenen Hilfssatze die Kreise um o durch $\frac{1}{2^{n_1}}, \frac{1}{2^{n_2}}, \frac{1}{2^{n_3}}, \ldots$ gegen o konvergieren, so folgt sofort auch die zu beweisende Behauptung.

§ 35. Endlich gilt der folgende Satz:

Es seien $a_1, a_2, a_3, \ldots$ eine unendliche Reihe von rationalen Zahlen, deren Nenner Potenzen von 2 sind und die gegen irgendeine reelle Zahl a konvergieren: dann konvergieren die entsprechenden Punkte $a_1, a_2, a_3, \ldots$ ebenfalls gegen einen bestimmten Punkt.

Zum Beweise nehmen wir das Gegenteil an: es seien etwa V' und V'' zwei voneinander verschiedene Verdichtungsstellen der Punkte $a_1, a_2, a_3, \ldots$; und zwar mögen die Punkte $a_{1'}, a_{2'}, a_{3'}, \ldots$ gegen V' und $a_{1''}, a_{2''}, a_{3''}, \ldots$ gegen V'' konvergieren. Nach den Bemerkungen in § 31 gibt es für jeden Punkt a_k eine aus zwei Halbdrehungen zusammengesetzte Bewegung, die allgemein den Punkt $a_{i'}$ in den Punkt $a_{i'} - a_k$ und zugleich den Punkt $a_{i''}$ in den Punkt $a_{i''} - a_k$ überführt, und da sowohl die Zahlenwerte $a_{i'} - a_k$ als auch die Zahlenwerte $a_{i''} - a_k$ mit wachsenden Indizes beliebig nahe an 0 kommen, so erkennen wir mit Rücksicht auf den Satz in § 34, daß es Bewegungen gibt, die einen Punkt in beliebiger Nähe von V und zugleich einen Punkt in beliebiger Nähe von V'' in beliebige Nähe des Punktes 0 bringen. Dies ist im Hinblick auf Axiom III einer oft angewandten Schlußweise zufolge nicht möglich.

§ 36. Erteilen wir nun dem Punkte, gegen den die Punkte $a_1, a_2, a_3, \ldots$ konvergieren, den Zahlenwert a, so ist damit überhaupt jedem reellen Zahlenwerte ein bestimmter Punkt unserer Ebene zugeordnet; wir nennen das System aller dieser Punkte eine *wahre Gerade*, so daß also *unter dieser wahren Geraden desjenige System von Punkten verstanden wird, das aus den Punkten O, E entsteht, wenn man fortgesetzt die Mitten nimmt, Halbdrehungen ausführt und die Häufungsstellen aller erhaltenen Punkte hinzufügt. Sämtliche durch Bewegung aus dieser wahren Geraden entstehenden Punktsysteme heißen wiederum wahre Gerade. Die wahre Gerade zerfällt von jedem ihrer Punkte aus in zwei Halbgerade.*

§ 37. Mit Benutzung des Hilfssatzes in § 25 erkennen wir leicht, daß bei der Halbdrehung um einen beliebigen Punkt a unserer wahren Geraden allgemein der Punkt x in den Punkt $2a - x$ übergeht; bei der Ausführung zweier Halbdrehungen um die Punkte 0 und a geht also allgemein x in $x + 2a$ über.

Aus dem Satze in § 35 folgern wir leicht, daß auch dann, wenn $a_1, a_2, a_3, \ldots$ beliebige gegen a konvergente Zahlen sind, die entsprechenden Punkte $a_1, a_2, a_3, \ldots$ stets gegen den entsprechenden Punkt a konvergieren; d. h. *die wahre Gerade ist eine stetige Kurve.*

§ 38. Versuchen wir die Annahme, daß es zwei Zahlenwerte a und b gäbe, die auf der wahren Geraden den nämlichen Punkt P der Ebene darstellen. Der Punkt $\frac{a+b}{2}$ ist die Mitte der Strecke (a, b); derselbe müßte daher mit dem Punkte P übereinstimmen. Das gleiche müßte dann von den Mitten der Strecken $\left(a, \frac{a+b}{2}\right)$ und $\left(\frac{a+b}{2}, b\right)$ d. h. den Punkten $\frac{3a+b}{4}$ und $\frac{a+3b}{4}$ gelten. Indem wir fortgesetzt die Mitten nehmen, erkennen wir, daß sämtliche Punkte $\frac{A_n a + B_n b}{2^n}$, wo A_n, B_n positive ganze Zahlen mit der Summe 2^n bedeuten, mit P identisch sein müßten, und hieraus folgt nach § 37, daß überhaupt allen zwischen a und b gelegenen reellen Zahlen der nämliche Punkt P der Geraden entsprechen müßte. Dieser Widerspruch zeigt, daß *die wahre Gerade keinen Doppelpunkt besitzt.* Ebenso erkennen wir, daß *die wahre Gerade nicht in sich selbst zurücklaufen kann.*

§ 39. *Zwei Gerade haben höchstens einen Punkt gemein.*

In der Tat, hätten sie die zwei Punkte A und B gemein und entsprächen diesen Punkten auf der einen Geraden die Zahlenwerte a, b und auf der anderen Geraden die Zahlenwerte a', b', so müßten nach § 24 auch die Mitten $\frac{a+b}{2}$ und $\frac{a'+b'}{2}$ miteinander übereinstimmen. Indem wir fortgesetzt wie in § 38 die Mitten nehmen, schließen wir in ähnlicher Weise, daß sämtliche zwischen a und b bzw. a' und b' gelegenen Punkte auf beiden Geraden und mithin diese Geraden selbst miteinander identisch sind.

§ 40. *Unsere wahre Gerade schneidet jeden um einen ihrer Punkte, etwa um den Punkt o, gelegten Kreis.*

In der Tat, bei der entgegengesetzten Annahme sind nur zwei Fälle möglich: entweder es gibt einen bestimmten Kreis $\varkappa$ um den Punkt o, der von der wahren Geraden g noch getroffen wird, während die den Kreis $\varkappa$ umschließenden Kreise um o von g nicht mehr getroffen werden; oder es gibt einen bestimmten Kreis $\varkappa$, der von g nicht getroffen wird, während alle innerhalb $\varkappa$ verlaufenden Kreise um den Punkt o von g getroffen werden.

Da die Gerade g ihrer Konstruktion gemäß über jeden ihrer Punkte hinaus stets fortgesetzt werden kann und, wie in § 38 gezeigt worden ist, keinen Doppelpunkt besitzen darf, so müßte es im ersteren Falle gewiß einen innerhalb $\varkappa$ verlaufenden Kreis um den Punkt o geben, den sie auf derselben Seite von o an zwei Stellen A, B träfe, wobei B auf der Fortsetzung von g hinter A und genügend nahe an A innerhalb $\varkappa$ zu nehmen ist. Führt man nun eine Drehung um den Punkt o aus, durch welche A in B übergeht, so würde dabei unsere Gerade g in eine andere übergehen, welche g außer in o noch in B schnitte; dies ist dem in § 39 bewiesenen Satze zufolge unmöglich.

Im zweiten Falle bezeichne K einen Punkt des Kreises $\varkappa$, in dessen beliebige Nähe die wahre Gerade g gelangt. Man schlage dann um K einen wahren Kreis π^*, der kleiner als $\varkappa$ ist und g etwa im Punkte M treffe. Sodann schlage man um M einen Kreis π, der größer als π^* und kleiner als $\varkappa$ ist. Dieser Kreis π enthält, da er größer als π^* ist, den Punkt K im Inneren, und da er kleiner als $\varkappa$ ist, so ergibt unsere Annahme in Verbindung mit dem vorhin Bewiesenen, daß die durch M gehende Gerade g stetig innerhalb π verläuft, nach der einen oder anderen Richtung hin verlängert je durch einen Punkt auf π aus dem Kreise π heraustritt und dann nicht mehr in den Kreis π zurückläuft. Da die Gerade g andererseits dem innerhalb π gelegenen Punkte K beliebig nahe kommen soll, so enthält sie notwendig den Punkt K selbst; hierin liegt ein Widerspruch mit unserer gegenwärtigen Annahme.

Da das System aller Kreise um einen Punkt die ganze Ebene lückenlos bedeckt, so folgt zugleich aus dem Vorigen, daß *irgend zwei Punkte in unserer ebenen Geometrie stets durch eine wahre Gerade verbunden werden können.*

§ 41. Wir haben nun zu zeigen, daß *die Kongruenzaxiome in unserer ebenen Geometrie gültig sind.*

Zu dem Zwecke wählen wir einen bestimmten wahren Kreis $\varkappa$ aus und führen für die Punkte desselben nach § 18 die Parameterdarstellung durch den Winkel ω ein: dann wird, wenn ω die Werte o bis 2π erhält, der wahre Kreis in einem bestimmten Sinne durchlaufen. Aus dieser Einführung folgt für jeden anderen mit $\varkappa$ kongruenten Kreis ebenfalls ein bestimmter Umlaufssinn, nämlich derjenige, der sich ergibt, wenn wir den Mittelpunkt des Kreises $\varkappa$ nach § 22 durch zwei hintereinander angewandte Drehungen mit dem Mittelpunkt des vorgelegten Kreises zur Deckung bringen. Da es im Hinblick auf den zu Anfang dieser Abhandlung definierten Begriff der Bewegung nicht möglich ist, den ursprünglichen Kreis $\varkappa$ mit sich selbst im umgekehrten Umlaufssinn zur Deckung zu bringen, so existiert in der Tat für jeden Kreis ein bestimmter Umlaufssinn.

Jetzt nehmen wir zwei von einem Punkte M ausgehende Halbgeraden, die nicht beide zusammen eine wahre Gerade ausmachen, schlagen um M einen zu $\varkappa$ kongruenten Kreis und fixieren dasjenige von den Halbgeraden ausgeschnittene Stück dieses Kreises, welches einem unterhalb der Zahl π liegenden Parameterintervall entspricht. Der festgesetzte Umlaufssinn führt dann innerhalb des fixierten Kreisbogenstückes von einer der beiden Halbgeraden zu der anderen Halbgeraden; wir bezeichnen die erstere Halbgerade als den rechten, die letztere Halbgerade als den linken Schenkel des Winkels zwischen beiden Halbgeraden, während das Parameterintervall ($< \pi$) selbst das Maß für diesen Winkel abgibt. Aus unserem Begriff der Bewegung folgt dann der erste Kongruenzsatz für zwei Dreiecke in folgender Gestalt:

Wenn für zwei Dreiecke $A\,BC$ und $A'\,B'C'$ die Kongruenzen

$$A\,B \equiv A'\,B', \quad A\,C \equiv A'\,C', \quad \sphericalangle\,BAC \equiv \sphericalangle\,B'A'C'$$

gelten, wenn ferner $A\,B$ bzw. $A'\,B'$ die rechten, $A\,C$ bzw. $A'\,C'$ die linken Schenkel der Winkel $\sphericalangle\,BAC$ bzw. $\sphericalangle\,B'A'C'$ sind, so gelten stets auch die Kongruenzen

$$\sphericalangle\,ABC \equiv \sphericalangle\,A'B'C' \quad und \quad \sphericalangle\,ACB \equiv \sphericalangle\,A'C'B',$$
$$BC \equiv B'C'.$$

§ 42. Nachdem in §§ 30—40 die wahre Gerade definiert und ihre Eigenschaften abgeleitet worden sind, haben wir zwei Fälle zu unterscheiden:

Erstens nehmen wir an, daß es durch einen Punkt nur *eine* Gerade gibt, die eine gegebene Gerade nicht schneidet (Parallelenaxiom). Für unsere Ebene gelten dann die sämtlichen ebenen Axiome, die ich im Hauptteil dieses Buches (Kap. I) aufgestellt habe, nur daß das Kongruenzaxiom III 5 dort in der vorhin in § 41 aufgestellten engeren Fassung zu nehmen ist. Auch bei dieser engeren Fassung des letzten Kongruenzaxioms folgt mit Notwendigkeit die Euklidische ebene Geometrie (vgl. Anhang II S. 135 sowie Kap. I S. 32—33).

Zweitens nehmen wir an, daß es durch jeden Punkt A zwei Halbgerade gibt, die nicht zusammen ein und dieselbe Gerade ausmachen und die eine gegebene Gerade g nicht schneiden, während jede in dem durch sie gebildeten Winkelraum gelegene, von A ausgehende Halbgerade die Gerade g schneidet; dabei liege A außerhalb g.

Mit Hilfe der Stetigkeit folgt dann leicht, daß auch umgekehrt zu irgend zwei von einem Punkte A ausgehenden Halbgeraden, die nicht zusammen ein und dieselbe Gerade ausmachen, stets eine bestimmte Gerade g gehört, die jene beiden Halbgeraden nicht schneidet, dagegen von jeder anderen Halbgeraden getroffen wird, die von A ausgeht und in dem Winkelraum zwischen den beiden gegebenen Halbgeraden verläuft. Unter diesen Umständen folgt dann die Bolyai-Lobatschefskysche ebene Geometrie, auch wenn wir das Kongruenzaxiom III 5 in der vorhin aufgestellten engeren Fassung zugrunde legen, wie sich dies mit Hilfe meiner „Enden"-Rechnung[1]) zeigen läßt.

---

1) Vgl. meine Abhandlung: „Neue Begründung der Bolyai-Lobatschefsky-schen Geometrie", Anhang III dieses Buches. Das dort eingeschlagene Beweisverfahren ist für den gegenwärtigen Zweck in geeigneter Weise abzuändern, so daß die Stetigkeit herangezogen, dagegen die Anwendung des Satzes von der Gleichheit der Basiswinkel im gleichschenkligen Dreieck vermieden wird. Um die Sätze über die Addition der Enden (S. 170—173) zu gewinnen, betrachten wir die Addition als Grenzfall einer Drehung der Ebene, wenn der Drehpunkt auf einer Geraden ins Unendliche rückt.

Zum Schlusse möchte ich auf den charakteristischen Unterschied hinweisen, der zwischen der vorstehenden Begründung der Geometrie und derjenigen besteht, die ich im Hauptteil dieses Buches zu geben versucht habe. Dort ist eine solche Anordnung der Axiome befolgt worden, bei der die Stetigkeit hinter allen übrigen Axiomen an letzter Stelle gefordert wird, so daß dann naturgemäß die Frage in den Vordergrund tritt, inwieweit die bekannten Sätze und Schlußweisen der elementaren Geometrie von der Forderung der Stetigkeit unabhängig sind. In der vorstehenden Untersuchung dagegen wird die Stetigkeit vor allen übrigen Axiomen an erster Stelle durch die Definition der Ebene und der Bewegung gefordert, so daß hier vielmehr die wichtigste Aufgabe darin bestand, das geringste Maß von Forderungen zu ermitteln, um aus demselben unter weitester Benutzung der Stetigkeit die elementaren Gebilde der Geometrie (Kreis und Gerade) und ihre zum Aufbau der Geometrie notwendigen Eigenschaften gewinnen zu können. In der Tat hat die vorstehende Untersuchung gezeigt, daß hierzu die in den obigen Axiomen I—III ausgesprochenen Forderungen hinreichend sind.

Göttingen, den 10. Mai 1902.

Einen Überblick über die Entwicklung der Forschungen, die sich an die Untersuchungen von Riemann und Helmholtz über die Grundlagen der Geometrie geknüpft haben, mit einer anschließenden Literaturzusammenstellung, gibt H. Freudenthal in der Einleitung zu seiner Abhandlung: ,,Neuere Fassungen des Riemann-Helmholtz-Lieschen Raumproblems'', Math. Zeitschrift Band 63, 1955/1956, sowie in der Abhandlung ,,Im Umkreis der sogenannten Raumprobleme'', Essays on the Found. of Mathem , Jerusalem 1961.

Anhang V.

Über Flächen von konstanter Gaußscher Krümmung.

Über Flächen von negativer konstanter Krümmung.

Nach Beltrami[1]) verwirklicht eine Fläche von negativer konstanter Krümmung ein Stück einer Lobatschefskyschen (Nicht-Euklidischen) Ebene, wenn man als Geraden der Lobatschefskyschen Ebene die geodätischen Linien der Fläche von konstanter Krümmung betrachtet und als Längen und Winkel in der Lobatschefskyschen Ebene die wirklichen Längen und Winkel auf der Fläche nimmt. Unter den bisher untersuchten Flächen negativer konstanter Krümmung finden wir *keine*, die sich stetig und mit stetiger Änderung ihrer Tangentialebene in der Umgebung jeder Stelle überallhin ausdehnt; vielmehr besitzen die bekannten Flächen negativer konstanter Krümmung singuläre Linien, über die hinaus eine stetige Fortsetzung mit stetiger Änderung der Tangentialebene nicht möglich ist. Aus diesem Grunde gelingt es mittels keiner der bisher bekannten Flächen negativer konstanter Krümmung, die *ganze* Lobatschefskysche Ebene zu verwirklichen, und es erscheint uns die Frage von prinzipiellem Interesse, *ob die ganze Lobatschefskysche Ebene überhaupt nicht durch eine analytische*[2]) *Fläche negativer*

---

1) Giornale di Matematiche, Bd. 6, 1868.

2) Der leichteren Ausdrucksweise wegen setze ich hier für die zu betrachtende Fläche analytischen Charakter voraus, obwohl die Beweisführung und das erlangte Resultat (vgl. S. 237) gültig bleiben, wenn in Gleichung (1) $\mathfrak{P}(x, y)$ eine genügend oft differenzierbare nichtanalytische Funktion von x, y bedeutet. Daß es tatsächlich nichtanalytische, im Sinne der Flächentheorie reguläre Flächen von konstanter negativer Krümmung

konstanter Krümmung auf die Beltramische Weise zur Dar-
stellung gebracht werden kann.

Um diese Frage zu beantworten, gehen wir von der Annahme
einer analytischen Fläche der negativen konstanten Krümmung
— 1 aus, die im Endlichen überall sich regulär verhält und keine
singulären Stellen aufweist; wir werden dann zeigen, daß diese
Annahme auf einen Widerspruch führt. Eine solche Fläche, wie
wir sie annehmen wollen, ist durch folgende Aussage vollständig
charakterisiert:

Jede im Endlichen gelegene Häufungsstelle von
Punkten der Fläche ist ebenfalls ein Punkt der
Fläche.

Bedeutet O irgendeinen Punkt der Fläche, so ist es stets
möglich, die rechtwinkligen Koordinatenachsen x, y, z so zu legen,
daß O der Anfangspunkt des Koordinatensystems wird und die
Gleichung der Fläche in der Umgebung dieses Punktes O wie
folgt lautet:

(1) $z = a x^2 + b y^2 + \mathfrak{P}(x, y),$

wo die Konstanten a, b die Relation

$$4 a b = -1$$

befriedigen und die Potenzreihe $\mathfrak{P}(x, y)$ nur Glieder dritter oder
höherer Dimension in x, y enthält. Offenbar ist dann die z-Achse
die Normale der Fläche, und die x- und y-Achse geben die Richtung
an, die durch die Hauptkrümmungen der Fläche bestimmt sind.

Die Gleichung $a x^2 + b y^2 = 0$

bestimmt die beiden Haupttangenten der Fläche durch den
Punkt O in der xy-Ebene; dieselben sind daher stets voneinander getrennt und geben die Richtungen an, in denen die

---

gibt (die sich gemäß dem im folgenden bewiesenen Satze auch nicht
überall stetig mit stetiger Änderung der Tangentialebene ausdehnen),
hat auf meine Anregung hin G. Lütkemeyer in seiner Inauguraldissertation: Über den analytischen Charakter der Integrale von partiellen Diffe-
rentialgleichungen, Göttingen 1902, bewiesen.

beiden Asymptotenkurven der Fläche durch den beliebigen Punkt O verlaufen. Jede dieser Asymptotenkurven gehört einer einfachen Schar von Asymptotenkurven an, die die ganze Umgebung des Punktes O auf der Fläche regulär und lückenlos überdecken. Verstehen wir daher unter u, v genügend kleine Werte, so können wir gewiß folgende Konstruktion ausführen. Wir tragen auf einer der beiden durch O gehenden Asymptotenkurven den Parameterwert u von O als Länge ab, ziehen durch den erhaltenen Endpunkt die andere mögliche Asymptotenkurve und tragen auf dieser den Parameterwert v als Länge ab: der nun erhaltene Endpunkt ist ein Punkt der Fläche, der durch die Parameterwerte u, v eindeutig bestimmt ist. Fassen wir demgemäß die rechtwinkligen Koordinaten x, y, z der Fläche als Funktionen von u, v auf, indem wir setzen

$$x = x(u, v), \quad y = y(u, v), \quad z = z(u, v),$$

so sind diese jedenfalls für genügend kleine Werte von u, v reguläre analytische Funktionen von u, v.

Die bekannte Theorie der Flächen von der konstanten Krümmung -1 liefert uns ferner die folgenden Tatsachen:

Bedeutet φ den Winkel zwischen den beiden Asymptotenkurven durch den Punkt u, v, so erhalten die drei Fundamentalgrößen der Fläche die Werte

$$e \equiv \left(\frac{\partial x}{\partial u}\right)^2 + \left(\frac{\partial y}{\partial u}\right)^2 + \left(\frac{\partial z}{\partial u}\right)^2 = 1,$$

$$f \equiv \frac{\partial x}{\partial u}\frac{\partial x}{\partial v} + \frac{\partial y}{\partial u}\frac{\partial y}{\partial v} + \frac{\partial z}{\partial u}\frac{\partial z}{\partial v} = \cos\varphi,$$

$$g \equiv \left(\frac{\partial x}{\partial v}\right)^2 + \left(\frac{\partial y}{\partial v}\right)^2 + \left(\frac{\partial z}{\partial v}\right)^2 = 1,$$

und mithin wird das Quadrat der Ableitung der Bogenlänge einer beliebigen Kurve auf der Fläche nach einem Paramter t von der Form

$$(2) \qquad \left(\frac{ds}{dt}\right)^2 = \left(\frac{du}{dt}\right)^2 + 2\cos\varphi\,\frac{du}{dt}\frac{dv}{dt} + \left(\frac{dv}{dt}\right)^2.$$

Der Winkel φ genügt als Funktion von u, v der partiellen Differentialgleichung

$$(3) \qquad\qquad \frac{\partial^2 \varphi}{\partial u\, \partial v} = \sin \varphi.[1])$$

Wir können die ausgeführte Konstruktion, wenn wir auf die eindeutige Zuordnung eines Wertepaares u, v zu einem Flächenpunkt verzichten, auf beliebige Werte von u, v ausdehnen. Allerdings kann die durch O gehende u-Linie eventuell geschlossen sein; aber jedenfalls lassen sich auf ihr von O aus nach beiden Seiten beliebig große Längen abtragen — auf Grund der über die Fläche gemachten Voraussetzung (S. 232). Jedem Wert von u entspricht also ein Punkt auf der Asymptotenkurve.

In jedem solchen Punkte P betrachten wir nun die andere hindurchgehende Asymptotenkurve. Auf dieser nehmen wir die von dem Punkt P aus (in einem Sinne) gerechnete Länge als Parameter v; es lassen sich wiederum nach beiden Seiten von P aus beliebig große Längen auf der Asymptotenkurve abtragen.

Jedem Wertepaar u, v entspricht auf diese Weise eindeutig — aber im allgemeinen keineswegs umkehrbar eindeutig — ein Punkt unserer Fläche. Wir erhalten also, geometrisch gesprochen, eine Abbildung der ganzen Euklidischen (u, v)-Ebene auf eine gewisse Überlagerungsfläche unserer gegebenen Fläche bzw. eines Teiles von ihr.

Es kommt nun zuerst darauf an, zu zeigen, daß jede u-Linie auf unsrer Fläche eine Asymptotenkurve ist und daß der Parameter u auf dieser die Bogenlänge darstellt.

---

[1]) Auf Grund dieser Formel habe ich zuerst die Unmöglichkeit einer singularitätenfreien Fläche konstanter negativer Krümmung bewiesen (Transactions of the Americain Math. Society, Vol 2, 1901); sodann hat E. Holmgren einen ebenfalls auf Formel (3) beruhenden mehr analytischen Beweis für diesen Satz erbracht (Comptes rendus, Paris 1902). Die hier im Texte folgende Bearbeitung des Holmgrenschen Beweises schließt sich an die Darstellung an, die W. Blaschke in seinen Vorlesungen über Differentialgeometrie I, § 80, (1921) gegeben hat. Zu meinem ursprünglichen Beweise beachte man auch die Ausführungen von L. Bieberbach, (Acta mathematica Bd. 48).

Für die Linie $v = 0$ wissen wir das bereits. Ferner gilt es für die Stücke von v-Linien, die der Umgebung eines Punktes $(u, 0)$ angehören, auf Grund der Darstellung (2) für das Linienelement.

Zum allgemeinen Beweis genügt es, folgendes zu zeigen:

Ist a eine positive und b eine beliebige reelle Zahl, so ist das Bild einer jeden Strecke

$$-a \leqq u \leqq +a, \quad v = b$$

auf unsrer Fläche ein Stück einer Asymptotenkurve bzw. ein Linienzug längs einer solchen, und u stellt auf dieser die Bogenlänge dar.

Der Satz gilt zunächst für $b = 0$. Man beweist ferner:

1. Wenn der Satz für $b = b_0$ gilt, so gilt er auch für jedes b, das von b_0 genügend wenig verschieden ist.

2. Wenn der Satz für $b_1 < b < b_2$ gilt, so gilt er auch für $b = b_1$ und für $b = b_2$.

Dies geschieht durch Stetigkeitsbetrachtungen mit Anwendung des Heine-Borelschen Überdeckungssatzes.

Damit ist dann der Beweis für alle b geführt. —

Bedeutet nun $\varphi = \varphi(u, v)$ (wie auf S. 233 f.) den Winkel zwischen den beiden durch den Flächenpunkt (u, v) hindurchgehenden Asymptotenkurven, gerechnet von der positiven u-Richtung bis zur positiven v-Richtung, so ist $\varphi(u, v)$ eine für alle (u, v)-Werte definierte stetige Funktion mit stetigen partiellen Ableitungen, welche der Differentialgleichung (3) genügt.

Durch geeignete Wahl der positiven u- und v-Richtung können wir jedenfalls erreichen, daß im Punkte $u = v = 0$ die Ungleichungen

$$0 < \varphi < \pi \quad \text{und} \quad \frac{\partial \varphi}{\partial u} \geqq 0 \quad \text{gelten.}$$

Da φ nirgends gleich 0 oder gleich π ist, so muß, wegen der Stetigkeit der Funktion $\varphi(u, v)$, für alle Werte u, v:

$$0 < \varphi(u, v) < \pi,$$

also $\sin \varphi > 0$ sein.

Eine Funktion $\varphi(u, v)$ von diesen Eigenschaften kann aber nicht existieren.

Denn zunächst folgt aus der Differentialgleichung

$$\frac{\partial^2 \varphi}{\partial u \, \partial v} = \sin \varphi \, ,$$

daß

$$\frac{\partial^2 \varphi}{\partial u \, \partial v} > 0 \, ,$$

daß also $\dfrac{\partial \varphi}{\partial u}$ bei wachsendem v zunimmt.

Insbesondere muß

$$\frac{\partial \varphi}{\partial u}(0, 1) > \frac{\partial \varphi}{\partial u}(0, 0) \geqq 0$$

sein, und man kann daher eine positive Größe a so bestimmen, daß für $0 \leqq u \leqq 3a$:

$$\frac{\partial \varphi}{\partial u}(u, 1) > 0 \quad \text{ist.}$$

Es bedeute m das positive Minimum von

$$\frac{\partial \varphi}{\partial u}(u, 1) \quad \text{für} \quad 0 \leqq u \leqq 3a \, .$$

Dann ist für $v \geqq 1$:

$$\left. \begin{aligned} \varphi(a, v) - \varphi(0, v) &= \frac{\partial \varphi}{\partial u}(\vartheta a, v) \cdot a \\ &\geqq \frac{\partial \varphi}{\partial u}(\vartheta a, 1) \cdot a \geqq m \cdot a \end{aligned} \right\} \ (0 < \vartheta < 1)$$

und ebenso $\qquad \varphi(3a, v) - \varphi(2a, v) \geqq m \cdot a \, ,$

also $\qquad \varphi(a, v) \geqq \varphi(0, v) + m \cdot a > m \cdot a$

und $\qquad \varphi(2a, v) \leqq \varphi(3a, v) - m \cdot a < \pi - m \cdot a \, .$

Ferner ist für $0 \leqq u \leqq 3a$, $v \geqq 1$:

$$\frac{\partial \varphi}{\partial u}(u, v) \geqq \frac{\partial \varphi}{\partial u}(u, 1) > 0 \, ,$$

also $\varphi(u, v)$ mit u monoton wachsend. Somit gilt für

$$a \leqq u \leqq 2a, \quad v \geqq 1:$$

$$0 < m \cdot a < \varphi(a, v) \leqq \varphi(u, v) \leqq \varphi(2a, v) < \pi - m \cdot a \, ,$$

also $$\sin \varphi(u, v) > \sin (m \cdot a) = M,$$

wobei $M > 0$ und von u, v unabhängig ist.

Hiernach ist der Wert des Doppelintegrals

$$\int\!\!\int \sin \varphi\,(u,v)\,du\,dv\,,$$

erstreckt über das Rechteck mit den Ecken

$$(a, 1), \quad (2a, 1), \quad (2a, V), \quad (a, V), \quad (V > 1)$$

größer als $$M \cdot a \cdot (V - 1),$$

also bei passender Wahl von V größer als π.

Andrerseits ergibt sich infolge der Differentialgleichung (3):

$$\int\!\!\int \sin \varphi\,du\,dv = \int_{a}^{2a}\!\int_{1}^{V} \frac{\partial^2 \varphi}{\partial u\,\partial v}\,du\,dv$$

$$= \big(\varphi(2a, V) - \varphi(a, V)\big) - \big(\varphi(2a, 1) - \varphi(a, 1)\big) < \pi,$$

da ja $$\varphi(2a, V) - \varphi(a, V) < \varphi(2a, V) < \pi$$

und $$\varphi(2a, 1) - \varphi(a, 1) > 0 \text{ ist.}$$

Wir gelangen also zu einem Widerspruch und sind gezwungen, unsere Grundannahme zu verwerfen, d. h. wir erkennen, *daß es eine singularitätenfreie und überall regulär analytische Fläche von konstanter negativer Krümmung nicht gibt. Insbesondere ist daher auch die zu Anfang aufgeworfene Frage zu verneinen, ob auf die Beltramische Weise die ganze Lobatschefskysche Ebene durch eine regulär analytische Fläche im Raume sich verwirklichen läßt.*

Über Flächen von positiver konstanter Krümmung.[1])

Wir gingen zu Anfang dieser Untersuchung aus von der Frage nach einer Fläche negativer konstanter Krümmung, die überall im Endlichen regulär analytisch verläuft, und gelangten zu dem

---

1) Die Frage der Verwirklichung der Nicht-Euklidischen elliptischen ebenen Geometrie durch die Punkte einer überall stetig gekrümmten Fläche ist auf meine Anregung von W. Boy untersucht worden: ,,Über die

Resultate, daß es eine solche Fläche nicht gibt. Wir wollen nunmehr mittels der entsprechenden Methode die gleiche Frage für positive konstante Krümmung behandeln. Offenbar ist die Kugel eine geschlossene singularitätenfreie Fläche positiver konstanten Krümmung, und nach dem von H. Liebmann[1]) auf meine Anregung hin geführten Beweise gibt es auch keine andere geschlossene Fläche von derselben Eigenschaft. Diese Tatsache nun wollen wir aus einem Satze herleiten, der von einem beliebigen singularitätenfreien Stücke einer Fläche positiver konstanter Krümmung[2]) gilt und folgendermaßen lautet:

Auf einer Fläche der positiven konstanten Krümmung + 1 sei ein singularitätenfreies einfach oder mehrfach zusammenhängendes Gebiet im Endlichen abgegrenzt; denken wir uns dann in jedem Punkte dieses Gebietes sowie in den Randpunkten desselben die beiden Hauptkrümmungsradien der Fläche konstruiert, so wird das Maximum der größeren und folglich auch das Minimum der kleineren der beiden Hauptkrümmungsradien gewiß in keinem Punkte angenommen, der im Inneren des Gebietes liegt — es sei denn unsere Fläche ein Stück der Kugel mit dem Radius 1.

Zum Beweise bedenken wir zunächst, daß wegen unserer Voraussetzung das Produkt der beiden Hauptkrümmungsradien überall = 1 und daher der größere der beiden Hauptkrümmungsradien stets $\geqq$ 1 sein muß. Aus diesem Grunde ist das Maximum der größeren Hauptkrümmungsradien offenbar nur dann = 1,

---

Curvatura integra und die Topologie geschlossener Flächen", Inauguraldissertation, Göttingen 1901 und Math. Ann. Bd. 57, 1903. W. Boy hat in dieser Arbeit eine topologisch sehr interessante, ganz im Endlichen gelegene einseitige geschlossene Fläche angegeben, die abgesehen von einer geschlossenen Doppelkurve mit dreifachem Punkt, in welcher sich die Mäntel der Fläche durchdringen, keine Singularität aufweist und den Zusammenhang der Nicht-Euklidischen elliptischen Ebene besitzt.

1) Göttinger Nachrichten 1899, S. 44. Vgl. ferner die interessanten Arbeiten desselben Verfassers in Math. Ann. Bd. 53 und Bd. 54.

2) Den analytischen Charakter der Flächen konstanter positiver Krümmung nachzuweisen ist G. Lütkemeyer in der S. 232 genannten Inauguraldissertation und E. Holmgren in den Math. Ann. Bd. 57 gelungen.

wenn beide Hauptkrümmungsradien in jedem Punkte unseres Flächenstückes = 1 sind. In diesem besonderen Falle ist jeder Punkt des Flächenstückes ein Nabelpunkt, und man schließt dann leicht in der bekannten Weise, daß das Flächenstück ein Stück der Kugel mit dem Radius 1 sein muß.

Nunmehr sei das Maximum der größeren der beiden Hauptkrümmungsradien unserer Fläche > 1; dann nehmen wir im Gegensatz zu der Behauptung an, es gäbe im Inneren des Flächenstückes einen Punkt O, in welchem jenes Maximum stattfinde. Da dieser Punkt O gewiß kein Nabelpunkt sein kann und überdies ein regulärer Punkt unserer Fläche ist, so wird die Umgebung dieses Punktes lückenlos und einfach von jeder der beiden Scharen von Krümmungslinien der Fläche bedeckt. Benutzen wir diese Krümmungslinien als Koordinatenlinien und den Punkt O selbst als Anfangspunkt des krummlinigen Koordinatensystems, so gelten nach der bekannten Theorie der Flächen positiver konstanter Krümmung die folgenden Tatsachen[1]):

Es bedeuten r_1 den größeren der beiden Hauptkrümmungsradien für den Punkt (u, v) in der Umgebung des Anfangspunktes $O = (0, 0)$; es ist in dieser Umgebung $r_1 > 1$. Man setze

$$\varrho = \tfrac{1}{2} \log \frac{r_1 + 1}{r_1 - 1};$$

dann genügt die positive reelle Größe ϱ als Funktion von u, v der partiellen Differentialgleichung

$$(4) \qquad \frac{\partial^2 \varrho}{\partial u^2} + \frac{\partial^2 \varrho}{\partial v^2} = \frac{e^{-2\varrho} - e^{2\varrho}}{4}.$$

Da bei abnehmendem r_1 die Funktion ϱ notwendig wächst, so muß ϱ als Funktion von u, v an der Stelle $u = 0$, $v = 0$ einen Minimalwert aufweisen, und demnach hat die Entwicklung von ϱ nach Potenzen der Variabeln u, v notwendig die Gestalt

$$\varrho = a + \alpha u^2 + 2\beta uv + \gamma v^2 + \cdots,$$

1) Darboux, Leçons sur la théorie générale des surfaces, Bd. 3, Nr. 776; Bianchi, Lezioni di geometria differenziale, § 264.

wo a, α, β, γ Konstante bedeuten und dabei die quadratische Form

$$\alpha u^2 + 2\beta uv + \gamma v^2$$

für reelle u, v niemals negative Werte annehmen darf. Aus letzterem Umstande folgen für die Konstanten α und γ notwendig die Ungleichungen

(5) $\alpha \geqq 0$ und $\gamma \geqq 0$.

Andererseits wollen wir die Entwicklung für ϱ in die Differentialgleichung (4) einsetzen; für $u = 0$, $v = 0$ erhalten wir dann

$$2(\alpha + \gamma) = \frac{e^{-2a} - e^{2a}}{4}.$$

Da die Konstante a den Wert von ϱ im Punkte $O = (0, 0)$ darstellt und mithin positiv ausfällt, so ist hier der Ausdruck rechter Hand jedenfalls < 0; die letztere Gleichung führt deshalb zu der Ungleichung

$$\alpha + \gamma < 0,$$

welche mit den Ungleichungen (5) in Widerspruch steht. Damit ist unsere ursprüngliche Annahme, wonach die Stelle des Maximums im Inneren des Flächenstückes liege, als unzutreffend und mithin der oben aufgestellte Satz als richtig erkannt.

Damit ergibt sich, wie bereits oben bemerkt, sofort der Satz, *daß eine geschlossene singularitätenfreie Fläche mit der positiven konstanten Krümmung* 1 *stets die Kugel mit dem Radius* 1 *sein muß*. Dieses Resultat drückt zugleich aus, daß man die Kugel als Ganzes nicht verbiegen kann, ohne daß auf der Fläche irgendwo eine Singularität auftritt.

Endlich führt für eine nichtgeschlossene Fläche die obige Betrachtung zu folgendem Ergebnis: Wenn wir aus der Kugeloberfläche ein beliebiges Stück ausgeschnitten denken und dann dieses Stück beliebig verbiegen, so findet sich das Maximum aller größeren vorkommenden Hauptkrümmungsradien stets auf dem Rande des Flächenstückes.

Göttingen, 1900.

www.ingramcontent.com/pod-product-compliance
Lightning Source LLC
Chambersburg PA
CBHW031420180326
41458CB00002B/450